全国电子信息类职业教育系列教材
——荣获华东地区大学出版社第七届优秀教材奖

电子线路课程设计

——仿真、设计与制作

（教学改革教材）

华永平　陈　松　编著

东南大学出版社
·南京·

内容提要

本书是独具特色的实践性教材，是作者在多年的教学改革与实践的基础上所编写的教学改革系列教材之一。为适应电子信息时代的新形势和培养21世纪电子类高级技术应用型人才的迫切需要，本书对原来的自编讲义的结构和内容均作了较大的改动。首先是结构完整，自成一体；其次是增加了EDA软件的使用和对电子电路进行计算机自动分析与设计的新方法；另外，所选课题新颖、实用且与理论课程结合紧密，内容涵盖低频电路、高频电路和数字电路，由易到难，由简单到复杂，从理论到实践，从仿真到设计，循序渐进，从而有利于更好地教学。

本书可作为高职高专电子、通信、自控和机电类专业或高等院校相关专业"电子线路课程设计"课程的教材，亦可供从事电子技术工作的工程技术人员参考。

图书在版编目(CIP)数据

电子线路课程设计:仿真、设计与制作/华永平，陈松编著. —南京:东南大学出版社，2002.4(2019.7 重印)
ISBN 978-7-81050-943-5

Ⅰ.电… Ⅱ.①华… ②陈… Ⅲ.电子线路-课程设计 Ⅳ.TN710

中国版本图书馆CIP数据核字(2002)第008410号

东南大学出版社出版发行
(南京四牌楼2号 邮编210096)
出版人:江建中
江苏省新华书店经销 江苏扬中印刷有限公司印刷
开本:787mm×1092mm 1/16 印张:12.25 字数:320千字
2002年4月第1版 2019年7月第15次印刷
ISBN 978-7-81050-943-5
印数:27001-28000册 定价:26.00元
(凡有印装质量问题，可直接向读者服务部调换。电话:025-83792328)

前　言

● 课程内容的考虑

“电子线路课程设计”一直是电子类或其它相关专业的一门重要的实践性课程。通过课程设计，既培养了学生综合运用所学知识的能力，又加深了对电路理论的认识，还使学生初步具备简单电子产品的设计能力，大大增强其实践技能，可谓“一举多得”。随着电子技术的飞速发展特别是计算机 CAD/CAM 技术的日趋成熟，电子设计的方式和方法也产生了质的突破，因此传统的课程设计的教学目标已不能满足现代电子设计的要求。在充分认识到这一点的基础上，对原来的课程设计的内容作了较大的修改和更新，使之更符合电子信息时代的要求。具体考虑如下：

（1）将电路课程的理论内容与电路设计紧密结合，从基本电路仿真、电路设计、软件编程、印制电路板设计到实际电路制作与调试，力求对电子线路设计进行全程仿真，并逐步培养学生的系统设计能力。

（2）增加了常用 EDA 软件使用的内容，主要是 EWB(Multisim 6.0)仿真软件、Protel-PCB 印制电路板设计软件以及可编程逻辑器件设计与编程软件的使用。

（3）低频电路部分主要考虑集成运放的应用电路和直流稳压电源电路。

（4）数字电路部分主要考虑中小规模数字集成电路以及可编程逻辑器件的应用。

（5）高频电路部分主要考虑振荡电路、调制与解调电路以及锁相环路的应用电路等。

（6）综合电路设计包含低频、数字和高频电路三部分内容。

● 课程设计的实施建议

根据具体的教学条件以及具体教学对象的基础和层次，可灵活掌握课程设计的教学进程和要求，力求得到较好的切合实际的效果。以下建议可供参考：

（1）EDA 软件可选用低版本、高版本和最新版本，具体操作和使用方法大同小异。

（2）对电路仿真部分可选择不仿真、部分仿真和全部仿真等做法，根据实际教学时间和 EDA 软件版本而定。

（3）对电路设计部分可选择直接设计、仿真设计和主题电路或方案由教师来设计等做法，根据实际教学对象的基础和层次而定。

（4）印制电路板图可设计或不设计。

（5）实际制作用电路板可选用通用搭试板或自行设计的印制电路板。

● 本教材的使用说明

（1）可作为“电子设计自动化技术(即 EDA 技术)”和“电子线路课程设计”这两门课程的共同教材，内容衔接较好。

（2）部分课题内容中增加了一定的基本理论叙述和基本电路的仿真，可将电路理论、电路仿真和电路设计等内容融为一体进行教学，从而实现“一体化”教学，可取得较好的教学效果。

(3) CPLD器件的编程写入需借助于相关的开发系统才能实现。

(4) 有些综合课题可分解为若干子课题进行实施,灵活方便。

本书由华永平老师担任主编,陈松老师担任副主编,陈军老师参加了部分内容的编写,全书由华永平老师统编并定稿。

改革之路是漫长的、永无止镜的。在改革的过程中难免出现错误和理解上的偏差,热忱欢迎读者提出宝贵意见。

编 者

2002年3月于南京

目　录

1　绪论 …………………………………………………………………………… (1)

1.1　电子线路课程设计的性质和基本要求……………………………………… (1)

1.2　电子设计的工作流程………………………………………………………… (2)

1.3　常用 EDA 软件简介 ………………………………………………………… (3)

2　常用 EDA 软件使用介绍……………………………………………………… (5)

2.1　Multisim 软件使用 ………………………………………………………… (5)

2.2　PCB 设计软件 Protel PCB 的使用………………………………………… (35)

2.3　可编程逻辑器件设计软件使用 …………………………………………… (55)

3　函数信号发生器的设计与应用……………………………………………… (74)

3.1　集成运放的基本应用 ……………………………………………………… (74)

3.2　非正弦波形发生器 ………………………………………………………… (84)

3.3　函数信号发生器的设计与制作举例 ……………………………………… (91)

3.4　函数信号发生器的设计与制作任务书 …………………………………… (93)

4　低频功率放大电路的设计与制作…………………………………………… (95)

4.1　功率放大电路的一般问题 ………………………………………………… (95)

4.2　乙类双电源互补对称功率放大电路 ……………………………………… (97)

4.3　甲乙类互补对称功率放大电路……………………………………………… (102)

4.4　集成功率放大器……………………………………………………………… (105)

4.5　功率器件……………………………………………………………………… (106)

4.6　低频功率放大器的设计与制作……………………………………………… (109)

4.7　低频功率放大器的设计与制作任务书……………………………………… (112)

5　直流稳压电源的设计与制作 ………………………………………………… (113)

5.1　直流稳压电源的基本组成及工作原理……………………………………… (113)

5.2　串联反馈式稳压电路………………………………………………………… (124)

5.3　开关式直流稳压电路………………………………………………………… (130)

5.4　直流稳压电源的设计与制作………………………………………………… (133)

5.5　直流稳压电源的设计与制作任务书………………………………………… (136)

6　ASK 调制器与解调器的设计与制作 ………………………………………… (138)

6.1　2 进制 ASK 调制器与解调器的组成及工作原理 ………………………… (138)

6.2　ASK 调制器与解调器的设计与制作 ……………………………………… (142)

6.3　ASK 调制器与解调器的设计与制作任务书 ……………………………… (147)

7　抢答器的设计与制作 ………………………………………………………… (148)

7.1　抢答器的基本组成及工作原理……………………………………………… (148)

7.2　抢答器的设计与制作………………………………………………………… (150)

7.3　抢答器的设计与制作任务书…………………………………………………………（152）
8　数字钟的设计与制作 ………………………………………………………………（153）
8.1　数字钟的基本组成及工作原理…………………………………………………（153）
8.2　数字钟的设计与制作……………………………………………………………（155）
8.3　数字钟的设计与制作任务书……………………………………………………（159）
9　数字频率合成器的设计与制作 ………………………………………………（160）
9.1　锁相环路的基本组成及工作原理………………………………………………（160）
9.2　数字式锁相环路 CD4046 简介 ………………………………………………（165）
9.3　锁相环频率合成器的组成及工作原理…………………………………………（167）
9.4　频率合成器的设计与制作………………………………………………………（169）
9.5　频率合成器的设计与制作任务书………………………………………………（171）
10　频率合成器式小功率调幅发射机的设计与制作…………………………（173）
10.1　AM 调制器的组成及工作原理 ………………………………………………（173）
10.2　集成锁相环频率合成器 MC145152 简介 …………………………………（178）
10.3　频率合成式小功率调幅发射机的设计与制作………………………………（181）
10.4　小功率调幅发射机的设计与制作任务书……………………………………（188）
参考文献……………………………………………………………………………（189）

1 绪 论

在电子类专业课程中,电子线路是最重要的专业基础课程之一,也是电子类专业整个知识和能力体系的重要支柱之一。它的特点是内容多,处理问题的方式多、要领多,学习和理解的难度大,而且对实践性方面的能力要求也很高。如何在有限的时间内,既能使授课者完整而顺利地完成电子线路课程的教学任务,又能使学生很好地掌握与理解,并具有较强的实践技能,一直是困扰广大专业教师的一大难题。电子线路课程设计则是解决这一问题的很好的教学形式。它将理论教学和实践教学紧密地结合在一起,使学生既加深了对理论的认识,又提高了实践技能,并具备简单电子电路或产品的设计能力,其重要性是显而易见的。

1.1 电子线路课程设计的性质和基本要求

1.1.1 电子线路课程设计的性质

电子线路课程设计是电子类专业的一门综合性实践课程,它集电子线路设计、软件设计与编程、系统综合、元器件参数计算和选择、电路仿真与调试、印制电路板(PCB)设计、电路安装与调试等于一体,目的在于巩固和加强电子线路理论的学习,促进其工程应用,着重于提高学生的电子线路的实践技能,培养学生综合运用所学知识分析问题和解决问题的能力,了解开展科学实践的程序和基本方法,并逐步形成严肃、认真、一丝不苟、实事求是的科学作风和一定的生产观、经济观和全局观。

电子线路课程设计不能等同于电子线路产品设计,它是对电子线路产品设计的局部模拟和过程仿真,其总体要求一般要低得多。

1.1.2 电子线路课程设计的基本要求

(1) 了解电子产品设计与制作的一般过程;

(2) 能在教师指导下根据课题要求选择电路;

(3) 初步掌握一般电子线路分析和设计的基本方法;

(4) 掌握一般电子线路仿真调试和可编程逻辑器件(PLD)仿真编程的基本方法并能解决出现的问题;

(5) 掌握一般电子线路 PCB 图设计的基本方法;

(6) 掌握一般电子线路装配的基本方法;

(7) 掌握一般电子线路实际调试的基本方法并能解决出现的问题;

(8) 能编写简单工艺文件;

(9) 能撰写课程设计报告书并作简单、流畅的答辩。

1.2 电子设计的工作流程

1.2.1 传统电子设计的工作流程

完成一个电子产品的设计必须经过原理设计、初步验证、小批量试制、大批量生产等几个过程。对于电子产品设计工程师而言，必须保证理论设计、初步验证两个过程完全正确，才能将电路设计图绘制成 PCB 图，并进行进一步的生产。

早期电子产品设计的验证工作很多是按照设计完成的电路图在面包板或 PCB 板上进行安装，然后再用电源、信号发生器、示波器等各种测试仪表来加以验证。这种做法的最大缺点是制作测试电路板的过程既费时、费力又损失材料，如果结果有误，则要花大量的精力来弄清是设计的错误还是电路制作的问题。这种方法在早期小型电路的设计中还是可以应付的，但随着电路规模越来越大，复杂度越来越高，它已经不能适应现代设计的需要。

手工设计 PCB 图也是一个比较复杂的工作，它需要经过器件布局、绘制草图、修改草图，最后再绘制出需要的 PCB 图等过程。随着器件的数量增多、PCB 尺寸的减小、PCB 板的层数越来越多，已经无法用手工进行设计；另外，随着器件的增多，相互之间的干扰、耦合也就变得更加复杂，这就需要 PCB 设计者具有丰富的经验和理论水平。

1.2.2 现代电子设计的工作流程

随着计算机软件技术的发展及对电子器件的进一步研究，人们可以对各种器件进行数学建模，并借助计算机软件对其进行分析、计算，在计算机上可以仿真出近似于实际结果的数据及各种波形。通过这种由软件进行验证的设计方法克服了传统方法的缺点，解决了原来的设计和调试存在的问题，而且由于这种方式可以事先排除大部分设计上的缺陷，使设计工程师可以将大量的精力用于设计而不是用于调试，大大提高了设计速度，使新产品可以更快地推出，为企业产生更好的经济效益。

20 世纪 70 年代初，计算机软件设计人员就开始解决电子设计方面的另一个问题，即 PCB 设计问题，设计出许多种 PCB 设计软件，从最早的仅仅将图纸上的人工布线变成借助于计算机的人工布线，到现在的自动布线，并且将器件之间的各种相互干扰（电磁干扰、热干扰）建立了数学模型，PCB 设计软件的性能产生了质的飞跃。由于电路板设计完成后没有必要进行实物的电磁兼容测试或热兼容测试，借助于计算机就可以模拟出来，根据模拟可以进行调整，因此，即使不是 PCB 设计专家也可以设计出合格的 PCB 图。

20 世纪 80 年代开始出现了一类新器件 PLD，这种器件采用了大规模集成电路技术并且器件的功能由用户来设计、定义，这使将一个系统通过用户编程放置在一个芯片中成为可能。随着大规模集成电路技术的发展，PLD 器件设计软件性能的提高，现在已经产生了在一片 PLD 芯片上可以嵌入微处理器的技术，使 PLD 器件得到更多的应用。

20 世纪 90 年代末，可编程器件又出现了模拟可编程器件，用户可以通过这种模拟可编程器件设计各种增益的放大器、滤波器等模拟电路。

目前，在电子设计方面经常使用的电子设计自动化（Electronic Design Automation，简称为 EDA）技术是指通过计算机仿真和模拟软件进行原理电路的设计及验证，借助于 PCB 软件进行印刷电路板的设计以及借助于 PLD 设计软件进行可编程器件设计的一种综合性电子设计技术。

电子线路设计和制作的一般程序框图如图 1.2.1 所示，箭头向下为成功流程，向左或向右为失败流程。

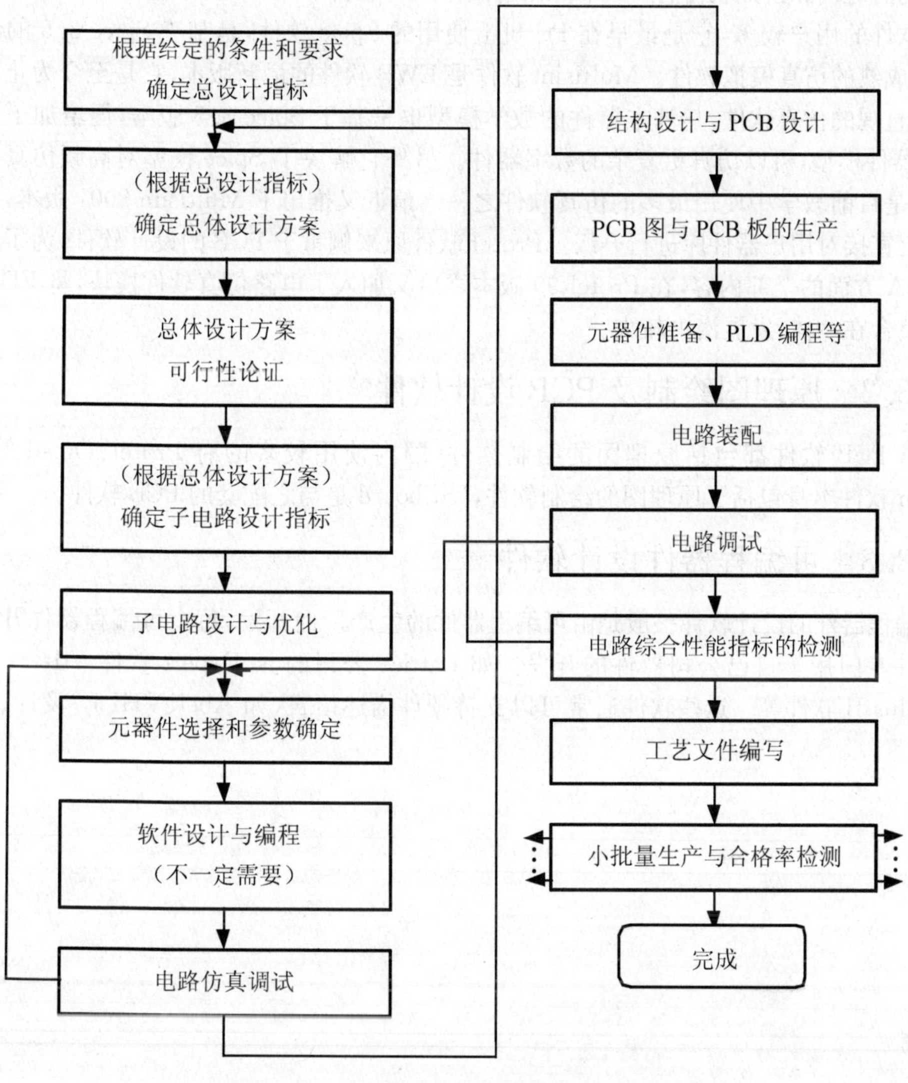

图 1.2.1　电子线路设计和制作的一般程序

1.3　常用 EDA 软件简介

1.3.1　电子设计与仿真软件

20 世纪 70 年代，美国加州柏克莱大学推出了 Spice 程序（Simulation Program with Circuit Emphasis），它将常用的器件用数字模型表示，可以通过软件对电路进行仿真和模拟。它的出现带动了电子电路仿真模拟技术的飞速发展。早期的 Spice 软件仅支持模拟电路的仿真和模拟。随着数字技术的不断发展，Spice 推出包括数字器件模型的 Spice 2 版本。现在大量的电子电路仿真和模拟软件都是建立在 Spice 2 及更高版本的基础上，如美国 OrCAD 公司的 PsPice 软件、加拿大 Interactive Image Tech 公司的 Multisim 软件（Workbench 软件的最新版本）。

常用的仿真和模拟软件有 Multisim 软件、PsPice 软件、Protel 99 以上版本。这些软件中 PsPice 软件的用户较多，它是最早在 PC 机上使用的 Spice 软件，是基于 Spice 3.5 的器件模型，是较成熟的仿真模拟软件。Multisim 软件是 EWB 软件的最新版本，它是至今为止使用最方便、最直观的仿真软件，其基本器件的数学模型也是基于 Spice 3.5 版本，但增加了大量的 VHDL 器件模型，可以仿真更复杂的数字器件。另外它解决了 Spice 模型对高频仿真不精确的问题，是目前教学中使用最多的仿真软件之一。最近又推出了 Multisim 2001 版本，可以在互联网上直接对用户器件库进行升级。Protel 软件原来侧重于 PCB 的设计软件，为了使软件包含 EDA 方面的全部内容，在 Protel 99 版本之后又加入了电路仿真软件模块，将 EDA 的全部内容整合在一体，发展潜力较大。

1.3.2 原理图绘制及 PCB 设计软件

通常 PCB 软件都包括原理图的绘制软件，国内使用较多的有 Protel、Orcad 等软件。Multisim 软件本身包括了原理图的绘制软件，Ultiboard 是与之配套的 PCB 软件。

1.3.3 可编程器件设计软件

可编程器件的设计软件一般是由可编程器件的生产厂商开发，每个可编程器件开发商开发的软件专门用于自己公司器件的开发。如 Lattice 公司的 ispExpert 软件，Altera 公司的 Max+Plus II 软件等。这些软件通常可以支持硬件描述语言（如 Abel、VHDL）设计、原理图设计等。

2 常用EDA软件使用介绍

如绪论所述，常用的仿真和模拟软件有Multisim软件、PsPice软件及Protel 99 Sin软件；常用的PCB设计软件有Protel、Orcad、Ultiboard等软件。可编程器件的设计软件一般是可编程器件的生产厂商开发，每个可编程器件开发商开发的软件专门用于自己公司器件的开发，如Lattice公司的ispExpert软件，Altera公司的Max＋Plus II软件等。限于篇幅，这里只介绍最常用的Multisim仿真软件、Protel 99-PCB设计软件和ispExpert可编程器件的设计软件。

2.1 Multisim软件使用

这里主要介绍Multisim 6.0版本，至于其它版本的同类软件，仅仅是界面和元器件库大小等有所不同而已。

2.1.1 Multisim软件简介

1) Multisim软件功能

Multisim软件是一个完整的电子设计工具软件，它具有如下功能：

(1)提供了一个巨大的元器件数据库　其提供了5 000多种器件/模型(教育版)，并可以将各种新器件的Spice库文件导入该软件，同时可以自建器件库。

(2) 完整的模拟/数字混合仿真　它不但可以对模拟器件进行仿真，而且可以对数字及混合器件进行仿真/模拟。

(3) 易用的电路原理图编辑功能　Multisim软件都采用了可视化的工具栏进行器件选择，更有子电路的功能和电路加密功能，使用相当方便、灵活。

(4) 强大的分析功能　提供了18种电路的分析手段，可帮助设计工程师分析电路的性能，使通常需要几天甚至几个月的分析在瞬间完成。

(5) 强大的虚拟仪器功能　该软件提供了示波器、逻辑分析仪、波特图示仪及万用表等十多种虚拟仪器。其友好、逼真的界面，如在实验室中实际操作的仪器一样，可以将测试的结果加以保存，用于教学非常方便。它提供的逻辑分析仪、网络分析仪更是一般实验室力所不能及的高档仪器。

(6) VHDL/Verilog设计输入和仿真　Multisim软件将VHDL/Verilog的设计和仿真包含进去(选件)，使大规模可编程器件的设计与仿真和模拟电路、数字电路的设计与仿真融为一体，解决了原来大规模可编程器件无法与普通电路一体仿真的瓶颈问题。

(7) 可以与PCB布线软件无缝连接　Multisim软件的设计结果可以方便地导出到PCB的设计软件进行PCB布线。

(8) 远程控制功能　Multisim软件支持远程控制功能，不仅可以将Multisim软件的界面共享给他人，使他人在自己的计算机上看到控制者的操作情况，而且可以将控制权交给他人，让他人操作该软件，这样可以实现交互式教学，是进行电子线路教学的理想工具。

由于 Multisim 结合了电路设计、仿真和可编程逻辑，所以说 Multisim 提供了设计师所需要的从技术到生产的所有高级功能，设计师可放心地去创新设计，而无须去学习更多的 EDA 软件知识。

2）Multisim 软件运行环境

CPU——486 以上 X86 兼容 CPU；

内存——需要 32M 以上内存，建议 64M；

硬盘——需要 250M 以上的空间；

显示卡——须支持 800×600 分辨率，并支持 256 色以上色彩；

其它设备——CDROM 及鼠标；

操作系统——Windows95/98/me/2000/NT4.0 及以上版本。

3）Multisim 的安装

购买 Multisim 软件时可以获得一张 CDROM、一套手册、一个加密狗（专业版）及一个序列号，CDROM、序列号及加密狗（专业版）是安装所必须的，缺少一项将无法安装。

Multisim 软件的安装可参照说明或有关资料，这里不再详细介绍。

4）Multisim 软件的基本界面

（1）Multisim 菜单　启动 Multisim 软件后，可以看到图 2.1.1 所示的 Multisim 所示的主画面。主画面由标题栏、菜单（Menus）、系统工具（System Toolbar）、设计工具栏（Design Bar）、元器件工具栏（Component Toolbar）、正在使用的器件清单（In Use List）、电路窗口（Circuit Window）、仪器工具栏（Instruments Toolbar）、状态栏（Status Bar）等几个部分组成，它模仿了一个实验工作台的环境，其中：

① 电路窗口：用来绘制电路图及添加测量仪器；

② 元器件工具：是选择各种元器件的工具；

③ 仪器工具：是选择各种仪器的选择工具。

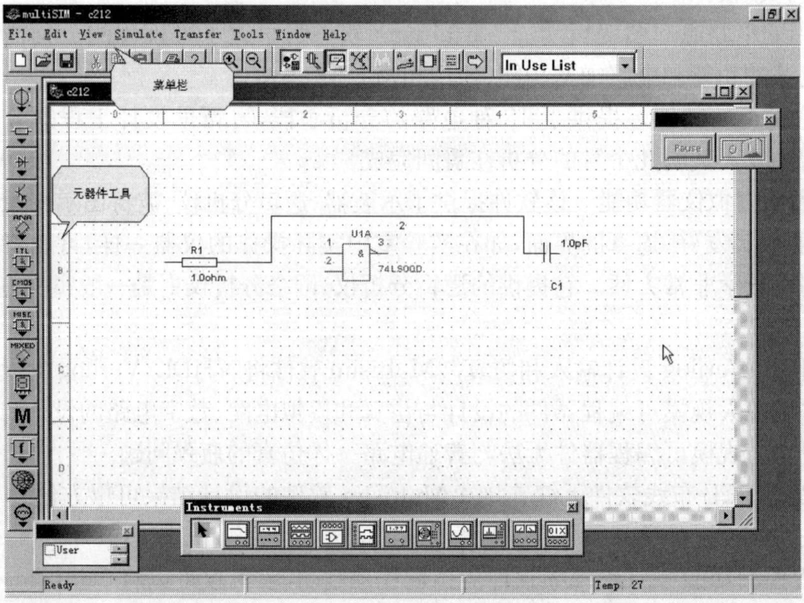

图 2.1.1　Multisim 主画面

(2) Multisim 系统工具栏　图 2.1.2 所示为 Multisim 软件的系统工具栏。从图 2.1.2 上可以看出，其系统工具栏与其它 Windows 风格的软件是一致的。表 2-1-1 列出了各种系统工具的功能。

图 2.1.2　Multisim 系统工具栏

表 2-1-1　Multisim 系统工具功能说明

工具	名称	功　能	工具	名称	功　能
	新建	新建一个空的文件供绘制及仿真分析使用		复制	将选中的对象放到剪贴板中，而原有对象保持不变
	打开	打开已存 Multisim 文件，Multisim 文件的扩展名为. msm		粘贴	将剪贴板中的内容放置在当前位置
	存盘	保存当前正在使用的文件，首次保存时会提示输入文件名		打印	打印当前电路编辑区的内容
	剪切	将选中的对象放到剪贴板中，原有对象将被删除		版权	版权说明工具

(3) Multisim 设计工具栏　图 2.1.3 所示是 Multisim 的设计工具栏，它包括了器件设计按钮(Component Design Button)、器件编辑按钮(Component Editor Button)、仪器按钮(Instruments Button)、仿真模拟按钮(Simulate Button)、分析按钮(Analysis Button)、后处理按钮(Postprocessor Button)、VHDL/Verilog 按钮、统计报告按钮(Reports Button)、导出按钮(Transfer Button)等。各按钮的功能如表 2-1-2 所示。

图 2.1.3　Multisim 设计工具栏

表 2-1-2　设计工具按钮的功能描述

工 具	名 称	功　能
	器件设计铵钮	用来打开/关闭器件工具栏，缺省时该按钮处于激活状态，器件工具栏处于打开状态
	器件编辑按钮	用来打开器件编辑器，当需要编辑器件时单击该按钮就可以打开器件编辑界面
	仪器按钮	用来打开/关闭仪器工具栏，缺省时该按钮处于激活状态，仪器工具栏处于打开状态
	模拟仿真按钮	用于开始/结束/暂停电路的模拟，相当于实际工作时的电源开关，当电路中没有仪器时该按钮不能被激活
	分析按钮	用于执行电路的分析功能，单击该按钮时出现下拉菜单，从中选择分析方法。电路在模拟时无法激活该按钮
	后处理按钮	用于打开后处理功能，可以将分析结果进行再加工，如通过电压波形处理后得到电流波形等
	VHDL/Verilog 按钮	用于打开 VHDL/Verilog 的设计界面。该功能是一个选项，必须单独购买后才能使用
	统计报告按钮	用于对设计电路进行统计，统计出所使用的器件情况、仪器情况
	导出按钮	可以将设计的结果导出到 PCB 设计软件，将分析结果导出到其他软件中

5）Multisim 软件的设置

Multisim 软件适应每个人的不同需要，用户可以对 Multisim 的界面进行设置，如打开/关闭各种工具栏，设置电路中器件的颜色、图纸的大小、显示的放大比例、自动存盘的时间、器件符号的类型（分为 ANSI 和 DIN 两种，中国的符号标准与 DIN 基本一致）、打印的设置等。

用户界面通过两种方法进行设置：

① 对当前界面进行设置：对当前界面中电路的设置只须在电路窗口中单击鼠标右键就可以进行设置了，但该设置仅对当前的电路进行设置，新建电路时这种设置将不能保留下来。

② 对界面进行长期设置：欲对界面进行永久设置须通过软件的用户预设置功能来进行（通过 EDIT 菜单下的 User Preferences 进行设置）。

各种工具栏的显示和隐含可以通过 View 菜单下的 Toolbars 选择需要显示或隐含的工具栏。

（1）电路图显示方式的设置　用户可以通过在电路图窗口区域内单击鼠标右键，通过 Color（颜色）来改变电路中器件、导线、背景的颜色；通过 Show（显示）来改变电路中器件的器件标注（Component Label）、器件标号（Component references）、节点名（Node Name）、器件数值（Component Values）的显示和不显示。这种方法只能对当前电路图有效，对新建电路无效。在电路窗口中单击右键得到如图 2.1.4 所示快捷菜单。

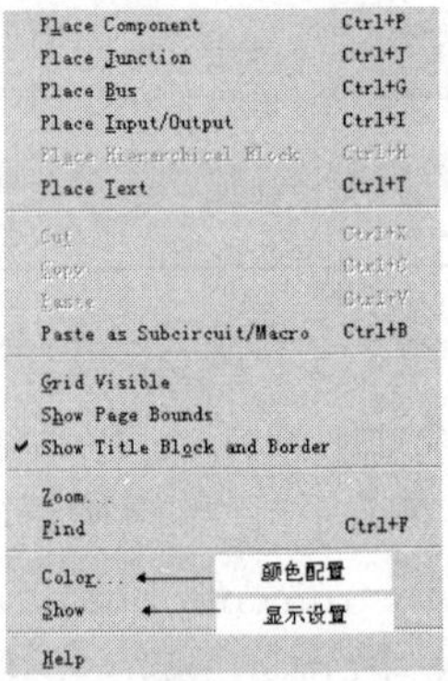

图 2.1.4　单击鼠标右键可以改变电路的显示方式

上述方法只能对当前电路有效，要使每新建一个文件都使用同一种设置就需要进行永久设置，这时需通过 Edit 菜单下的 User Preferences（用户设置）来进行设置。图 2.1.5 所示为电路窗口的设置对话框，其设置的内容与图 2.1.4 所示的 Show 和 Color 两项设置的内容一样，但区别在于图 2.1.5 的设置不能对当前电路有效，仅对新建电路有效。

图 2.1.5 中有两点需加以说明：

① 标注和标号是两个不同的概念：标注是用户自己定义器件的标签，两个器件可以标注相同；而标号是计算机用来区分两个器件的一种表示，尽管器件的标号可以修改，但两个器件的标号不能相同。

② 在 Multisim 中器件可分为三类：无源器件（Passive Component）、有源器件（Active Component）、虚拟器件（Virtual Component）。无源器件通常指不包含二极管和三极管的器件，如电阻、电容、电感等；有源器件指二极管、三极管及由二极管或三极管构成的器件（模拟集成电路、TTL 集成电路、CMOS 集成电路等）；虚拟器件指实际电路中没有的器件，如直流电源、任意可变的电阻等，这类器件在实际电路中是不存在的。

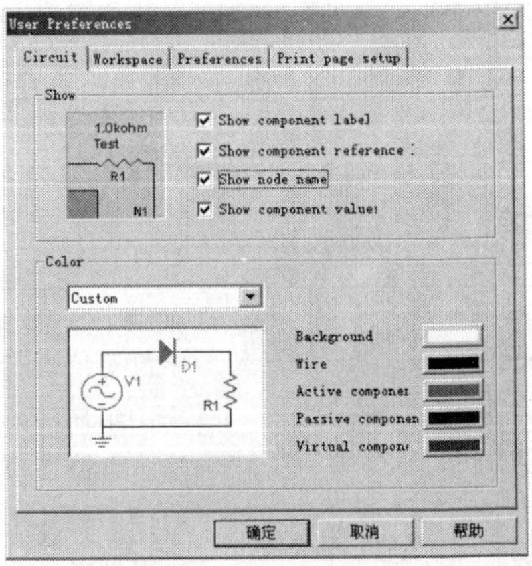

图 2.1.5　Multisim 软件的电路显示设置

（2）电路窗口显示特性设置　在 Edit 菜单下的 User Preferences 中的 Workspace（工作区域）可以对显示电路窗口进行改变（改变窗口的大小、是否有网格等）。图 2.1.6 所示为工作窗口的设置界面。

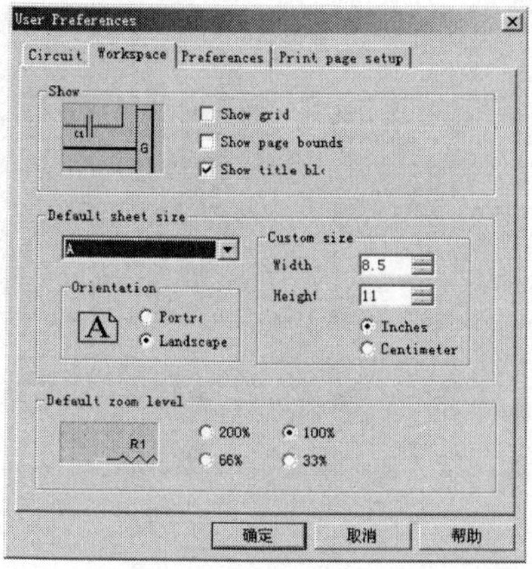

图 2.1.6　工作区域设置界面

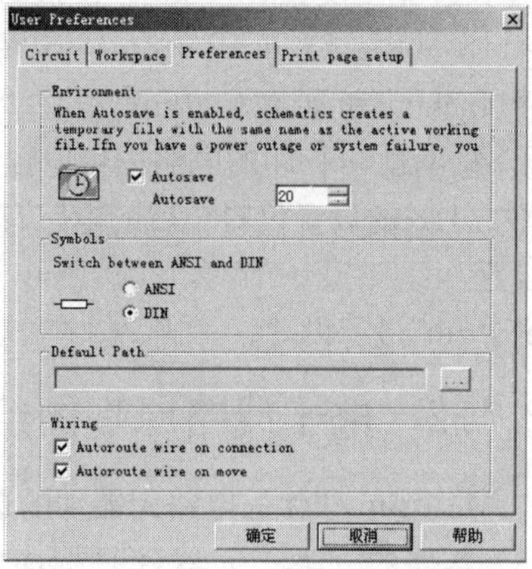

图 2.1.7　自动存盘及器件符号标准设置

(3) 自动存盘及符号设置　为了防止因计算机死机、停电等非正常关机引起的数据丢失，Multisim 提供了自动存盘的功能，用户可以通过设置是否存盘及每隔多长时间进行一次自动存盘。自动存盘设置在 Edit 菜单下的 User Preferences 对话框的 User Preferences 标签下，如图 2.1.7 所示。缺省情况下每 20 分钟自动存盘一次。

表 2-1-3 是部分符号标准的设置，该软件提供了两种符号标准：ANSI（美国国家标准组织标准）标准和 DIN 标准，其中 DIN 标准的符号与中国的电路符号标准基本一致。

表 2-1-3　常用器件的 DIN 与 ANSI 符号对照表

器件名称	DIN	ANSI	器件名称	DIN	ANSI
电　阻	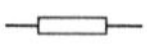		交流电压源	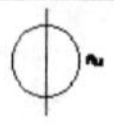	
电　感			交流电流源	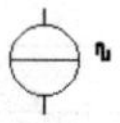	
电　容			运算放大器	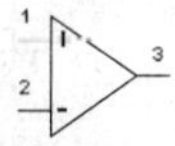	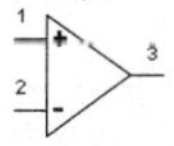
二极管			与　门	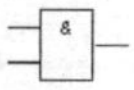	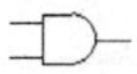
三极管	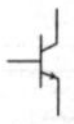	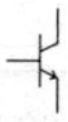	或　门	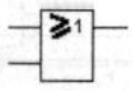	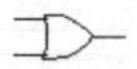
直流电压源			非　门	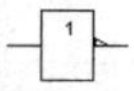	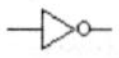
直流电流源	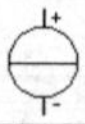	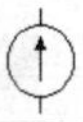	异或门	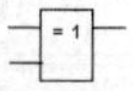	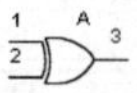

(4) 页面打印设置　Multisim 可以设置打印电路的打印方式，如果需对今后的电路产生影响，可以通过 Edit 菜单下的"User Preferences"的"Print Page Setup"选项来进行设计。图 2.1.8所示为其设置界面，可以按如下参数进行设置：

① 是否打印成黑白图(Output to Black/White)：指电路中的彩色打印在黑白打印机上是黑白的还是灰度的，如果选中该项，将在黑白打印机上打印出黑白电路图，否则彩色会转化为灰度进行打印。

② 是否打印背景(Output Background)：选择是否打印背景，如选中则打印，否则不打印。

③ 页边宽度设置(Margins):可以设置顶(Top)、左(Left)、右(Right)、下(Bottom)的边距,其单位可以是英寸(Inches)和厘米(Centimeter)。

④ 输出比例:打印的电路图可以预设比例。

图 2.1.8 的设置仅对今后的电路有效。对当前电路的设置,可以在 File 菜单下的“Print Setup”中单击“Page Setup”进行设置。

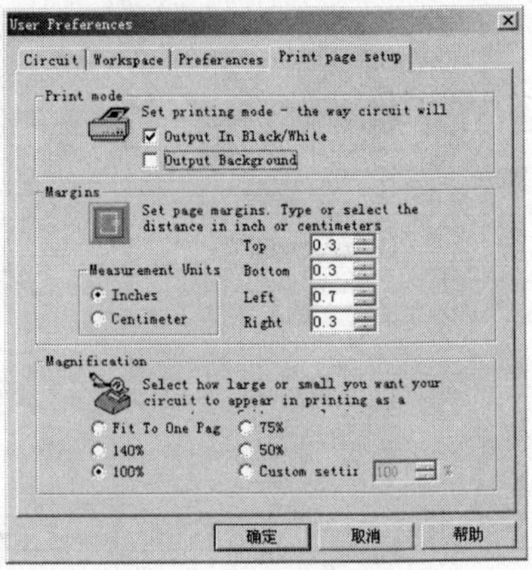

图 2.1.8 页面打印设置

2.1.2 电子线路原理图绘制

1) Multisim 软件的电路元器件的选择

(1) 器件的分类 元器件是构成电路的基本单元。Multisim 使用数据库对器件进行管理,从数据库的结构上可分为:

① Multisim Master 层次:为 Multisim 的基本元器件库,用户不可以对其进行修改、删除等操作,对所有相同版本的用户其元器件品种是一致的,开始使用时仅有 Multisim Master 层次的器件可选用;

② Corporate 层次:是为公司或多人共同参与某项目而设置的,它对单用户版本不适用,仅对网络用户适用;

③ User 层次:是用户自己新建的器件或用户修改过的器件,可以将其存入 User 数据库供下次使用。

这三个层次的选择可以通过图 2.1.9 所示的元器件数据库进行。

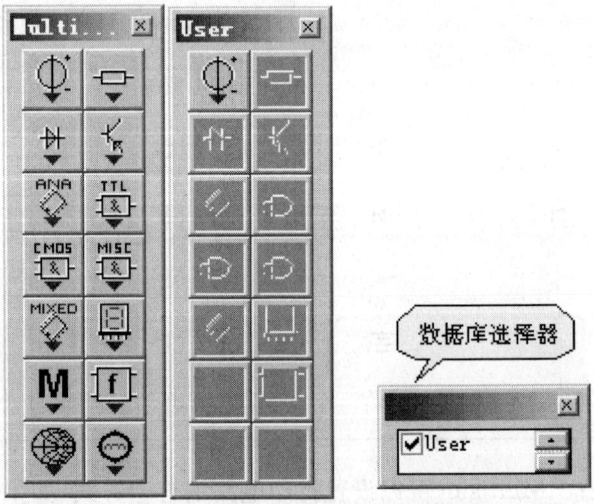

图 2.1.9 选择 User 库后的元器件工具栏

元器件除了上面根据器件数据库进行分类外,还可以将元器件分为有源器件、无源器件、虚拟器件。

(2) 器件的选择 Multisim 将基本器件库中的器件分为信号源(Sources)、常用器件(Basic)、二极管(Diodes)、晶体管(Transistors)、模拟集成电路(Analog ICs)、TTL 集成电路、

CMOS 集成电路、数字集成电路(Miscellaneous Digital ICs)、混合芯片(Mixed Chips)、指示器件(Indicators)、杂合器件(Miscellaneous)、控制器件(Controls)、RF 器件(射频器件)和机电类器件(Electromechanical)等共 14 个类别,将这 14 个类别的器件在工具栏中用 14 个按钮来表示。图 2.1.10 所示给出了其相应的符号。图中给出了 DIN 标准和 ANSI 标准的符号。本书以 DIN 标准为主。如何设置 DIN 和 ANSI 标准请参见 2.1.1 节的详细说明。

图 2.1.10 所示的器件工具栏每个按钮对应于一类器件,通过单击相应按钮可以打开相应器件的工具栏,再从相应的工具栏中找到用户需要的器件。图 2.1.11 给出了二极管的选用过程。其它各类器件的情况不再一一例举。

图 2.1.10　Multisim 的元器件工具栏
(左为 DIN 标准,右为 ANSI 标准)

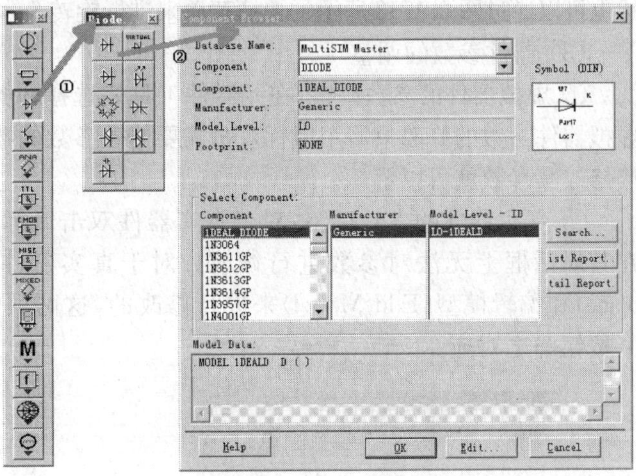

图 2.1.11　二极管的选用过程

2) Multisim 电路器件的放置及调整

(1) 器件的放置

器件的放置一般有三种方法:用器件工具栏进行选择;使用菜单中命令“Edit/Place Component”来选择;在已经使用的器件中查找。一般使用最多的方法是第一种。下面以放置 74LS00D 为例说明其步骤。

① 单击器件工具栏中的“TTL”按钮,在弹出的 TTL 数字电路的工具栏中单击“74LS”按钮;

② 在弹出的如图 2.1.12 所示器件浏览窗口中选择 74LS00D,单击“OK”按钮;

③ 弹出的选择器件单元的对话框中任意选择 A、B、C 或 D;

④ 这时与非门的符号随鼠标的指示移动,在需要放置器件的地方单击鼠标左键,这时 74LS00D 就放置在需要放置的地方了。

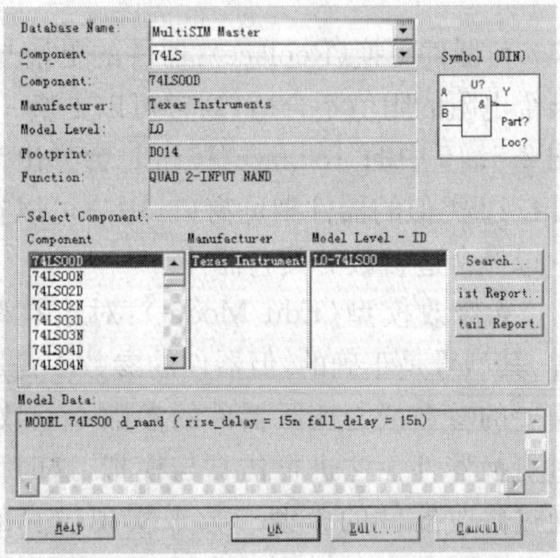

图 2.1.12　74LSTTL 器件浏览窗口

(2) 器件的位置调整

① 移动:移动已经放置在电路中的器件,只需将鼠标的箭头在需要移动的器件上按住左键拖动,当移动到需要放置的地方松开鼠标就可以了。

如果需要移动多个器件，就先选中需要移动的多个器件，在某一个选中的器件上按住鼠标左键拖动就可以了。

② 删除：选中需要删除的器件，按键盘中“Delete”键就可以了。

③ 旋转：在电路中元器件有时需要水平放置，有时又需要垂直放置，Multisim 提供了垂直翻转、水平翻转、顺时针旋转和逆时针旋转四种旋转方式。操作这些旋转只须首先选中需要放置的器件，再通过 Edit 菜单下相应的命令或快捷键，当然也可以通过图 2.1.13 所示的快捷菜单来进行旋转。

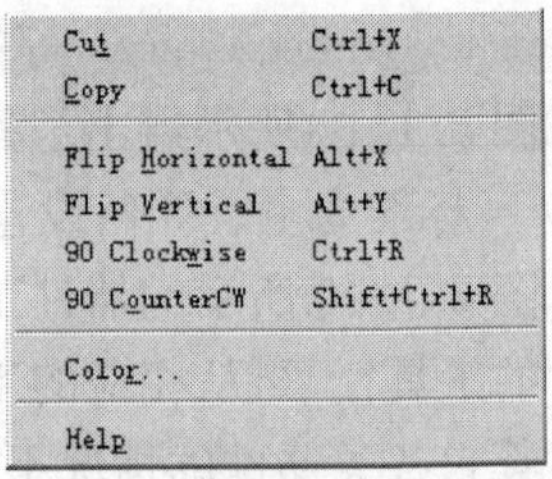

图 2.1.13 器件修改的快捷菜单

(3) 器件参数的调整

① 虚拟器件的参数调整：在元器件工具栏选择的器件有时需要对其参数进行修改，对于虚拟器件参数的修改只需用鼠标双击需要修改参数的器件，在如图 2.1.14 所示的对话框中直接修改其参数就可以了。

② 真实器件的参数调整：对于真实器件双击鼠标左键后，其对话框如图 2.1.15 所示，在其对话框上无法对参数进行修改。对于真实器件的参数修改是通过器件的替换(Replace)和编辑模型(Edit Model)来进行修改的，这两项修改在图 2.1.15 对话框上分别有两个按钮与之对应。

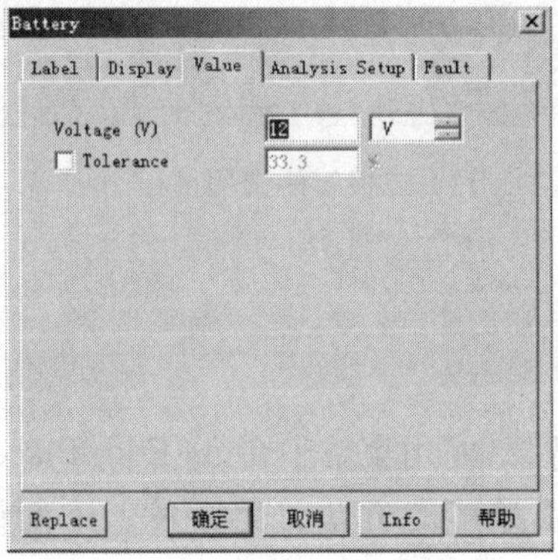

图 2.1.14 虚拟器件的参数修改对话框

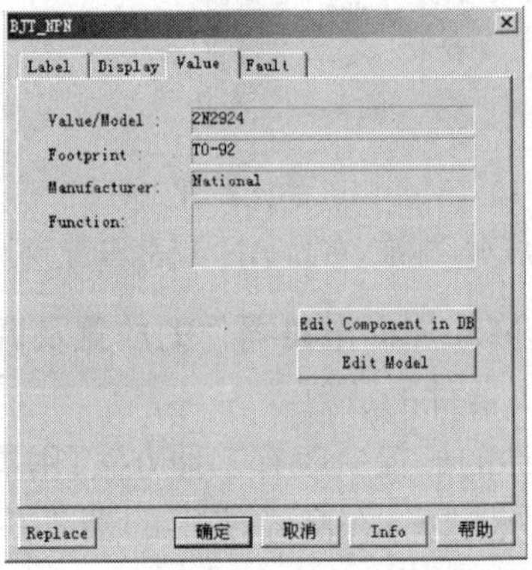

图 2.1.15 真实器件的参数修改对话框

● 器件更换(Replace)：器件的更换与实际在实验室的工作是一致的。平时在实验时如果某个电阻的阻值不合适，通常可以更换一个其它阻值的电阻再进行实验。Multisim 中在按下图 2.1.15 中的“Replace”按钮时会弹出与图 2.1.12 类似的器件浏览窗口，用户可以在其中选择合适参数的其它器件。

● 修改模型(Edit Model)：对于有些器件，其型号是正确的，但器件的参数不是用户需要的参数或与实际器件的参数不一致，通过更换器件无法进行仿真与模拟，这时可以通过修改器件的模型参数来实现仿真的要求。在图 2.1.15 中单击“Edit Model”按钮，弹出图 2.1.16 所示的模型修改窗口。

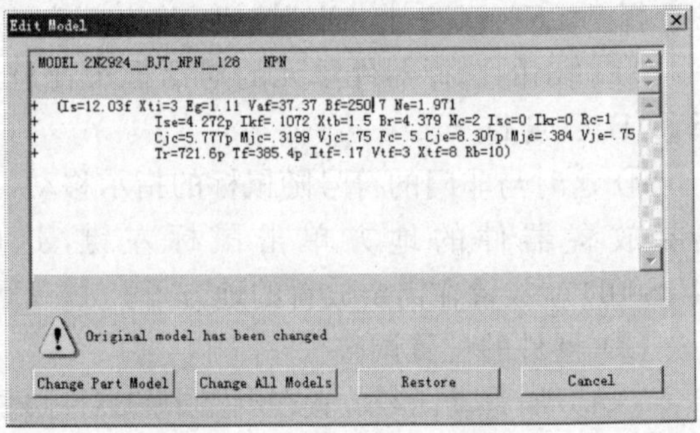

图 2.1.16 器件模型修改窗口

当修改窗口中的参数时，图 2.1.16 中“Charge Part Model”和“Charge All Model”按钮被激活，单击“Charge Part Model”按钮仅修改选中器件的参数；单击“Charge All Model”按钮修改电路中与选中的型号一致的器件参数。

图 2.1.16 为半导体三极管模型窗口，图中的 Bf 参数就是低频电子线路中三极管的 β 值。

③ 器件故障设置：有时需要仿真模拟某一些器件损坏后的电路故障，这就要求仿真软件具有设置器件故障的功能。Multisim 具有器件开路(Open)、短路(Short)和漏电(Leakage)故障设置。如图 2.1.17 为三极管设置故障的对话框，通过双击需要设置故障的器件，在弹出的对话框进入“Fault”项就可以设置器件的故障。

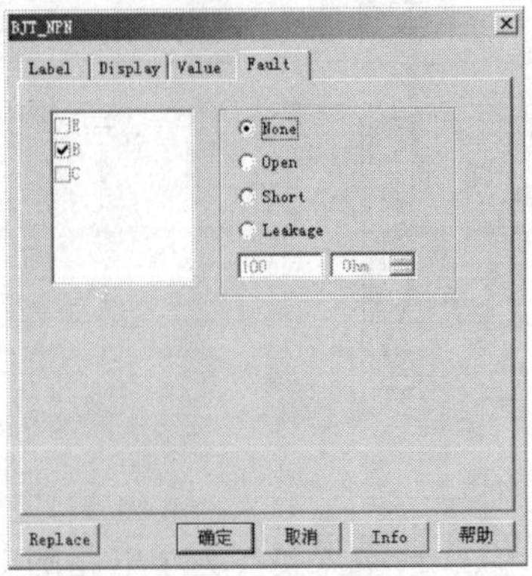

图 2.1.17　器件故障设置对话框

3) Multisim 元器件的连线

在电路窗口中放置好器件后，便要使用连线将元器件相互连接起来。每个元器件的引脚都是一个连线的节点，Multisim 提供自动连线和手动连线两种连线方式。自动连线可以避免连线从器件上飞过，手动连线可以按照人们的走线习惯进行布线。

(1) 自动连线　将鼠标指在第一个元器件的引脚，鼠标指示呈十字形，单击左键，然后移动鼠标到第二个元器件的相应引脚，单击鼠标左键，即完成了自动连线的功能，系统给绘制的线标上节点号。如果没有成功是因为连接点与其它器件靠得太近。如果对刚画的线不满意可以选中该线后，按“Delete”键。

(2) 手动连线　将鼠标指向第一个元器件的引脚，鼠标呈十字形，单击鼠标左键，导线随鼠标移动而移动。当连线需要拐弯时，单击鼠标左键，到达第二个器件对应引脚时单击鼠标左键，导线就连好了。

当导线需要从一个器件上跨过时，用户只需在移动鼠标经过该器件时按下“Shift”键就可以了。

(3) 设置导线的颜色　当导线较多时，为了便于区分，可以对不同的导线标上不同的颜色。设置导线的颜色只需先选中该导线，然后单击鼠标右键，通过“Color”来设置颜色。

4) 子电路(Subcircuits)

当一个电路较复杂时，通常在分析电路时用一个框图将实现某一特殊功能的电路包括其中。Multisim 也提供了一个相应的功能，即子电路功能。用户可以将一部分电路用子电路的形式加以表示。子电路作为电路的一部分随主电路文件一起存放，打开也必须在主电路中一起打开。

(1) 创建子电路　创建子电路的过程与一般电路的过程一致，为了便于子电路与外围电路连接，需要添加输入/输出(Input/Output)节点。建立子电路的详细过程如下：

① 绘制子电路的电路图；

② 使用 Edit 菜单下的“Place Input/Output”命令给输入/输出端标上输入/输出节点；

③ 用鼠标双击各输入/输出节点，通过图 2.1.18 所示的对话框对输入/输出节点重新命名(必须是英文字母和数字，不可以使用中文)。

(2) 添加子电路　上面步骤说明了子电路的创建过程，将子电路放置在具体电路中的步骤如下：

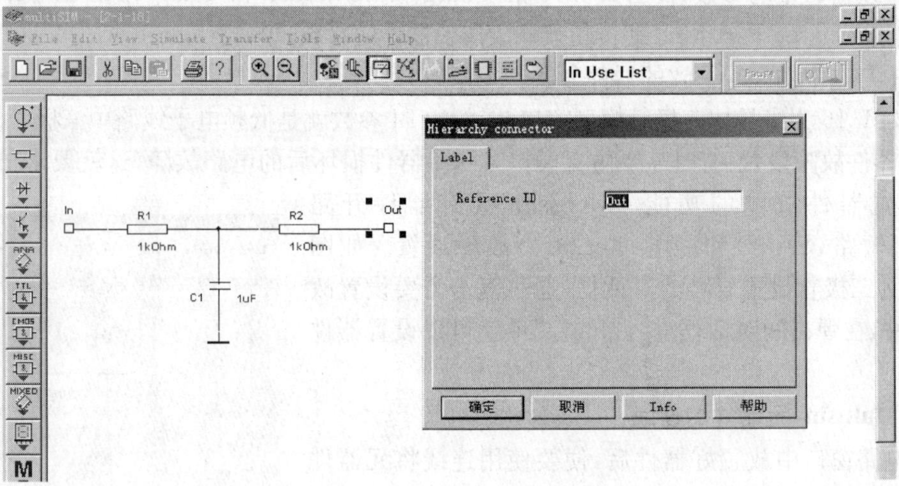

图 2.1.18　定义输入/输出的节点名称

① 选中需要作为子电路的电路图，将其复制或剪切到剪切板上；

② 在需要使用子电路的文件中使用 Edit 菜单下的“Paste as subcircuit/Macro”，程序弹出如图 2.1.19 所示的子电路命名对话框，输入子电路的名称(注意：不可以使用中文作为子电路名)，单击“OK”退出对话框，这时鼠标指示与放置器件一样，子电路图案随鼠标箭头移动而移动，在需要放置子电路的地方单击鼠标左键就可以将子电路放置下来；

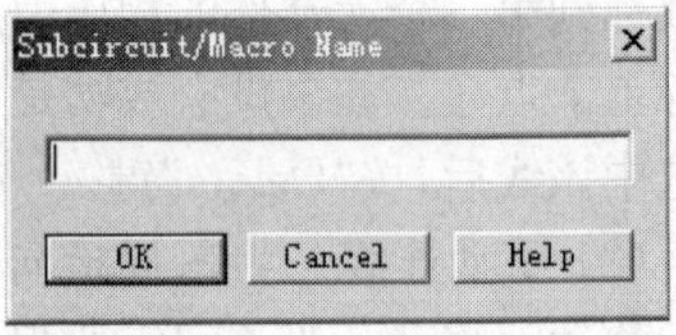

图 2.1.19　子电路命名对话框

③ 子电路的输入/输出脚可以像正常使用器件一样与其它器件连接。

(3) 修改子电路

① 子电路位置的调整：子电路放置位置的修改跟其它器件一样可以进行水平、垂直翻转，顺时针、逆时针旋转 90°，移动等操作。

② 子电路内部电路的编辑：修改子电路的内部电路只需在子电路双击鼠标左键，这时弹出如图 2.1.20 所示的对话框，单击“Edit Subcircuit”按钮就可以进入子电路的修改窗口，修改完毕关闭窗口就可以完成整个修改。

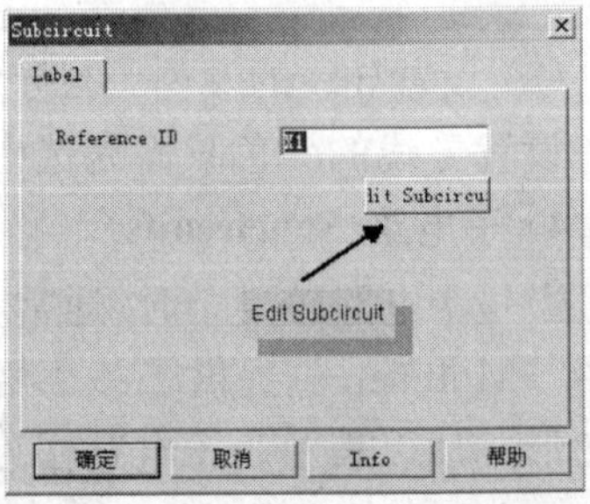

图 2.1.20　子电路属性对话框

2.1.3　虚拟仪器的使用方法

Multisim 提供了大量的虚拟仪器，用户可以用这些仪器测试自己设计的电路。这些仪器的设置、使用、结果的读取都与在实验室中见到的仪器非常相象。使用这些虚拟仪器是测试设计电路最快捷、最方便的仿真方法。

Multisim 提供了波特图示仪、失真度测试仪、函数信号发生器、逻辑转换仪、逻辑分析仪、万用表、网络分析仪、示波器、频谱分析仪、功率表、字发生器等共 11 种仪器。

1) 仪器的一般介绍

(1) 仪器的表示方法　在 Multisim 中仪器通常有工具栏中的仪器按钮、电路中的仪器图标、观察结果时的仪器面板三种表示方法。图 2.1.21 给出了万用表的三种表示方法。

图 2.1.21 中大的图标是虚拟万用表的面板图，它与数字式万用表面板基本一致。在万用表下面有两个接线柱，在小图标上也可以看出有两个接线柱，这是用来与被测电路相连的端子。

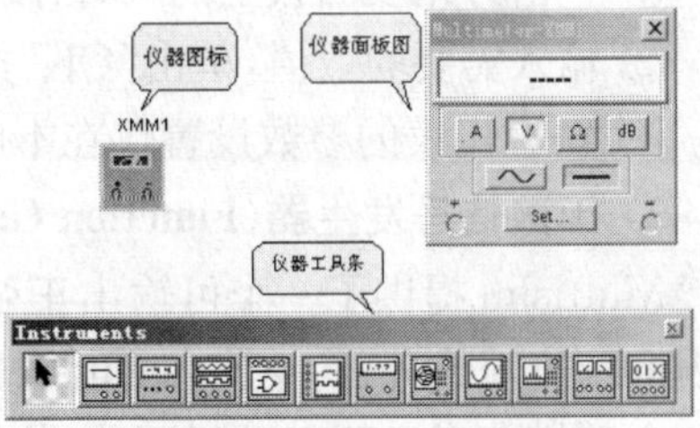

图 2.1.21　Multisim 中万用表的三种表示方法

(2) 在电路中放置仪器　在电路窗口中放置仪器可以有下面两种方法：

① 单击图 2.1.21 所示工具栏上的对应按钮，然后在需要放置仪器的地方单击鼠标左键就可以了；

② 在菜单 Simulate 下的"Instruments"中选择合适的仪器将它放置在需要的地方。

说明：Multisim 中同一仪器可以使用多台，如在一个电路中可以使用 3 台示波器，同时在一个电路中也可以同时使用多台不同的仪器。

(3) 仪器的使用　将电路中的仪器与电路测试点连好，双击仪器的小图标，这时仪器面板就显示出来(否则图标太小无法观察测试结果)。这时测试仪器不显示测试结果(或显示原来的测试结果)，需通过下列几种方法才能观察到测试结果。

① 通过单击设计工具中的(模拟)按钮后再从弹出的菜单中选择"Run/Stop"，这时测试仪器上就可以显示出测试结果(有些测试可能希望将测试的波形暂停住，如示波器观察振荡器电路的起振过程，可以通过设计工具栏中(模拟)按钮，在弹出的菜单中选择"Pause"；如需继续测试，再重复该步骤就可以了)；

② 通过图 2.1.1 右上角所示的模拟开关(如没有出现请在 View 下选择"Show Simulate Switch")，可以开启/停止和暂停/继续模拟，左边为"Pause/Resume"按钮，右边为"Run/Stop"按钮；

③ 还可以通过 Simulate 菜单下选择"Run/Stop"和"Pause/Resume"来运行/停止和暂停/继续模拟过程。

注意：如果电路窗口中没有测试仪器与电路相连，则电路无法进行模拟。

2）万用表(Multimeter)

Multisim 提供了如图 2.1.22 所示的万用表，它可以测量交直流电压、电流、电阻及分贝值。通过万用表面板图中的"Set"按钮可以对万用表的参数进行设置，模拟万用表的参数及测量结果。

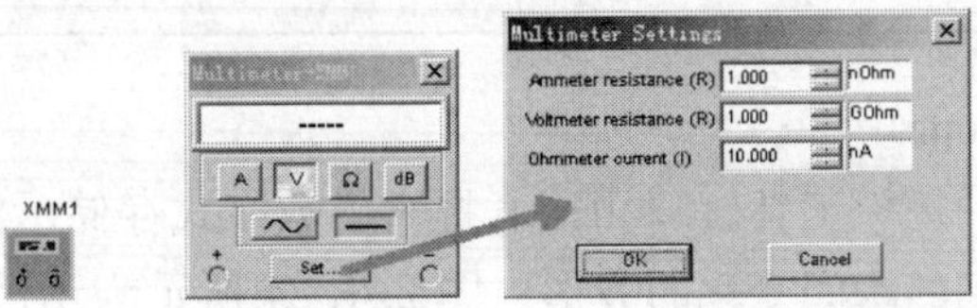

图 2.1.22　数字式万用表图标、面板图及设置对话框

万用表在测量电路的参数时可以与理论值或与实际测量的结果相差较大，这是由于虚拟仪器的参数与理论或实际参数相差较大所导致。Multisim 允许用户设置该万用表的内部参数，以使测量结果满足用户的需求。

图 2.1.22 为万用表的设置对话框，用户可以直接输入需要的值(输入的数值必须是一个非零的数)。通过下列步骤来设置万用表的参数：

① 单击万用表面板上的“Set”按钮进入图 2.1.22 所示的参数设置；

② 输入需要的数值，单击“OK”按钮保存改变。否则单击“Cancel”按钮。

注意：万用表的参数设置仅在本电路中有效。

3）函数信号发生器(Function Generator)

Multisim 提供了一个可输出正弦波、方波、三角波的函数信号发生器。其输出波形的频率、幅度、直流成分、占空比(三角波、方波)以及方波信号的上升/下降沿皆可方便调节，而且在进行电路模拟时也可以进行调节(信号源中的正弦波信号源、方波信号源在电路模拟时调节后需重新进行模拟)，直接观察输出的变化。这些波形信号的频谱输出很宽，可以从音频到射频范围。

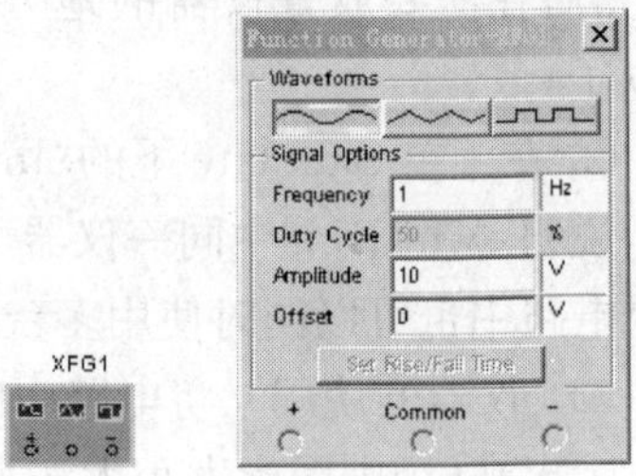

图 2.1.23　函数发生器的图标及面板图

图 2.1.23 为函数发生器的图标及面板图，从图中可以看出它有三个输出端：+、Common、-。通常它与电路连接有两种方式：

① 单极性连接方式：是将“Common 端”与被测电路的地相连，“+端”或“-端”与电路的输入相连。这种方式一般用于与普通电路相连。

② 双极性连接(差分连接)方式：是将“+端”与电路输入中的“+端”相连，而将“-端”与电路输入中的“-端”相连。这种方式一般用于信号源与差分输入的电路相连，如差分放大器电路、运算放大器电路等。

表 2-1-4 给出了函数信号发生器输出参数的范围。

表 2-1-4　函数信号发生器参数范围

参　数	范　围	备　注
频率 (Frequency)	1Hz～999MHz	
占空比 (Duty Cycle)	1%～99%	方波和三角波时使用
振幅 (Amplitude)	0～999kV	“+端”或“-端”对地的峰值电压，“+端”对“-端”的值是 2 倍
直流偏离 (DC Offset)	-999～999kV	指交流输出中含有的直流电压

4）示波器(Oscilloscope)

示波器是观察波形的理想工具。Multisim 提供了数字式存储示波器，用户借助它可以看到通常在实验室无法看到的瞬间变化的波形。图 2.1.24 所示为示波器的图标及面板图。从面板图上可以看出它与实验室的仪器基本一致，仅仅是普通示波器的旋钮改变为数值框，用户可以通过直接输入数字或用鼠标进行调节。

图 2.1.24 中示波器的波形显示区有两个游标，通过鼠标可以左右移动游标。在波形显示窗口下面有三个数值显示窗口，分别显示两个游标与小波形交叉点的时间刻度及幅度大小和两个交叉点的时间间隔及幅度差值。

5）功率计(Wattmeter)

功率计是用来测量负载消耗功率或电源提供功率的仪器。其计算方法是流过被测量单元

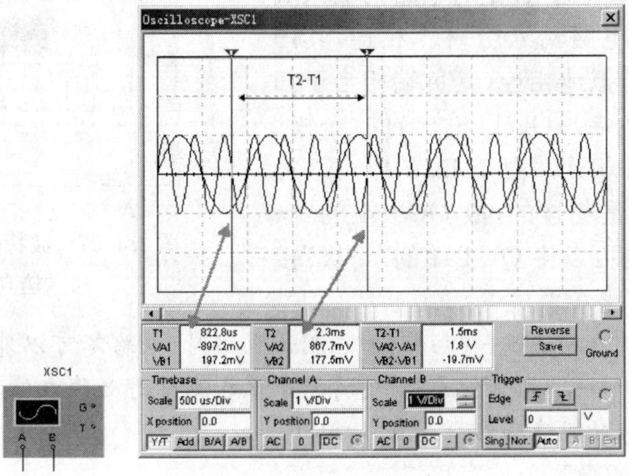

图 2.1.24　示波器图标及面板图

的电流与施加在该单元两端的电压之积，即 $P=UI$。

图 2.1.25 所示为功率计的图标及面板图。从面板图上可以看到它不仅可以显示功率，还可以显示功率因子(Power Factor)。

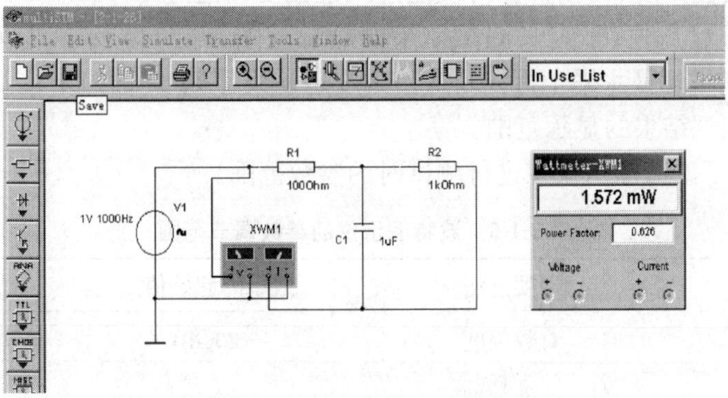

图 2.1.25　功率计的图标及面板图

6）波特图示仪(Bode Plotter)

波特图示仪是一种以图形方法显示电路或网络频率响应的仪器，与实验室中的频率特性测试仪(通常称作扫频仪)相似，它可以测试电路的幅频特性曲线和相频特性曲线。图 2.1.26 为波特图示仪的图标及面板图。

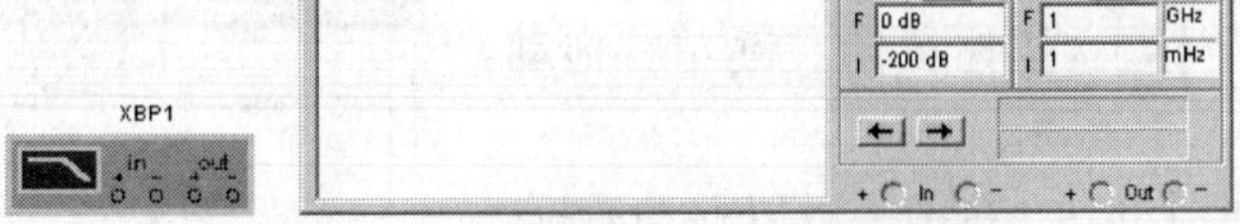

图 2.1.26　波特图示仪图标及面板图

(1) 波特图示仪的连接方法　图 2.1.27 所示为波特图示仪与电路的连接方法。从图上可以看出：图示仪的 IN（输入）是与电路的输入端相连的，其“＋极”与电路输入“＋极”相连，其图示仪的“－极”是与模拟地相连（其负端相当于扫频仪的公共端或接地端）；OUT（输出）的“＋极”与电路的输出“＋极”相连。由于 IN 的“－极”与 OUT 的“－端”内部是相连的，故 OUT 端的“－极”可以悬空不接（也可以将 OUT 端的“－极”接地，而 IN 端的“－极”悬空）。

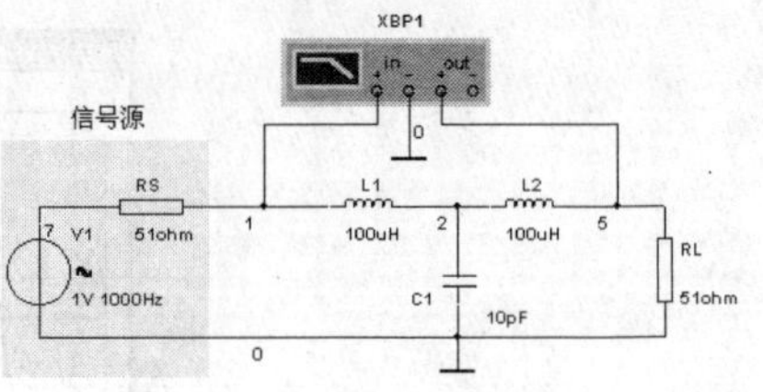

图 2.1.27 波特图示仪的连线图（仿真图）

注意：利用频率特性测试仪（即扫频仪）在测试电路时，电路不可以外加输入信号，其频率特性测试仪给电路施加一个扫频信号，但波特图示仪在测量时必须在输入端施加一个交流电压源的激励信号，信号的幅度和频率没有限制。

（2）波特图示仪的设置

① 相频特性与幅频特性：波特图示仪可以测量电路的幅频特性曲线和相频特性曲线。这两种测量的电路连线方式相同，仅在仪器上通过图中的“Magnitude”（增益大小）和“Phase”（相位）两个按钮来切换。

② 设置 x、y 轴坐标：在 Vertical（垂直）标签下选择“Log”或“Lin”按钮来切换垂直坐标线是对数刻度还是线性刻度（相频特性时仅能选线性刻度），通过 F（Final value 坐标终点值）、I（Initial Value 坐标起点值）来定义测试结果的显示范围。在 Horizontal（水平）标签下选择“Log”和“Lin”按钮来切换水平坐标线是对数刻度还是线性刻度，通过 F、I 及右边选择框的频率输入框来定义测试结果的显示范围。

表 2-1-5 给出了波特图示仪在进行测试时的参数范围。

表 2-1-5 波特图示仪的参数调节范围

特性	刻度方法	最小的起始值	最大的终点值
幅频特性	对数刻度	－200dB	200dB
幅频特性	线性刻度	0	10e＋09
相频特性	线性刻度	－720°	720°

（3）测试结果的观察　打开模拟功能，这时图示仪的显示窗口中将会显示出幅频特性曲线或相频特性曲线，合理设置坐标范围，这时需要的特性曲线就可以得到了。通常通过特性曲线希望了解被测电路的频带宽度、某一频率时的增益和相位的大小，因此，波特图示仪提供了一个游标（Cursor），通过这个游标可以读出上述需要的数值。

图 2.1.28 给出了测试结果的面板图，通过下面两种方法可以移动游标来读取需要的数据：

① 将光标放在游标上，按住鼠标左键左右拖动，可以移动游标；

② 通过单击面板上的左、右键头可以移动游标。

图 2.1.28 中游标与特性曲线的交叉位置对应的频率为 40.738kHz，增益为－3.026dB，所以其频带宽度约为 40.738kHz。

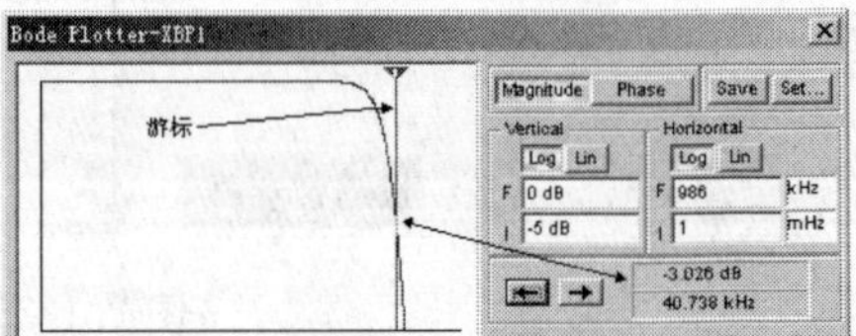

图 2.1.28 波特图示仪参数的读取

7）**失真度分析仪(Distortion Analyzer)**

失真度分析仪是测试电路输出失真情况的主要仪器，一般用于音频设备的测试，如音频功率放大器的失真测试、音频信号发生器输出的测量。其频率范围为 20Hz～20kHz。

图 2.1.29 所示为失真度分析仪的图标和面板图。通过图 2.1.29 所示的面板中“Fundamental Frequency”(基频)栏来设置其测试的基频频率。

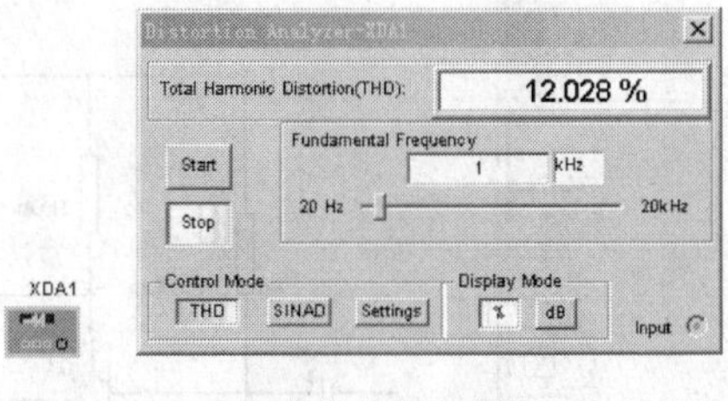

图 2.1.29　失真度分析仪图标及面板图

失真度通常有两种表示方法：一种是 THD (Total Harmonic Distortion，谐波总和失真)表示，另一种是 SINAD(signal plus noise and distortion，信号与噪声及失真的和)，其中 THD 可以用百分数表示，也可以用对数来表示，而 SINAD 仅用对数来表示。

IEEE 标准中 THD 失真度的表达式为

$$\mathrm{THD}=\frac{\sqrt{U_1^2+U_2^2+U_3^2+U_4^2+\cdots}}{\sqrt{U_0^2+U_1^2+U_2^2+U_3^2+U_4^2+\cdots}}$$

ANSI 标准中 THD 失真度的表达式为

$$\mathrm{THD}=\frac{\sqrt{U_0^2+U_1^2+U_2^2+U_3^2+U_4^2+\cdots}}{U_0}$$

SINAD 的表达式为

$$\mathrm{SINAD}=\frac{\sqrt{U_0^2+U_1^2+U_2^2+\cdots+U_n^2}}{\sqrt{U_1^2+U_2^2+\cdots+U_n^2}}$$

单击图 2.1.29 所示面板中的“Control Model”栏中的“Settings”按钮，弹出图 2.1.30 所示的对话框，通过该对话框可以选择 THD 失真度的 IEEE 和 ANSI/IEC 标准中的一个；同时还可以设置起始频率和终止频率及测试时考虑的谐波数(如 10kHz 三次谐波已经超过人们的听觉范围，故失真度仅考虑二次谐波，其余的不作考虑)。

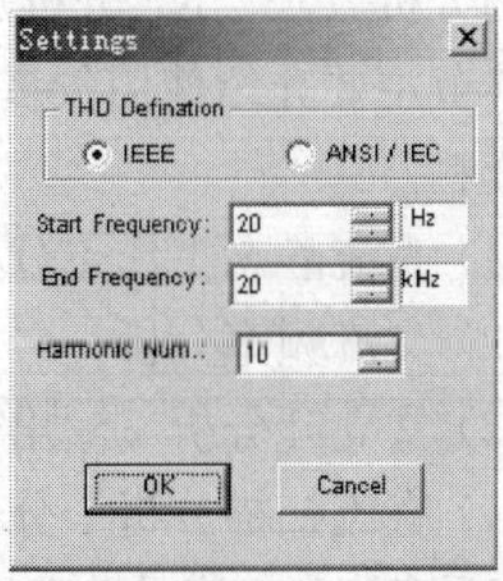

图 2.1.30　THD 的标准选择

图 2.1.31 所示为失真度分析仪与三极管单管共射放大器的连接情况及该放大器失真度的测试结果。从图 2.1.31 可以看出，失真度分析仪的基频就是电路输入正弦信号的基波频率。

通过调节电路信号源的幅度可以看到其失真度越来越大，即失真情况越来越严重。

由于逻辑转换仪、字发生器、逻辑分析仪、网络分析仪和频谱分析仪在课程设计中一般较少使用，这里不再介绍，读者可参考有关 EDA 技术方面的书籍。

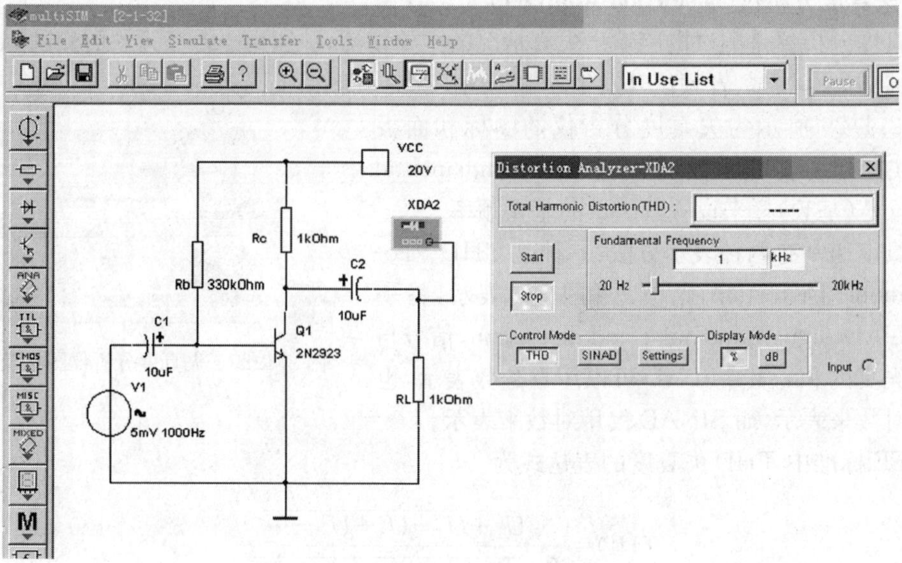

图 2.1.31　失真度分析实际连线图

2.1.4　Multisim 仿真软件的高级分析功能

上一节介绍了 Multisim 提供的各种虚拟仪器，这些仪器给电路的分析带来了极大的方便，但有时在电路中需要对多个参数进行分析，因此，Multisim 还提供了更高级的电路分析功能。

Multisim 提供直流静态工作点的分析、交流频率分析、瞬态分析、富立叶分析（频谱分析）、噪声分析、失真分析、直流扫描分析、直流和交流灵敏度分析、参数扫描分析、温度扫描分析、最坏状况分析、极点-零点分析、蒙特卡罗分析、射频分析、批量分析、用户自定义分析等，其中射频分析（RF 分析）是 Multisim 特有的分析方法，而其余的分析大多数是基于 Spice3.5 基础上的分析方法。RF 分析克服了 Spice 模型在射频时不能准确分析的缺点。

本节主要介绍使用较多的分析方法，其余的分析方法用户可以参见随软件的用户指南或其它资料。

(1) 直流静态工作点分析　分析电路的直流通路各节点的直流电压和电流的大小；

(2) 交流频率分析　二端口电路频率曲线的分析；

(3) 富立叶分析　输出信号的频谱分析；

(4) 直流扫描分析　分析直流电压源或电流源的变化对直流工作点的影响；

(5) 直流和交流灵敏度分析　指输入直流（交流）电压或电流变化导致输出变化的敏感情况；

(6) 失真分析　分析电路输出信号的失真情况；

(7) 参数扫描分析　分析电路中某参数对输出的影响情况；

(8) 温度扫描分析　分析温度变化对输出的影响。

1）分析步骤

对电路的状态或输出的信号波形进行分析的步骤如下：

(1) 先绘制电路，设置电路中各器件的参数，给电路加上地线（必须加，否则将无法进行分析）。

(2) 选择 View 菜单下的"Show"，在弹出的对话框中选中"Show node name"（显示节点名），如图 2.1.32 所示。节点名在电路分析中是必须看到的，Multisim 中对电路的分析是以节点名为参考的，故不显示节点名将不知道对什么地方进行分析。

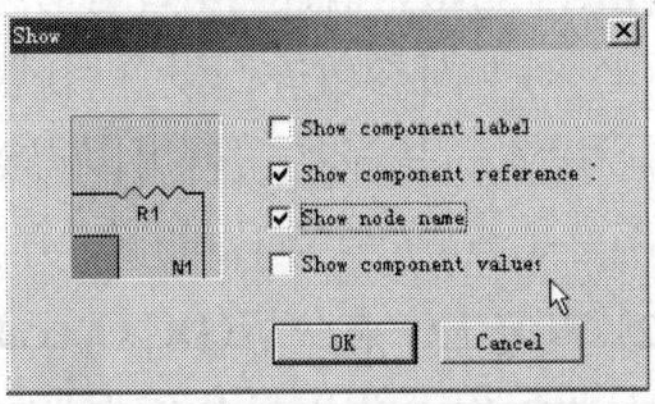

图 2.1.32　使用分析功能时必须显示电路节点名

(3) 在“Simultate”中选择“Analyses”，再在下一级菜单中选择需要的分析方法，这时会弹出具体分析的对话框，其中包括：

① Analysis Parameters Tab(分析参数表)：设置分析的参数，如进行交流(AC)分析时设置其频率范围，及 xy 坐标的显示方式(对数显示还是线性显示等)，如图 2.1.33 所示。

② Output variables(输出变量)：从电路的各节点中选择需要进行分析的节点，故进行电路分析时应将“Show”中的“Show node name”选中。图 2.1.34 所示为分析节点的选择情况。

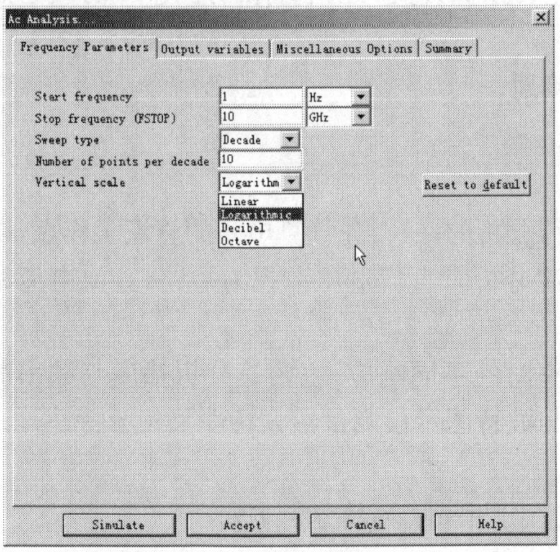

图 2.1.33　分析参数设置对话框

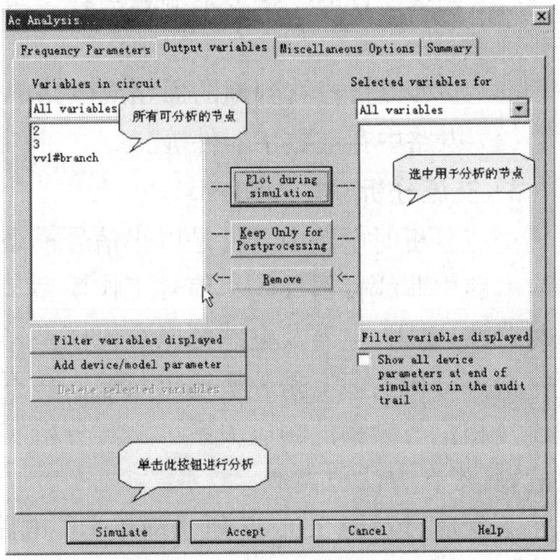

图 2.1.34　分析节点或变量对话框

③ Miscellaneous Options(其它选项)：供用户对分析的标题、分析结果的波形参数加以修改，其设置界面如图 2.1.35 所示。

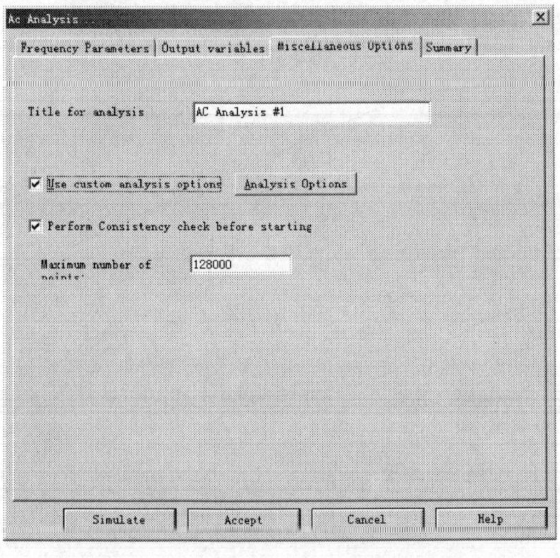

图 2.1.35　分析设置的其它选项

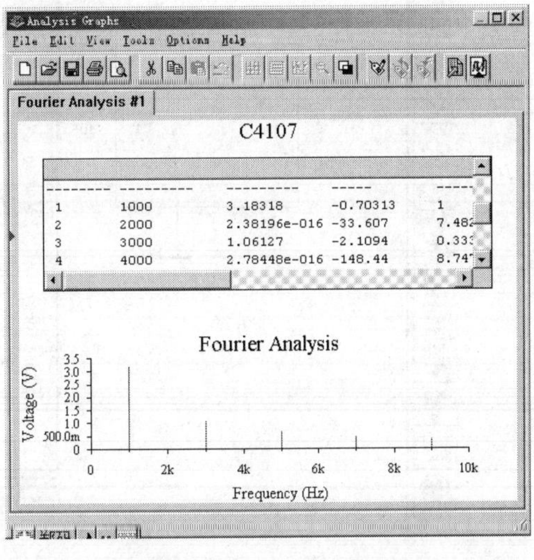

图 2.1.36　方波信号的富立叶分析结果(5V 1kHz)

④ Summary(概述):列举了所有与当前分析有关的各种参数设置情况。

(4) 对上面参数进行设置后就可以进行分析了。进行分析只需按下图 2.1.33、图 2.1.34 或图 2.1.35 中"Simulate"按钮就可以得到所需要的分析结果。

图 2.1.36 所示为 1kHz 5V 方波信号的富立叶分析结果(频谱分析结果)。

2) 直流工作点分析(DC Operating Point Analysis)

直流工作点分析是分析电路中各节点的直流电压及电流情况。在进行直流工作点的分析时,交流信号源视为短路,电容视为开路,电感也视为短路,所以直流工作点的分析是一种小信号的近似分析,对于大信号的电路其分析是不可靠的。

直流工作点分析有时会不成功,下面的一些情况可能导致分析的失败:

(1) 在分析电路之外存在一个独立的器件　如在绘制电路图时,不小心多画了一个器件;

(2) 某些器件的一些多余端悬空着　如一个单刀双掷开关其三个端仅有两个端与其它器件相连接;

(3) 一些器件没有到地的通路或电路中没有接地;

(4) 电路中存在数字器件等。

3) 交流分析(AC Analysis)

交流分析时电路中器件是以小信号模型来进行分析的,故首先计算电路的直流工作点,以确定电路中非线性器件的小信号工作模型。在交流分析时直流电压源视为短路,直流电流源视为开路,电阻、电容及电感都以交流模型来表示。

交流分析实际上是分析输出与输入在不同频率时的不同响应,主要是分析幅度与频率的响应及相位与频率的响应关系。交流分析实际上与波特图示仪测量幅频特性及相频特性是一致的,其设置方法也类似。

下面通过对图 2.1.37 所示简单 RC 电路的交流分析来了解其分析步骤。

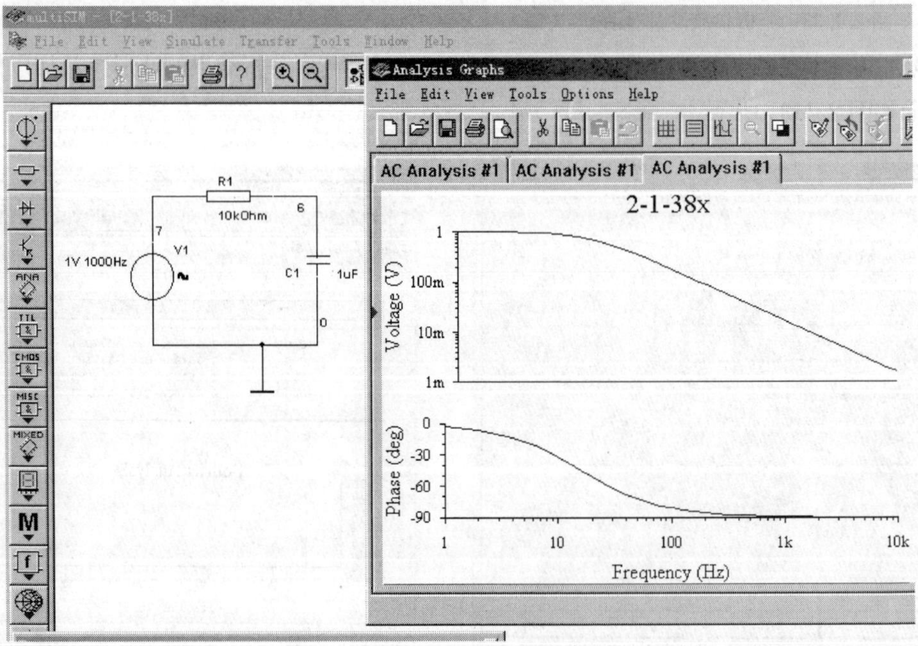

图 2.1.37　简单 RC 低通滤波器的交流分析

(1) 绘制图 2.1.37 所示电路，并设置各器件的参数；

(2) 选择"Simulate"菜单下的"Analysis"，在弹出的对话框中选择节点 1 作为输出端；

(3) 设置交流分析的分析参数为：

① Start Frequency(起始频率)：1Hz；

② Stop Frequency(终止频率)：10kHz；

③ Sweep Type(X 刻度)：decade(十倍程)

④ Number of Point Per Decade(每个十倍程刻度数)：10

⑤ Vertical Scale(幅度刻度形式)：Logarithmic(对数刻度)。

(4) 按下参数设置对话框下的"Simulate"按钮就可以得到图 2.1.37 中右图的交流分析结果。

4) 富立叶分析(Fourier Analysis)

富立叶分析是通过对时域的波形信号进行富立叶级数的展开，从而分析出构成信号的直流、基波和各次谐波的幅度分配情况。

富立叶分析通常根据分析信号的类型分为连续富立叶分析和离散富立叶分析。连续富立叶分析是采用数学的方法对连续信号进行富立叶级数展开后得到对应信号频谱结构的分析方法；而离散富立叶分析是通过对信号经过取样及量化变为数字信号，利用数字信号处理的方法进行分析的方法。如果信号在时间上具有周期性，则计算过程可以简化，这时一般采用快速富立叶变换进行分析(Fast Fourier Transform，简称为 FFT)。Multisim 中的富立叶分析就是一种快速富立叶分析，故它只能对周期性信号进行分析。

5) 直流扫描分析(DC Sweep Analysis)

直流扫描分析是计算各节点直流工作点随电路中直流电压源电压变化的情况。通过该分析可以观察电源电压发生变化时直流工作点的变化情况，从中找出最佳的工作电压。

注意：数字电路在直流扫描时可看作高阻到地。

图 2.1.38 所示为直流扫描参数设置对话框，其设置比较简单，只需设置直流电源电压变化范围的起点(Start Value)、终点(Stop Value)及扫描点的增量(Increment)，如果有两个电压源可以分别进行参数设置。

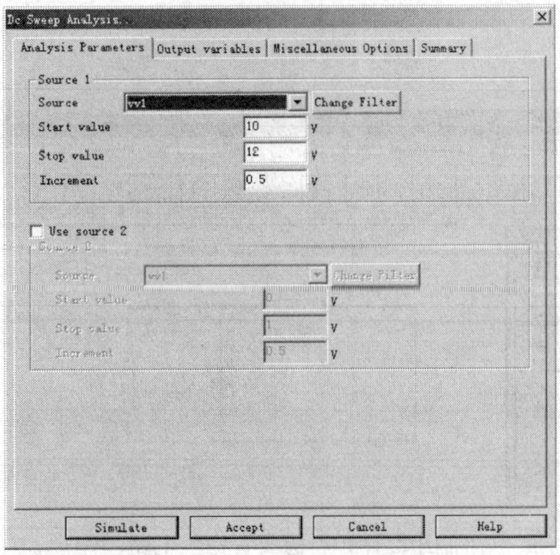

图 2.1.38　直流扫描参数设置对话框

6) 参数扫描分析(Parameter Sweep Analysis)

利用参数扫描可将电路中任何一个器件作为扫描对象，通过对器件的扫描观察该器件参数对电路的影响。在参数设置中可以设置器件的参数有起始值、终止值、变化的增量。

图 2.1.39 所示为参数扫描的设置对话框。以图 2.1.40 所示电路中电阻 R 作为扫描器件，通过分析可以观察负载电阻对稳压的影响。

从图 2.1.39 上可以看出，对扫描的参数进行设置包括：

(1) Device type(器件的类型)　本图中选择的是电阻(Resistor)。

(2) Name(器件名)　指电路的器件名称，也就是标号。

(3) Sweep Parameter(扫描参数) 指扫描的参数是器件的参数、模块参数还是温度参数,一般用器件参数进行扫描。

(4) Parameter(参数) 指选择扫描器件中的什么参数进行扫描,图 2.1.39 中选择的是阻值进行扫描。

(5) Sweep Variation Type(扫描参数变化的方式) 指扫描的参数是在一定的范围内变化,还是将变化的参数直接列举出来进行扫描,其中有:

① List:将需要扫描的变量大小直接输入到 Values 文本框中,数与数间用逗号隔开;

② Decade:要求每个变化时的数值成 10 倍的关系;

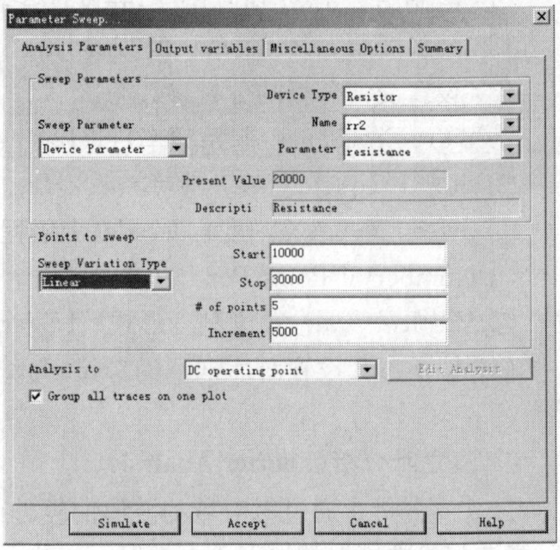

图 2.1.39 参数扫描设置对话框

③ Octave:要求两个相邻的扫描值成 8 倍的关系;

④ Linear:在一定的范围内线性扫描。

(6) Analysis to(分析方式):可以选择参数结果对何种分析产生影响,其中有:

① DC operating point:指参数的结果对直流工作点的影响;

② AC analysis:指参数的结果对交流特性的影响;

③ Transient analysis:指参数的结果对瞬态特性的影响。

根据图 2.1.39 的设置,对应图 2.1.40 电路,扫描结果如图 2.1.41 所示,图中列出了不同阻值时的输出情况。

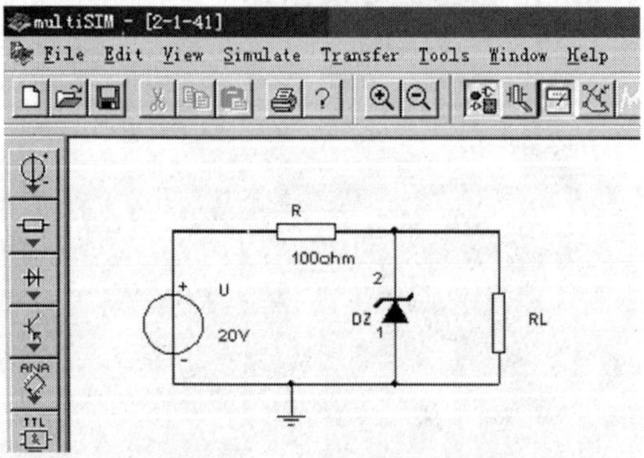

图 2.1.40 稳压管稳压电路

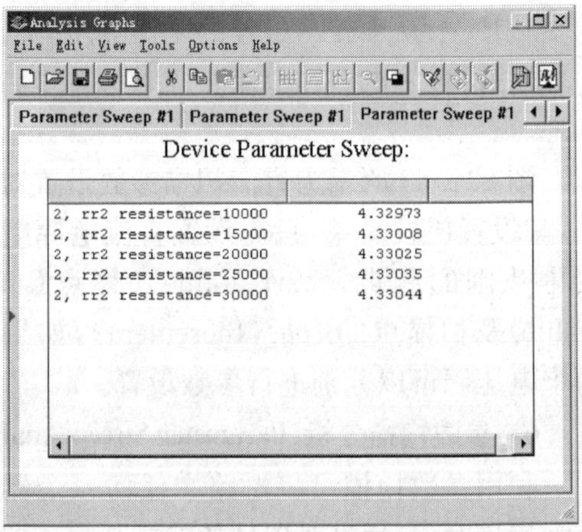

图 2.1.41 图 2.1.40 电路负载变化时输出电压的变化情况

7) 温度扫描分析(Temperature Analysis)

利用温度扫描分析,可以快速检验温度变化对电路性能的影响。该分析相当于在实际产品检验中的温度老化实验,将电路放置在不同的温度测试电路参数的变化。用户可以通过选择温度的开始值、结束值和增量值来控制温度的扫描分析。温度扫描分析适用于直流工作点分析、瞬态分析和交流频率分析。温度仅影响与温度有关的器件或模型。

温度扫描分析的设置与参数扫描设置界面类似。通常电路设计时其缺省的工作温度为27℃。

8）失真分析（Distortion Analysis）

信号失真产生的原因很多，有因电路频率特性不理想产生幅度或相位失真，也有因电路非线性失真导致的谐波失真（harmonic distortion）、互调失真（inter-modulation distortion）等。

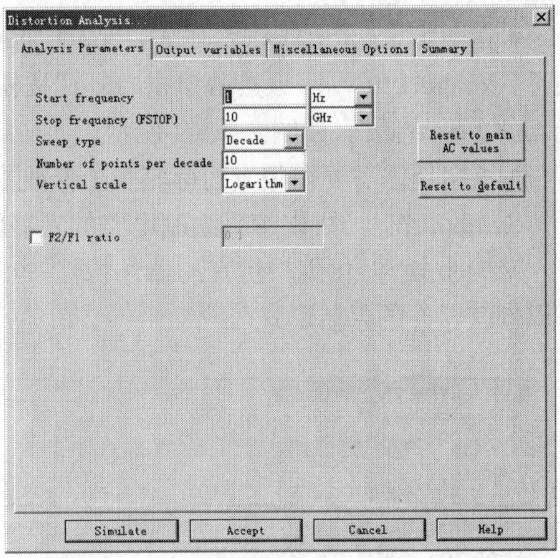

图 2.1.42　失真分析参数设置对话框

失真分析对于研究瞬态分析中不易发现的小失真比较有用。Multisim 可以分析小信号模拟电路的谐波失真和互调失真。如果电路中只有一个交流信号源，该分析将确定电路中每一点的第二次和第三次谐波造成的谐波失真。如果电路中有两个交流频率源 F1 和 F2，那么该分析将寻找电路变量在三个不同频率上的谐波失真，这三个频率为：F1＋F2；F1－F2及 2F1－F2（假设 F1＞F2）。

图 2.1.42 为失真分析参数设置对话框。图中除“F2/F1 ratio”之外的含义前面已经介绍了。其“F2/F1 ratio”复选项的用途是：当选中时，不仅显示被扫描频率的二次和三次谐波，还显示 F1＋F2、F1－F2 及 2F1－F2 三个频率点的电压或电流与频率的关系。

2.1.5　器件模型的建立

1）器件模型的建立方法

（1）元器件编辑器简介　Component Editor 允许用户修改和保存在 Multisim 元器件数据库中的任何器件。假如现有的器件不适合新的封装形式，那么可以复制该元器件的全部信息，然后修改其封装信息，从而建立一个新的元器件。也可以建立自己的元器件库，将其放入 Multisim 数据库中或调用元器件厂商提供的新器件的仿真库。

创建新元器件的最佳方法是利用 Multisim 的元器件编辑器（Component Editor）修改现有的、类似的器件，而不是重新建立一个全新的元器件。

元器件的数据库中包含了三方面的信息：

① 常规信息：如元器件名称、注释、制造商、图标、系列和电气参数等；

② 元器件的符号：用于绘制电路图的图形；

③ 模型：在仿真分析过程中代表该元器件特性的信息，只有参与仿真运算的元器件才需要模型。

在 Multisim 中修改和建立的器件模型仅能存放在 User 数据库或 Corporate 数据库（仅适用于网络版）中，Multisim Master 数据库中的元器件不可以被修改。

Multisim 中的器件编辑器包括建立（Create Component）、编辑（Edit Component）、复制（Copy Component）、删除（Delete Component）4 个功能，可以通过菜单 Tools 或设计工具栏的按钮进入相应的工作模式。

(2) 元器件库编辑的一般步骤

① 编辑现有的元器件:编辑一个现有器件的步骤如下:

• 执行菜单 Tools 下的“Edit Component”命令,这时出现图 2.1.43 所示的对话框;

• 在图 2.1.43 所示对话框的“Database Name”中选择需要编辑的数据库的名称(在 Multisim Master、User、Corporate 三者中选择);

• 在图 2.1.43 中选择系列名(Family Name)或器件的型号(Component Name)然后单击“Edit”按钮,进入具体的元器件参数对话框,如图 2.1.44 所示。

• 根据具体需要在相应的标签页上修改参数。其中 Symbol(符号)可以编辑绘制电路的元器件符号;Model(模型)供编辑仿真的器件特性;Footprint(封装)可以修改器件的封装形式。

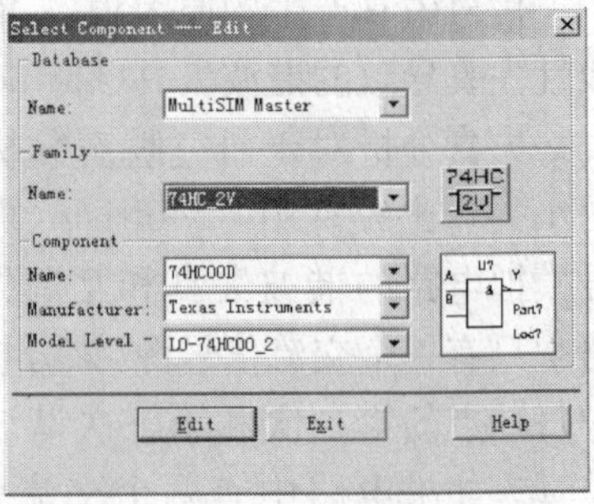

图 2.1.43　元器件编辑对话框

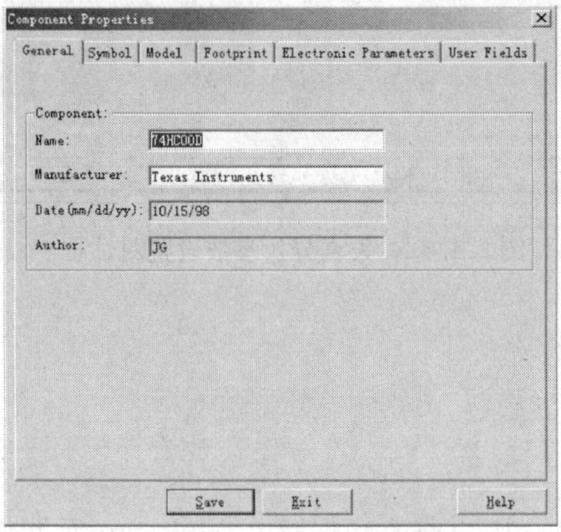

图 2.1.44　元器件参数对话框

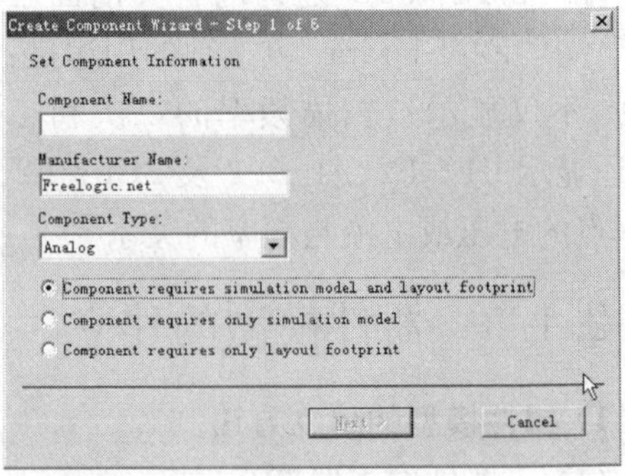

图 2.1.45　建立器件模型的对话框

② 创建一个新元器件:执行菜单 Tools 下的“Create Component”命令可以看到图 2.1.45 所示的对话框。从图上可以看出它是一个向导程序。从图上说明可以看出建立一个新器件模型共有 6 步,具体的内容后面将详细说明。

③ 删除一个已有的元器件:执行菜单 Tools 的“Delete Component”命令可弹出图 2.1.46 所示的对话框,选择需要删除的器件名后按“Delete”按钮就可以删除掉了,但要注意 Multisim Master 数据库中的器件无法被删除。

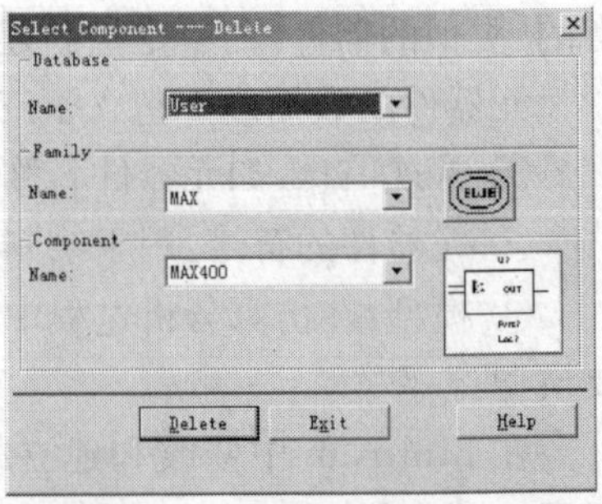

图 2.1.46　删除器件的对话框

(3) 元器件符号编辑　Multisim 中的有些符号不符合我国的国家标准,添加的器件原来没有图形符号,这时就需要进行新建或对原有的图形符号进行编辑修改。

① 编辑元器件符号:单击图 2.1.44 元器件参数对话框的“Symbol”可得到图 2.1.47 所示的符号编辑对话框。它可以完成编辑元器件符号、复制某一元器件的符号、新建一个符号。

如果需要复制另一个元器件的符号,其步骤如下:

● 单击图 2.1.47 所示的“Select From DB”，会弹出图 2.1.48 所示的选择器件的对话框；

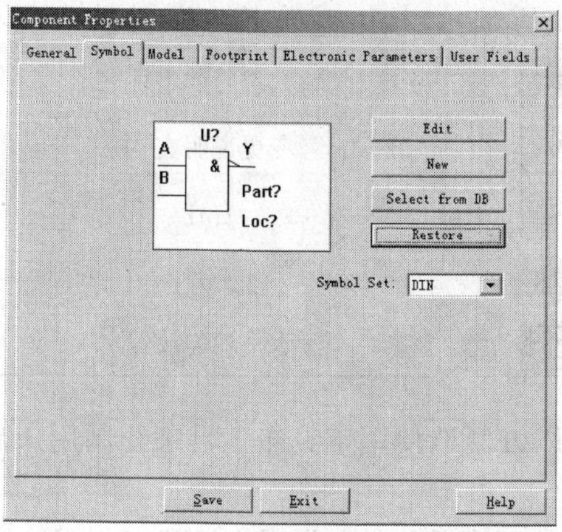

图 2.1.47 符号编辑对话框

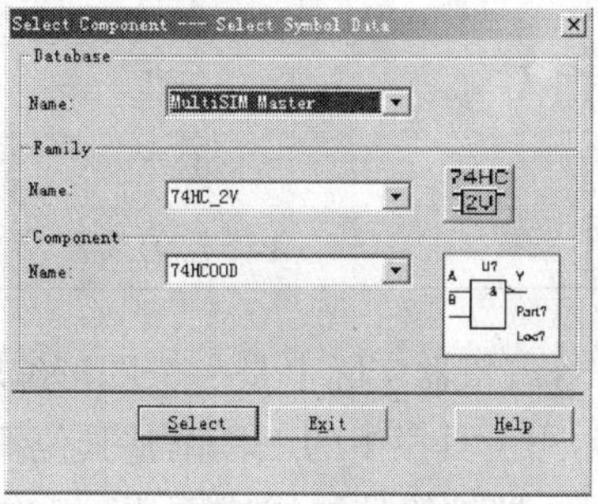

图 2.1.48 选择器件对话框

● 在图 2.1.48 所示的对话框中选择源符号的器件，然后单击“Select”，这时被选中的符号出现在图 2.1.47 所示的符号编辑对话框中；

● 如果确定需要修改，单击“Save”保存；否则单击“Exit”退出。

如果需要编辑或新建符号，可以通过符号编辑器来新建或修改符号，只需要在图 2.1.47 所示的符号编辑对话框中，单击“Edit”或“New”，将弹出图 2.1.49 所示的符号编辑器窗口。表 2-1-6 列出了符号编辑器主要菜单的功能。

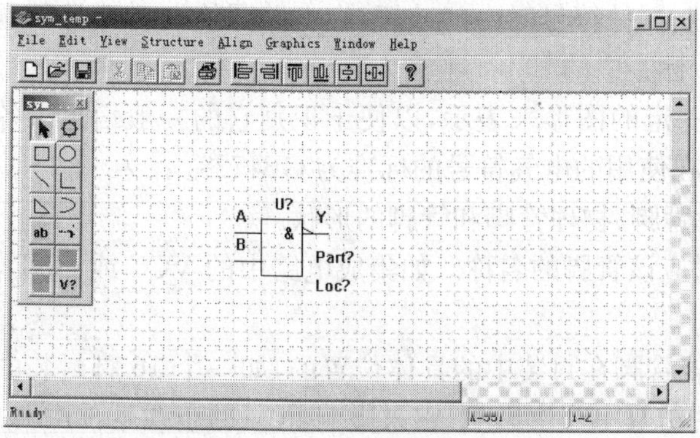

图 2.1.49 符号编辑器界面

表 2-1-6 符号编辑器主要菜单功能

菜单	功能描述
Structure	用于将所选对象组合起来
Align	用于改变窗口中所选对象的相互位置或与栅格的位置
Graphics	用于定义图形特征（如颜色、字体、箭头）及文本标号的特性

表 2-1-7 给出了工具箱及工具栏中主要工具的功能描述。

表 2-1-7 工具箱和工具栏中工具的功能

工具	功能描述	工具	功能描述
	选择工具，用于选择符号	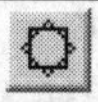	旋转工具，用于旋转选中的图形
	矩形工具，用于绘制矩形图		圆形或椭圆形工具，用于绘制圆或椭圆
	直线工具，用于绘制直线		拆线工具
	多边形工具，用于绘制三角形等多边形	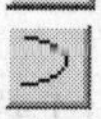	弧线工具，用于绘制弧线
	文本工具，可以给电路中添加文字	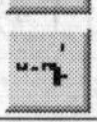	添加输入/输出管脚

续表 2-1-7

工具	功能描述	工具	功能描述
U?	输入符号名	P?	输入符号的组件名
L?	对应于器件标号(Label)	V?	变更说明文本
	左齐		右齐
	上齐		下齐
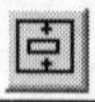	上下均匀放置		水平均匀放置

符号编辑器实际上是一个图形编辑软件,它可以方便地使用工具箱工具来绘制用户需要的图形,用工具栏中的工具调整其位置。

② 元器件符号的构成要素:组成元器件符号的要素有三个,分别为标号(Label)、图形(Shape)和管脚(Pins)。

• 标号(Label):每一个元器件都有三个标号,这是区分同一个电路中多个相同器件的方法。标号变量包括:

元器件的参考 ID(Reference ID):在绘制器件符号时由U?放置,在绘制电路时由器件系列及序号来决定,如 R1,C2 等;

元器件值或器件编号(Value):在绘制器件符号时由P?放置,在绘制电路时由器件大小或器件的编号来决定,如 100ohm,74HC00D 等;

元器件位置:这是一个备用标号,在绘制器件符号时由L?放置,在电路图绘制时正常不显示,但用户可以在器件参数对话框的 Label 标签中的 Label 项输入。

• 图形(Shape):元器件的符号需要用一定的图形来表示,以便于识别它的一般信息。各国使用的符号的标准会有所不同。我国现在使用的电气符号的标准为 GB4728。

• 管脚(Pin):管脚有三层含义,即逻辑管脚、物理管脚和管脚的形状。

逻辑管脚(Logical Pin):实际上就是对应该管脚的名称。如集成电路中的 VCC 或 GND,这些名字是用来说明引脚功能的。

物理管脚(Physical Pin):是用来描述该管脚在封装中的具体位置的,如一个 16 脚封装的器件,其管脚用 1～16 来表示。物理管脚对仿真不产生影响,它只影响 PCB 的布线是否正确。

管脚的形状(Shape): Multisim 中管脚的形状共有 8 种。表 2-1-8 给出了各种形状的具体含义。

表 2-1-8 Multisim 器件符号中管脚的含义

名称	形状	具体含义	名称	形状	具体含义
Dot	New Pin ○— 0	非逻辑信号,可以是输入也可以是输出	Dot—Clock	New Pin ◁○— 0	下降沿有效时钟输入
Line	New Pin — 0	正信号,可用于输入/输出端	Short	New Pin – 0	正信号短形式
Zero Length	New Pin ⊕ 0	终端管脚	Clock	New Pin ◁— 0	上升沿有效时钟输入
Input Wedge	New Pin ◁ 0	输入非逻辑,用于数字电路输入	Output Wedge	New Pin ▷ 0	输出非逻辑,用于数字电路输出端

用户修改管脚特性时，只要双击对应的管脚，就可以弹出图 2.1.50 所示的管脚定义对话框。选择相应的行，在文本输入框中输入相应的说明，选择 Visible 来决定在电路中是否显示相应的管脚说明。

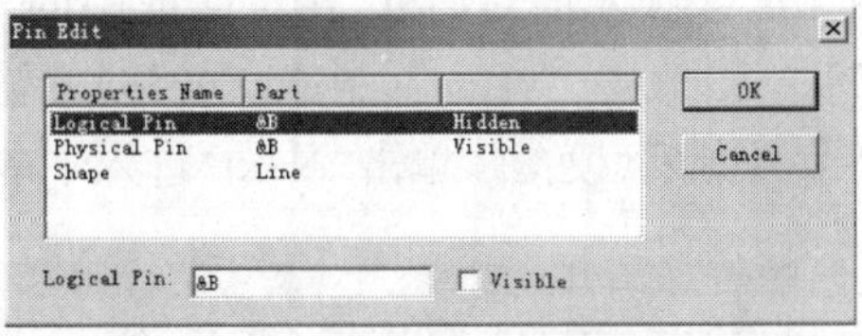

图 2.1.50　管脚定义对话框

(4)编辑元器件模型　为了进行电路的仿真，构成电路中的器件必须具备数学模型。在 Multisim 中仅连接器、连线点没有数学模型，因为这些元器件不影响电路的仿真运算。利用“Component Properties”下的“Model”标签，可以打开如图 2.1.51 所示的模型编辑对话框。

从图上可以看出，元器件模型的编辑方法可以有以下几种：

● 建立新的模型：对应于图 2.1.51 中的“Model Maker”按钮；

● 修改当前的模型：可对模型数据框中的模型进行修改；

● 调用现有的模型文件：可以装入已经写好的模型文件，对应于图上的“Load Model Form File”按钮，可以装入 Spice、VHDL、Code 模型文件等。

● 复制其它器件的模型：通过“Select from DB”可以将其它器件的模型调到当前器件中。

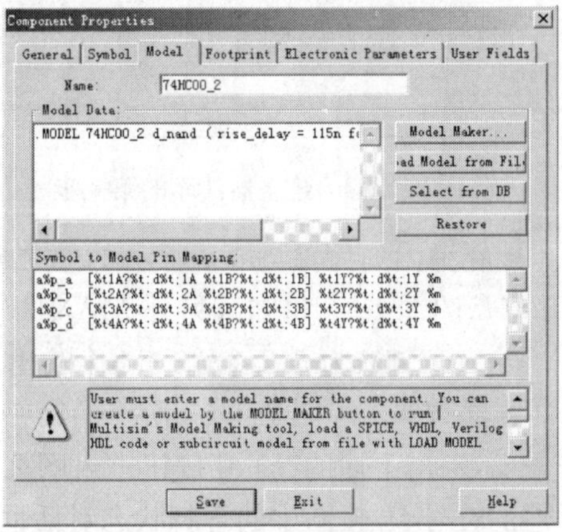

图 2.1.51　Multisim 模型编辑对话框

① 编辑当前器件模型：编辑当前器件的模型只要在图 2.1.51 中的“Model Data”文本框中修改相应的数值就可以了。

② 复制元器件的模型：复制其它器件的模型的方法与复制符号图形的方法类似。

2）新器件模型的导入

(1) 如何获取器件模型　随着电子技术的飞速发展，新器件不断涌现。Multisim 软件本身提供新器件仿真和模拟。现在大部分的器件厂商在推出新器件时都提供了相应的仿真模型，用户没有必要一个器件一个器件地去建模了。

另外，Multisim 的新一代版本 Multisim2001 提供了一种在线升级的功能，用户可以在 EdaParts.com 上直接升级 Multisim 的器件库。

除了这些器件厂商提供的仿真模型外，还有一些大学、科研组织也提供了一些数字逻辑电路的 VHDL 模型，用户可以在互联网上进行查找。

(2) 器件模型的导入　下面以导入 Maxim 公司的 MAX410 为例说明新器件模型导入的方法。

① 模型的获得：通过 Maxim 公司的网址 http://www.maxim-ic.com 可以查找到运算放大器 MAX410 的 Spice 模型及其封装形式。其封装图如图 2.1.52 所示。

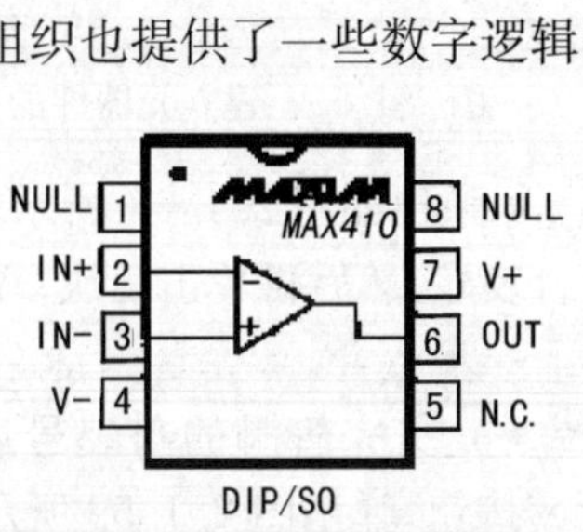

图 2.1.52　MAX410 封装图

② 新建器件库

● 执行 Tools 菜单下的“Create Component”，弹出

图 2.1.53所示的对话框，在对话框中的“Component Name”(元器件名称)处输入 MAX410；“Manufacturer Name”(制造商名称)处输入 MAXIM；“Component Type”(元器件的类型)选择“Analog”(模拟)，单击“Next”进入下一步；

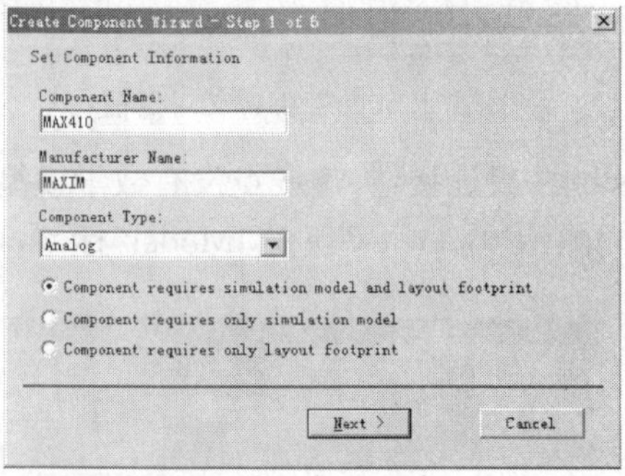

图 2.1.53　建立器件库的第一步

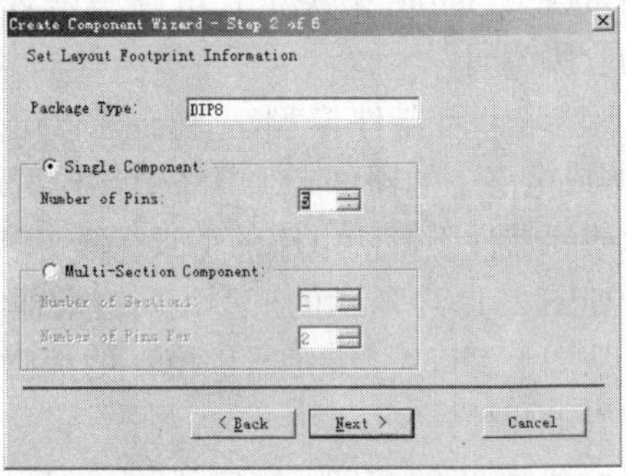

图 2.1.54　定义器件的封装

● 在弹出如图 2.1.54 所示的第二步对话框中，在“Package Type”(封装类型)处输入 DIP8(从图 2.1.52 得知)，另外 MAX410 中仅有一个单元，故选择“Single Component”(单器件)，输入管脚数为 5(2 个输入、1 个输出、正负电源)，单击“Next”进入下一步；

● 这时弹出了图 2.1.55 所示的第三步对话框，框图中给出了一个三输入、二输出的电路符号框，单击下面的“Edit”按钮进入图 2.1.56 所示的符号编辑器窗口，在图中绘制出运算放大器的符号，并按图中的管脚状态对话框定义各管脚的状态。编辑完毕时关闭当前窗口，这时图 2.1.55 中的原符号图变为运算放大器的符号图形，并单击“Next”进入下一步；

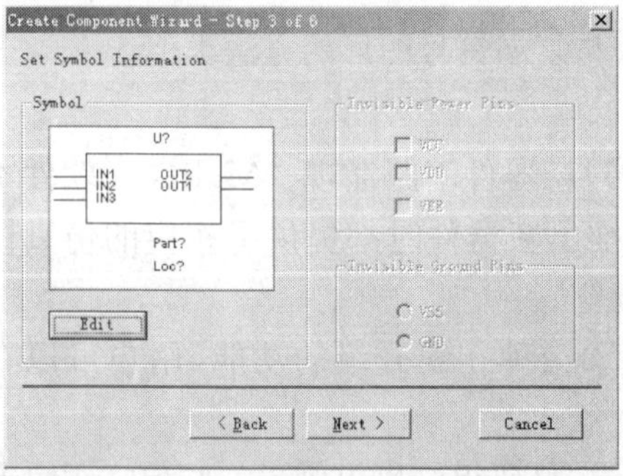

图 2.1.55　建立元器件的符号

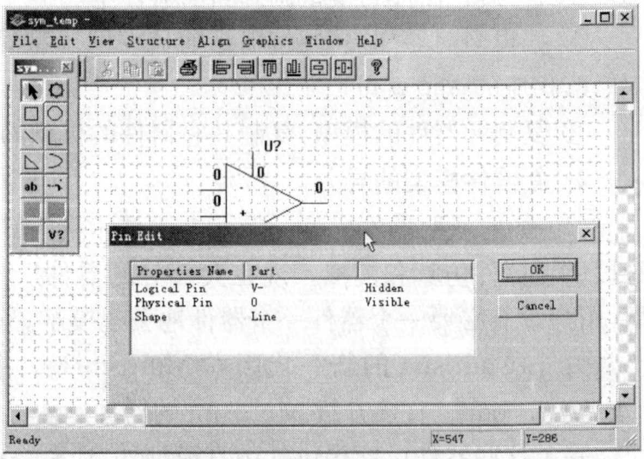

图 2.1.56　定义管脚的状态

● 弹出如图 2.1.57 所示的对话框，在对话框中参照集成电路的封装，编辑各引出端对应的封装号，然后再单击三次“Add”按钮，将 8 个引脚全部说明一下，编辑完毕后单击“Next”进入下一步；

● 定义完管脚的封装号后，弹出图 2.1.58 的模型编辑对话框，单击“Load Model from File”按钮，弹出图 2.1.59 所示模型文件输入对话框，用户通过该对话框选择定义的器件模型文件。选择后单击“打开(O)”按钮，界面会回到图 2.1.58 画面，不过原来空白的“Model Data”框中已经输入了器件模型。单击“Next”按钮进入图 2.1.60 的对话框，用户可以定义符号的管脚与模型中符号的对应关系。至此器件数据库的添加工作已经完成，单击“Finish”按钮进入保存器件的工作状态。

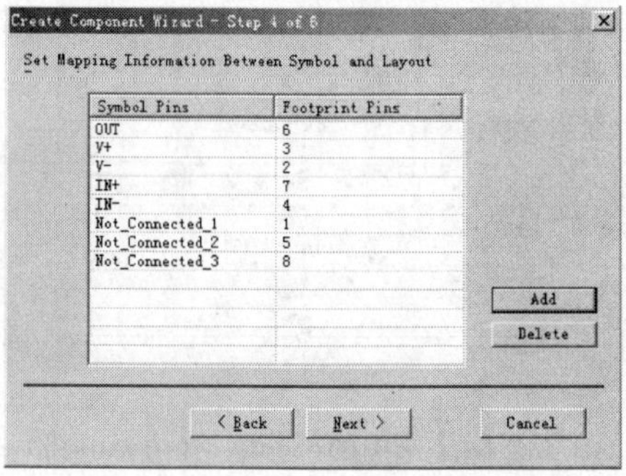

图 2.1.57　定义管脚的封装号

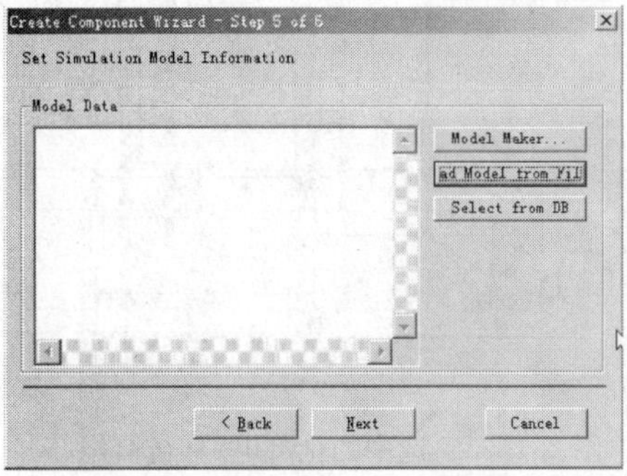

图 2.1.58　装入已有的器件模型

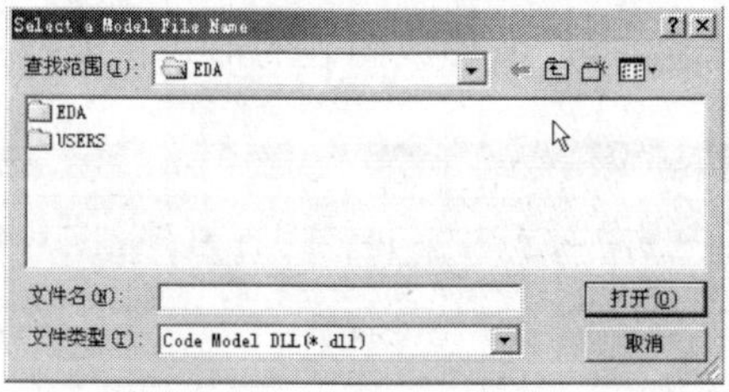

图 2.1.59　选择模型文件

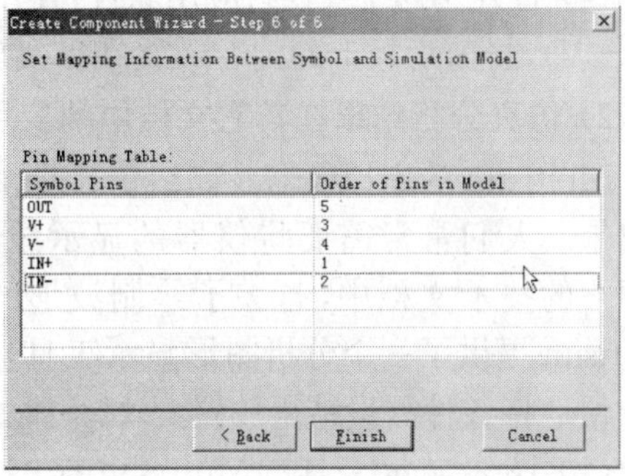

图 2.1.60　符号管脚与模型管脚对应表

● 当屏幕上出现图 2.1.61 对话框时，器件的定义工作已经结束，如单击“是(Y)”按钮将进入图 2.1.62 所示的对话框，选择存放器件的数据库及系列名，否则将放弃添加器件的工作。

图 2.1.61　是否保存器件的提示

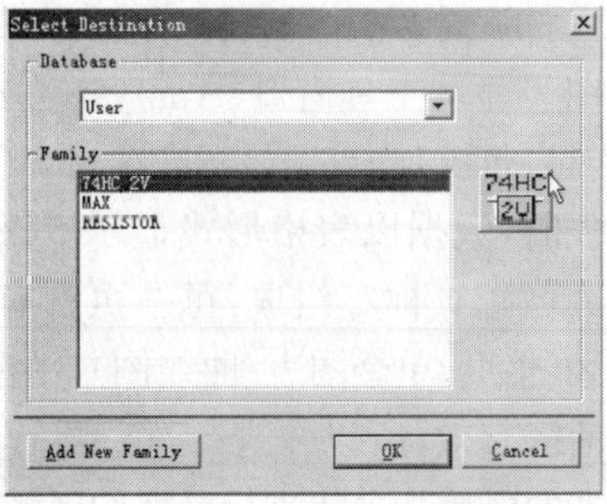

图 2.1.62　选择存放器件的数据库及系列名

2.1.6　仿真软件分析结果的利用

1）原理图在其它软件中的应用

Multisim 方便快捷的绘图功能给人留下了深刻的印象，是否能将 Multisim 绘制的电路图应用于其它文档中？答案是肯定的。用户只需在电路窗口中选中电路图，使用复制功能将其复制到剪切板，就可以使用粘贴命令将电路图放置在 Word 或其它文字处理软件中。下面说明其步骤。

(1) 根据需要可以选择用 Edit 菜单下的“Select all”命令(或快捷键 Ctrl＋A)来选择全部

电路或利用鼠标拖动选择需要部分的电路图，如图 2.1.63 和图 2.1.64 所示。

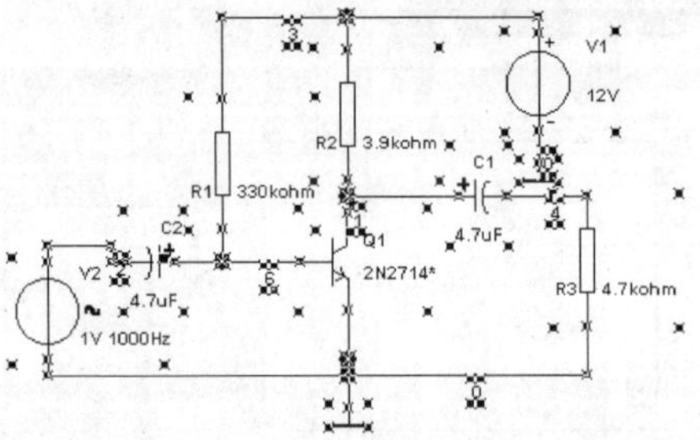

图 2.1.63　选中的全部电路(仿真电路)

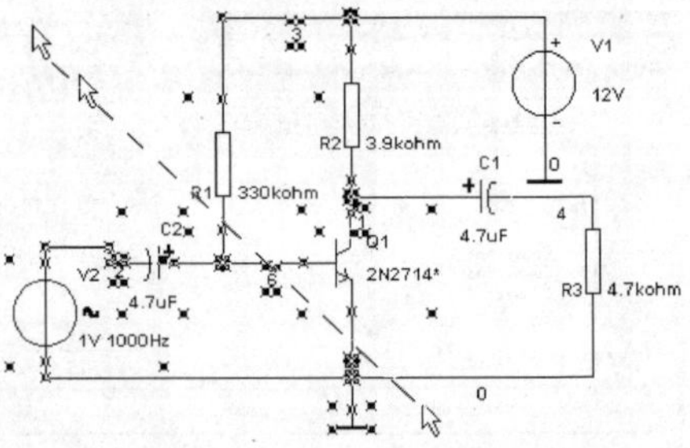

图 2.1.64　选中的部分电路(仿真电路)

(2) 利用 Edit 菜单下的“Copy”命令(或快捷键 Ctrl+C)将选中的电路复制到剪切板上；

(3) 打开 Word 或其它应用软件，使用 Word 软件中 Edit 菜单下的“Paste”命令(或快捷键 Ctrl+V)，将剪切板上的内容放置在需要放置的地方。

2) 仿真分析结果在其它文档中的应用

Multisim 的虚拟仪器及高级仿真功能将许多重要数据以波形或图表的形式在屏幕上显示出来。人们常常需要将仪器的显示波形放置到用户的技术文档中，省去了绘制波形的时间。Multisim 提供了一个分析图形显示工具，用户可以方便地将各种测量结果放置到文档中去。

(1) 图表显示工具　Multisim 提供了一个图表显示工具，用于显示分析结果的图形、虚拟仪器的测量结果，用户可以查阅、调整、保存和输出有关图表。

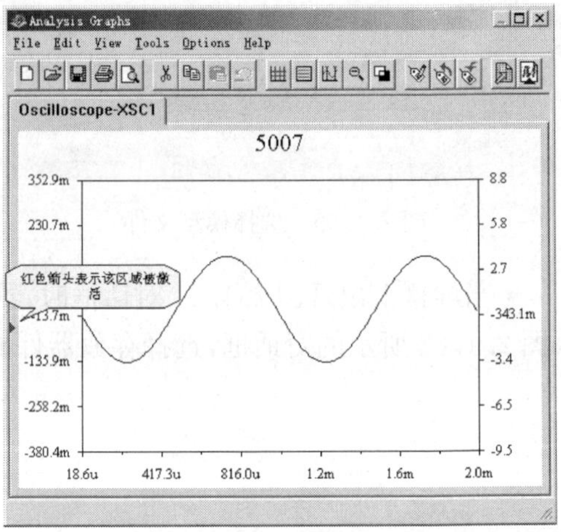

图 2.1.65　图表显示工具窗口图

执行 View 菜单下的“Show/Hide Graphs”命令可以打开或关闭图表显示工具。图 2.1.65 所示为图表显示工具窗口(Analysis Graphs)。当窗口内为曲线时，数据显示在坐标轴上；若窗口内为图表时，数据以表格形式显示。该窗口可以由几个页名翻页标签组成，每一页都有两个可能的激活区(整页、单个图表/曲线图)，用左侧的红箭头表示。某些功能操作(如剪切或复制)仅对当前激活区有效，所以在进行这些操作之前，必须确定所选的区域为希望进行操作的区域。

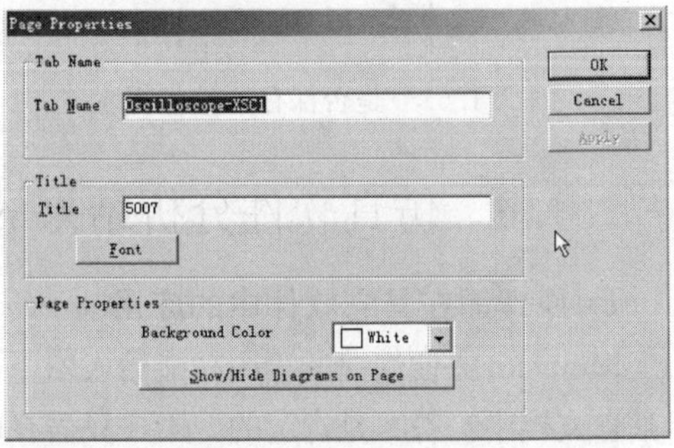

图 2.1.66　图表显示的页面设置

每当对电路进行一种分析后，其结果都以独立的页面显示出来。如果希望查阅某页，可以单击对应的翻页标签。如果希望修改某页面属性，其操作如下：

① 单击对应页面标签，选中所需要的页面；

② 执行菜单 Edit 下的“Properties”命令，弹出图 2.1.66 所示的页面属性对话框，通过它可以修改页面标签名称、图表的标题名称及标题

字体等。

为了便于获得曲线的某些数值，Multisim提供了两个游标，通过工具按钮，可以激活游标，同时还可以弹出一个活动的窗口，通过该窗口可以获得具体的参数值，如图 2.1.67 所示。

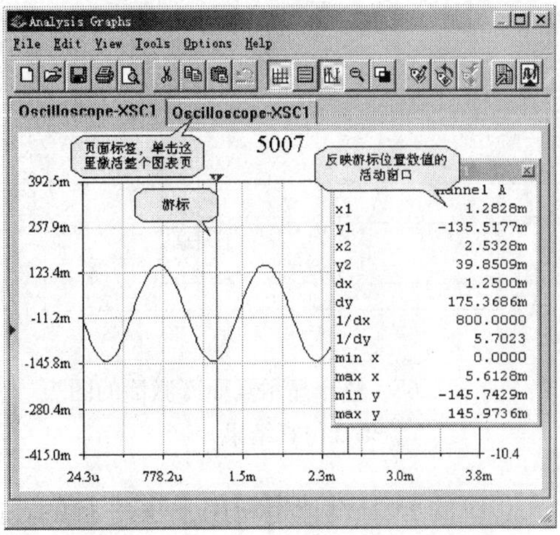

图 2.1.67　打开游标的图表显示窗口

图 2.1.67 活动窗口中的数据包括：

x1，y1——(x,y)左边游标的坐标值；

x2，y2——(x,y)右边游标的坐标值；

dx——两个游标间的 x 轴距离；

dy——两个游标间的 y 轴距离；

1/dx——两个游标 x 轴之间距离的倒数；

1/dy——两个游标 y 轴之间距离的倒数；

min x，min y——在曲线范围最小的 x，y 值；

max x，max y——在曲线范围最大的 x，y 值。

Multisim 图表显示工具栏其它的工具功能如表 2-1-9 所示。

表 2-1-9　图表显示工具工具栏说明

工具	功能描述	工具	功能描述
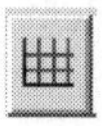	可以显示或隐藏格子背景		与菜单 Edit 下的“Properties”功能相同，用来定义显示页面属性
	通过颜色区分不同路波形，定义颜色可以通过双击显示的波形来定义		复制显示页面的属性，可以将某页面的属性复制到剪切板上
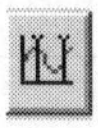	打开或关闭游标		粘贴显示页面的属性，可以将其它页面的属性复制到该显示页面上
	用鼠标拖动可以选择显示波形的局部，通过该工具可以还原为原来形状		将图表的显示结果以表格的形式导出到 Excel 中
	切换图表的显示方式为白底黑线还是黑底白线		将图表的显示结果以表格的形式导出到 Mathcad 软件中

(2) 应用图表　将图表显示工具中显示的波形放置到 Word 文档中，只需在激活当前图表的情况下，使用 Edit 菜单下的“Copy”命令，将图表复制到剪切板上，下一步在文档编辑软件中使用粘贴命令，就可以将需要的图表放置在文档中了。

图 2.1.68 和图 2.1.69 为同一幅图表选择不同区域的结果，前者是选中了图表标签栏，这时相当于选中了整个图表区域；而图 2.1.69 是仅选中单一图表区域复制的结果。

3) PCB 网络表文件的生成

Multisim 具有强大的原理图编辑功能，并且有非常方便直观的仿真模拟功能，但这一切仅仅是纸上谈兵，是一种模拟、虚拟的东西，最终这些仿真模拟的结果还必须做成实物才能具有实用性。在实际的电子产品中，电子线路的元器件安装在 PCB 上，并且通过合理的连线将其连接在一起的，这种在 PCB 上进行合理的连线的过程就是 PCB 设计的过程。

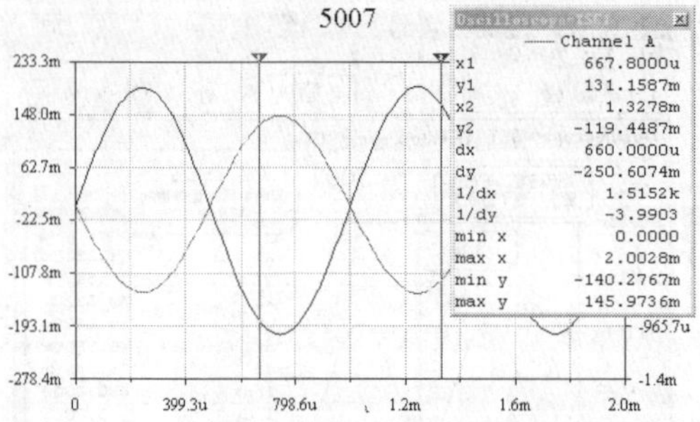

图 2.1.68　整个显示页面区激活的图表（仿真结果）

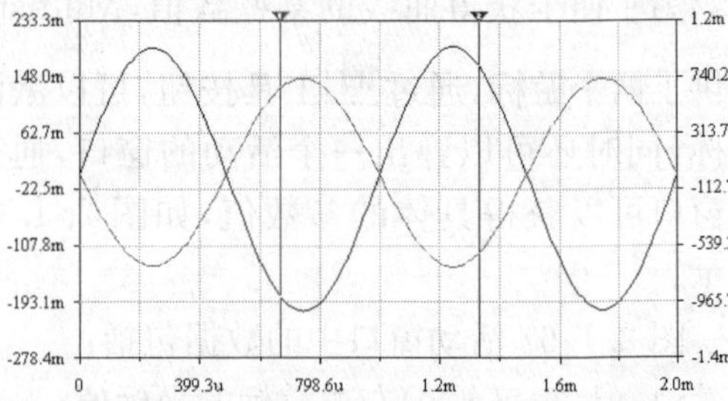

图 2.1.69　仅激活单个图表区域时的图表（仿真结果）

传统的 PCB 设计是利用手工进行的，随着计算机技术在 PCB 设计中的广泛应用，现在的 PCB 软件可以进行快速的自动布线，这种自动布线的功能需要原理图设计软件将元器件的型号、封装形式及各元器件的连接关系告诉 PCB 设计软件。这种从原理图到 PCB 设计软件的接口文件通常称为网络表文件。

(1) 元器件封装的定义　元器件封装形式的名称在各种软件中可以不一样，同样一个器件也可具有不同的封装形式，这就要求在原理图转化为网络表文件前必须将原理图中器件的封装定义为 PCB 软件中的封装形式，否则该器件将无法进行自动布线。下面以电阻为例来说明其定义的过程。

① 双击需要修改的电阻，在弹出的器件属性对话框中单击"Edit component in DB"按钮，这时弹出"Component Properties"对话框；

② 在"Component Properties"对话框中选择"Footprint"标签，得到如图 2.1.70 所示的对话框。

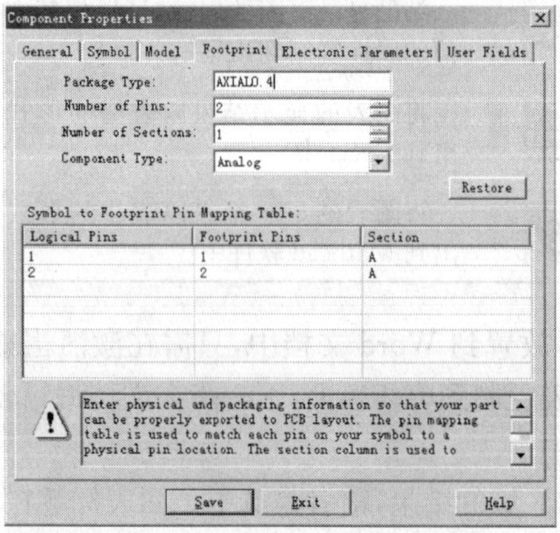

图 2.1.70　封装修改对话框

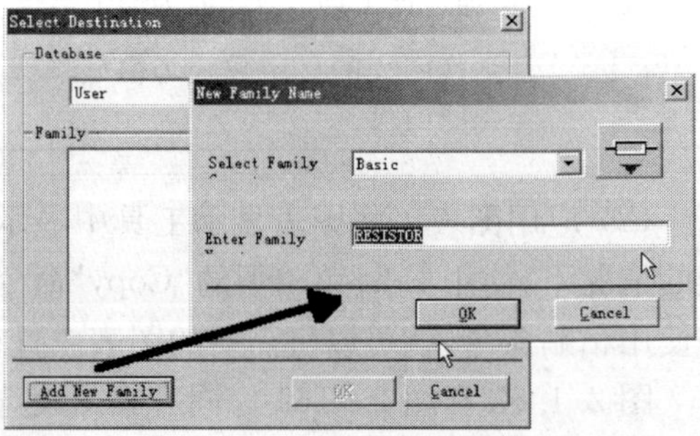

图 2.1.71　修改过的器件将保存在用户数据库

在图 2.1.70 所示的"Package Type"文本框中将原来的 RSR0.5 改为 AXIAL0.4（Protel 软件中电阻的封装），单击"Save"按钮保存当前修改，弹出图 2.1.71 所示的对话框。从图上可以看到，其将修改过的器件作为一个新器件存放在 User 数字库中，保存后退出，上述步骤仅定义了一个新器件，还没有使用该器件；

③ 双击刚才定义封装的器件，在属性对话框中单击"Replace"按钮，再将器件选择对话框

中的数据库名选择为“User”，如图 2.1.72 所示，并选择刚才修改的器件，这时该器件的封装才修改好。

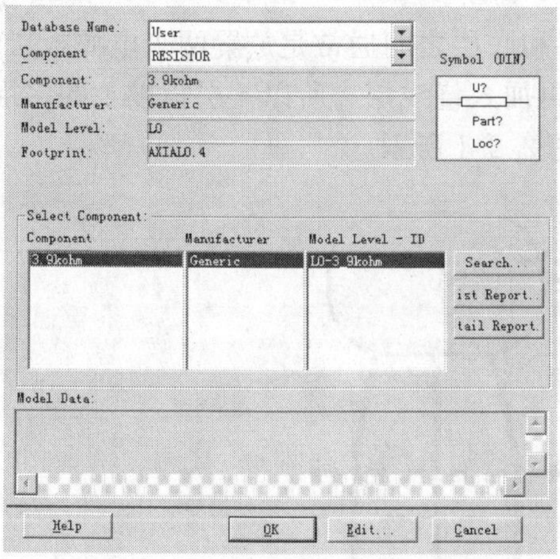

图 2.1.72　在器件选择对话框中选择 User 数据库

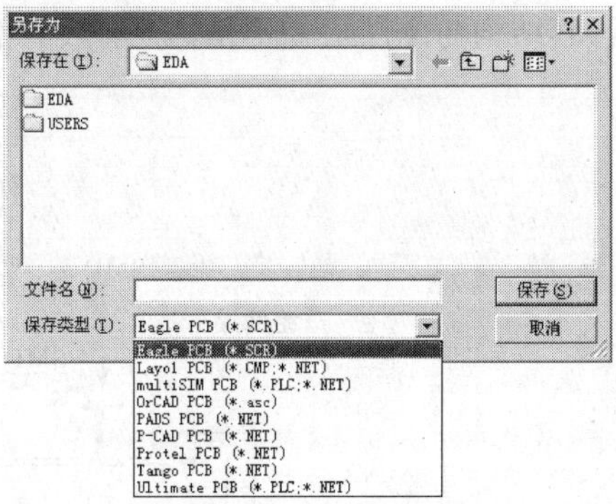

图 2.1.73　网络表输出对话框

（2）网络表输出　通过上述步骤使各器件的封装与 PCB 软件的封装一致后，就可以从原理图输出网络表了。

输出网络表文件可以使用 Transfer 菜单下的“Transfer to other PCB Layout”命令。执行该命令后出现图 2.1.73 所示的窗口，在保存类型中选择相应的 PCB 软件，定义一个文件名后单击“保存(S)”就完成任务了。

2.2　PCB 设计软件 Protel PCB 的使用

在这一节，将学习用 Protel PCB 设计印制电路板。

使用印制电路板的主要目的是用印制电路板的铜膜线实现元件之间的连接，省去了在相连元件之间焊接导线的工作，这样只需要把电路中的元件焊接在印制电路板上就可以了。

由此可知，设计印制电路板的工作包括了以下两项内容：

（1）确定印制电路板上元件之间连接线(即铜膜线)的位置。

（2）确定元件引脚在印制电路板上的位置，以利于元件的安装、焊接。例如，要确定三极管的三个引脚 e、b、c 在印制电路板上的位置、三个引脚之间的间距以及焊点的大小。

上述印制电路板的布线工作以前都是用手工完成的，现在可以通过 Protel PCB 来完成，方便且效果好。

1）Protel PCB 的先期工作

（1）印制电路板的相关知识　在正式进入电路板设计之前，首先介绍一下电路板的结构，电路板有单面板、双面板(2 层板)、4 层板、8 层板以及更多层板。早期的单面板以电木为基材，而现在主要使用玻璃纤维为主材。一般产品以 2 层板、4 层板为多，只有很高级的电路才会使用 6 层以上板。就电路板的设计而言，多层布线密度越低，布线越容易，但就电路板的制作而言，越是多层越是麻烦。多层电路板是一层一层压合制作的，当板层增加时，制作工序相对增加，成品率当然降低，成本也会增加。

Protel PCB 最多能做 16 层实际的布线层、4 个电源层、4 个机构层等，已远远超过实际的需要。最简单的当然是单面板,它是一块纤维做成的整板,中间没有夹层,通常顶层放元件,底层走铜膜线连接元件管脚。双面板结构比单面板略微复杂一些,顶层和底层都可以走铜膜线,两层之间的导线通过导孔连接。

对于多层板,顶层和底层都是免不了的,在顶层和底层之间通常是放置两个电源板层,也就是所谓的4层板。如果超过4层板,那就在其间再加入绕线层。所以4层板以上的多层电路板,其结构与4层板差不多。4层板的剖面图如图2.2.1所示。

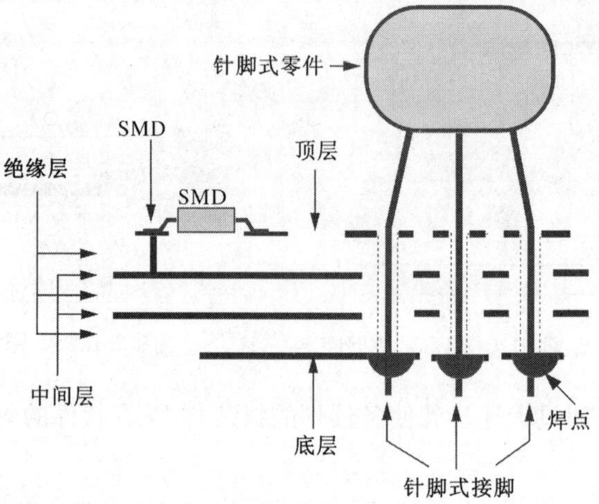

图2.2.1　4层板的剖面图

整个4层电路板包括顶层、底层及两个中间层。中间层一般都是整片铜膜的电源或接地板层。除了这4个铜膜层外,还有顶层覆盖层、底层覆盖层、防焊层等非铜膜走线层。另外,在电路中的元件也分为两种,分别为SMD元件及针脚式元件。所谓SMD元件就是表面粘着式元件,其最大特色就是不需要钻孔直接粘贴在电路板表面上,而粘贴是利用钢模(Paste Mask)将半熔状锡膏附加在电路板上,再把SMD元件放上去,自然就焊接到电路板上了。传统的针脚式元件就比较麻烦,电路板必须钻孔。钻孔很麻烦且增加成本。完成钻孔后,将元件接脚插入,再经过锡炉或喷锡,也可以手工焊接。

在两层以上的电路板中,经常利用导孔(Via)来改变走线的板层。如图2.2.2所示,导孔有三种。

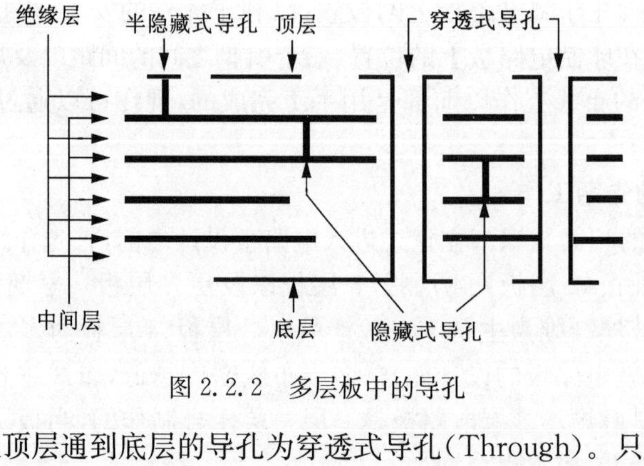

图2.2.2　多层板中的导孔

参见图2.2.2,从顶层通到底层的导孔为穿透式导孔(Through)。只从顶层通到第一个内层或从内层通到底层的导孔为半隐藏式导孔(Blind)。而只在内层与内层之间导通,没有穿透到顶层或底层的就是隐藏式导孔(Buried)。从上面看或从下面看,导孔有两个尺寸,即钻孔的孔径(Hole Size)和导孔的直径(Diameter),如图 2.2.3 所示。

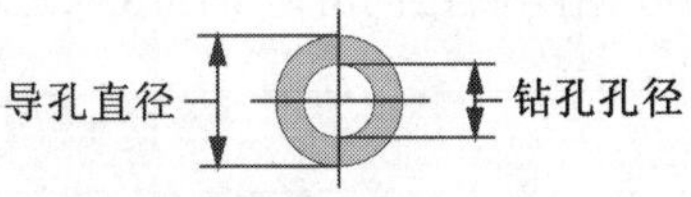

图 2.2.3　导孔的孔径和直径

在实际的电路板中,除了要焊接的地方外,其它的地方都要盖上一层绿漆(通常是绿色的)。绿漆就是所谓的防焊漆,这种漆不沾焊锡,甚至会排开焊锡,可以防止焊锡跑到不该有焊锡的地方,这样可防止焊锡溢出引起的短路。防焊漆是由电路软件所产生的防焊层(Solder Mask)再制成丝版,在电路板插置元件之前就把它印在电路板上的。接下来是将元件插置到电路板中,通过锡炉或喷锡,电路板上的元件就可快速地焊接而不会发生短路。防焊层有顶层的防焊层(Top Solder Mask)和底层的防焊层(Bottom Solder Mask)。尽管有防焊层,但导线与导线之间、导线和焊点之间、焊点与焊点之间也要保持绝缘间距(Clearance),习惯上称之为安全间距。

通常在顶层放置元件的那一面,都会印一些文字或元件的外形标示,大部分的电路软件都会产生这些标示层,称之为文字丝印层(Silkscreen Overlay)。以电路板软件所产生的标示层制成丝版,即可用油墨印在电路板上。而文字丝印层也可以有顶层及底层。顶层的文字丝印层称为顶层覆盖层(Top Overlay);底层的文字丝印层称为底层覆盖层(Bottom Overlay)。

(2) 电路图、网络表与 PCB 元件的匹配　用 Protel PCB 设计印制电路板,确定元件引脚位置时,依据的是 Protel PCB 元件库(PCB Footprints. lib) 中给出的元件引脚属性,即元件封装号(焊点形状、引脚数、引脚名称、引脚间距等)。比如电阻的封装号为 AXIAL0. 2,它的形状如图 2.2.4。大家看到这个封装有两个焊点,将来电路板生产时会根据这两个焊盘之间的距离在板子上留下两个孔,电阻两个脚插入孔中固定在电路板上。如果我们给电阻用的不是 AXIAL0. 2,而是晶体三极管的封装号 TO-92A,如图 2.2.5 所示,大家看看会出现什么问题。TO-92A 有三个焊点,意味着将来在电路板上留下三个孔用来插晶体三极管三个管脚,而电阻只有二个脚,现在却有三个孔,也就是说电路板上会多留一个无用的孔,对电路板生产来说无疑是失败。其次还有一个孔距的问题,AXIAL0. 2 是电阻的封装号,根据这个封装号焊点之间距离决定的电路板上的孔距是和实际电阻相符的,而晶体三极管的孔距是为晶体管设计的,对电阻来说可能小了,也可能大了。

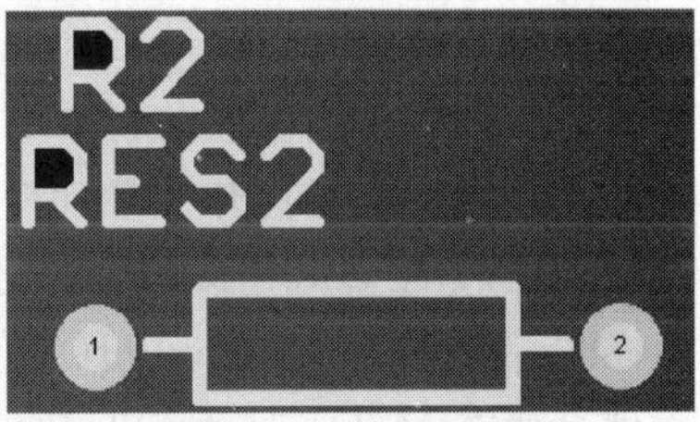

图 2.2.4　电阻封装号

图 2.2.5　三极管封装号

因此,用 Protel Schematic 绘制出的电路图以及生成的网络表中的元件,其元件封装名称(Footprint)必须采用 PCB 元件库中相应的元件名称,这样才能用 Protel PCB 设计出与电路图相对应的印制电路板;否则通过网络表调用时,因为找不到它的封装号,就会将该元件丢失,这就叫电路图、网络表与 PCB 元件的匹配。

2) PCB 设计入门

(1) 启动 Adranced PCB　双击 Windows 桌面上的 Protel 99 图标,这时可以打开 Protel 99 的文件管理器界面,执行文件管理器 File 菜单下的"New Design",这时出现图 2.2.6 所示的数据库创建向导对话框，通过该对话框用户可以选择数据库的格式和输入数据库名。

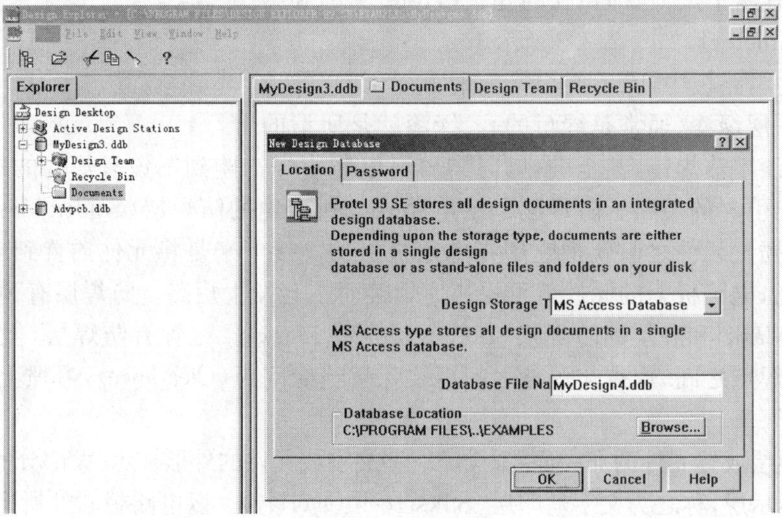

图 2.2.6　数据库创建向导

Protel 99 中采用数据库文件来管理项目文件，所有与本项目相关的文件都包含在相应的数据库中。这里新建文件名分别为 MyDesign4. ddb、MyDesign5. ddb 两个数据库文件。这时在文件管理器左边区域上将增加 MyDesign4. ddb、MyDesign5. ddb 两行。

上述步骤已经打开了 Protel 99 的集成环境，还没有进入 PCB 的设置界面，通过下面步骤在 MyDesign4. ddb 中新建一个名为 Pcb1. pcb 的 PCB 文件。

① 首先在左边 explorer（文件管理器）窗口中选中 MyDesign4. ddb 数据库，这表明创建的文件是建在 MyDesign4. ddb 数据库中的，如果选中 MyDesign5. ddb 数据库，则表明文件是建在 MyDesign5. ddb 中的。

② 执行菜单命令 File ，点击“new”按钮出现图 2. 2. 7 所示界面。

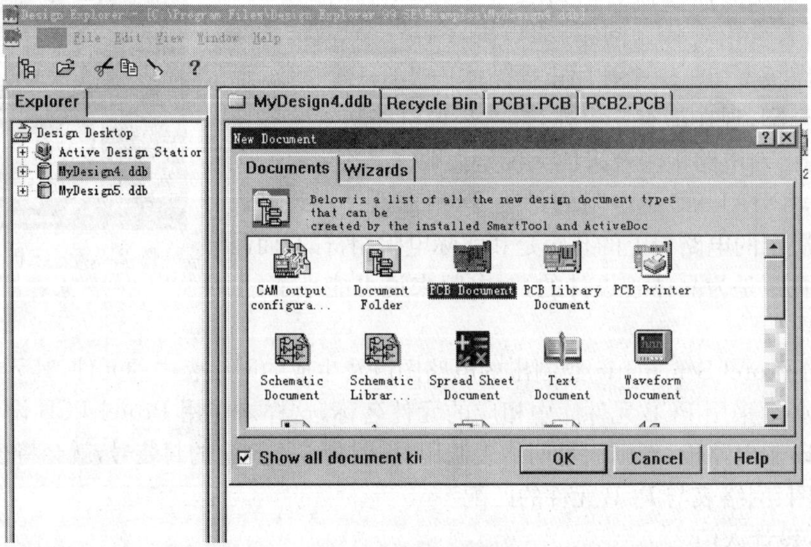

图 2.2.7　文件创建向导

在左下角“show all document kind”前面的栏中打勾，大家看到出现的界面里有各种文件，其中第三个 PCB Document 就是我们创建的 PCB 文件。要创建哪一种文件，只要选中它，然后按“OK”按钮就可以了。我们选中 PCB Document，按“OK”按钮，这时 MyDesign4. ddb 中出现了一个 PCB 文件，名字叫 PCB1. PCB(可以修改名字)。双击这个 PCB 文件，出现的界面就是设计 PCB 图的工作平台。

上面讲述如何建立一个数据库以及在数据库中如何建立各种类型的文件。那么如何关闭一个数据库呢？用鼠标移到要关闭的数据库名称上，按下右键，出现一个菜单(如图 2.2.8 所示界面)，选中“Close”即可。用这种方式也可以关闭各类文件。

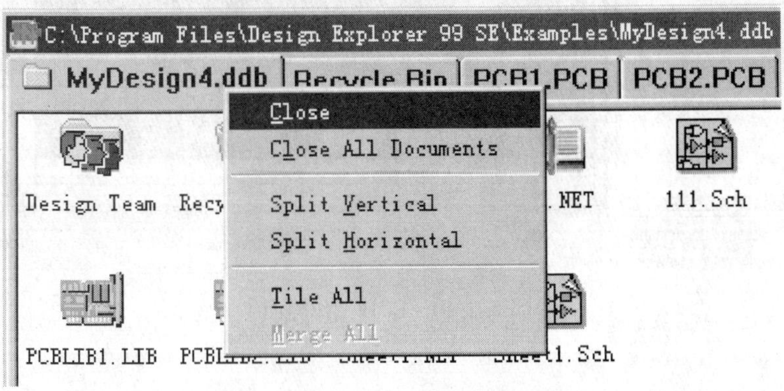

图 2.2.8　关闭数据库

如图 2.2.9 所示界面，每个数据库打开后都有三项，分别为 Design Team、Recycle Bin、Documets。它们的作用分别是：Design Team 是进行团队设计时用的，往往在大型作图时，需要多个人分工合作，通过网络互通有无。Recycle Bin 是该数据库的专用垃圾桶，与 Windows 下的回收站类似，可以把不要的文件直接拖入垃圾桶里。Documets 则是用来存放各种文件的文件夹，可以把各种文件建在里面。

图 2.2.9　数据库原始文件

(2) PCB 工作环境　下面介绍 PCB 工作环境，即 PCB 的界面。首先在 MyDesign4. ddb 建立一个 PCB 文件，步骤在上面讲过了，这里不再重复。打开 PCB 文件，出现图 2.2.10 所示界面。

① 界面的左边“Explorer”仍然存在，但旁边多了“Browse PCB”的框栏。这个窗口用于查看、创建、修改 PCB 元件。

② 界面右半边出现的黑色区域是设计 PCB 的工作区。黑色区域表面出现工具栏，分别称作 PCB 编辑器放置工具栏(Placemen Tools，用来布置焊点和放置导线、文字、坐标点等)，PCB Lib 编辑器放置工具栏(PCB Lib Placemen Tools，主要用于封装号的修改、创建)，Component Placement 工具栏(主要在 PCB 图生成以后，用于封装的排列)。可以通过菜单命令“View”中的“Toolbars”下的子命令来控制它们出现与否。

③ 界面的最上方是一排菜单命令，所有的 PCB 命令都可以在里面找到。在菜单命令左边有个向下的箭头，按下箭头出现菜单，这个菜单主要用于团队编辑(即多人联机设计)，这里

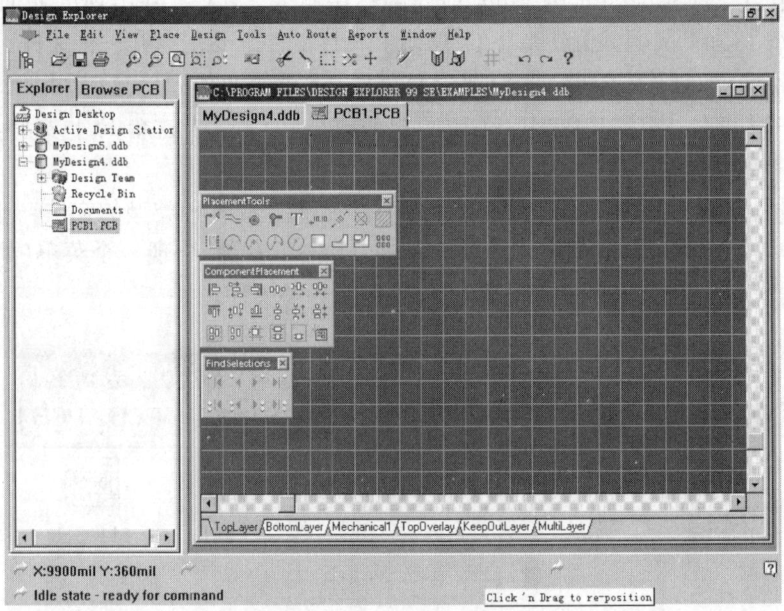

图 2.2.10　PCB工作界面

不作讨论。

④ 菜单命令下面一排图标是一些常用的命令，如保存、拷贝、放大、选中、解除选中状态等等。图标命令的左边有一串文件夹图标，点击一下发现 Explorer 被关闭，整个界面只剩下黑色作图区域，这时可以利用的作图空间增大。下面就这三个图标要作重点介绍。

用于选中。点中这个图标后，出现十字光标，按住左键拖动，出现一个方框，如图 2.2.11 所示。松开左键，发现刚才方框内的元件呈现暗灰色，说明这些元件被选中。对选中的部分可以进行复制、拷贝、删除等操作。

用来移动选中的部分。按下这个图标把光标移到刚才选中的元件上，这时选中的部分就会随光标移动而移动，移动到合适位置时，按下左键，则选中部分元件就会在这里停住，如图 2.2.12 所示。

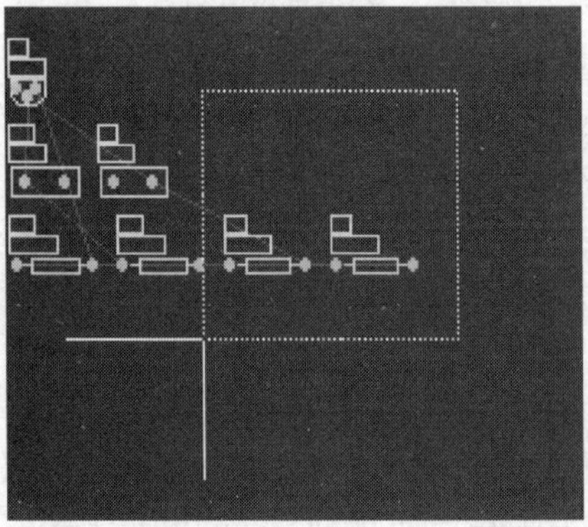

图 2.2.11　选中元件

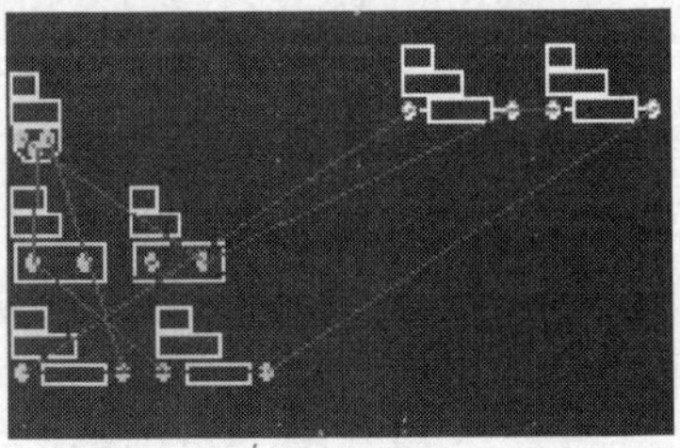

图 2.2.12　移动选中元件

用来解除选中状态。按下此图标把光标移到刚才选中的部分，按下左键，大家会发现元件又由暗灰色变成原来的颜色，这说明选中状态被取消了。

(3) 工作环境的设置　下面介绍一些常用的 PCB 快捷键：

Page Up——工作视窗放大；

Page Down—— 工作视窗缩小；

Shift＋ Page Up——工作视窗微调放大；

Shift＋Page Down——工作视窗微调缩小；

Ctrl＋ Page Up——工作视窗放至最大；

Ctrl＋Page Down——工作视窗放至最小；

End——重画画面，让画面更清楚。

程序默认的单位是英制的，根据需要可以改为国际单位制，导线宽度、网格间距等都需要预先进行设置。在 View 菜单中，点击“Toggle Units”，切换单位，mil 或 mm，点击一次切换一次。这里选择国际单位制，以 mm 作单位。

(4) 用电路板板框向导规划电路板　在介绍完工作界面以后，下面来介绍 PCB 设计流程。图 2.2.13 所示为 PCB 设计的基本流程，由此可以看出设计一个版图需要 7 步。

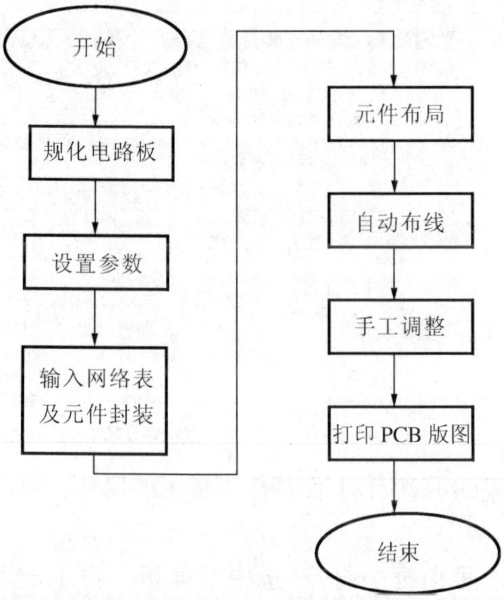

图 2.2.13　电路板设计流程

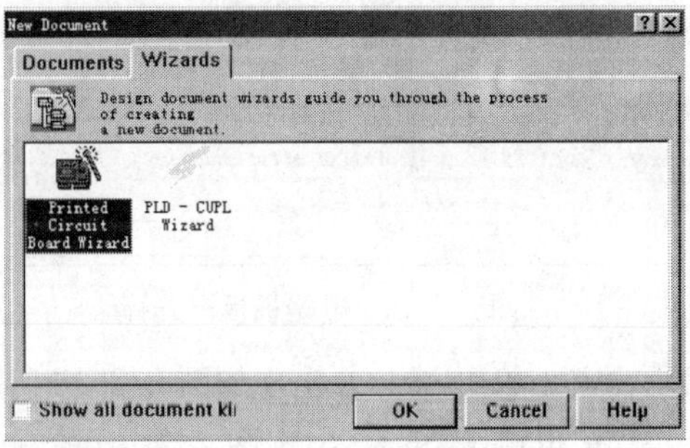

图 2.2.14　电路板板框向导

要设计版图首先是定义板框，即决定所要设计的电路板的大小、形状、多少层等，PCB99 中提供了用电路板板框向导来产生这些定义。

① 执行菜单命令 File ，在点击“new”出现的界面中选“Wizards”项(如图 2.2.14 所示)；再选取项，点击“OK”，出现图 2.2.15 所示界面。

② 单击 Next，出现图 2.2.16 所示界面。

PCB 中已经有了许多符合工业标准的电路板板框，也可以自已定义。例如定义一个长为 150mm、宽为 120mm 的双面板的步骤为：在上图选择 Metric 项，这时板框长度单位为国际单位制，如果选前项 Imperial，则用英制表示。

● 单击 Next，出现图 2.2.17 所示界面。

这里 **Width** 用来定义板子的长度，输入 150mm，**Height** 用来定义板子的高度，输入 120mm。**Rectangu**、**Circul**、**Custo** 用来定义板子形状，分别为方形、圆形、椭圆形，其它选项按照上述图

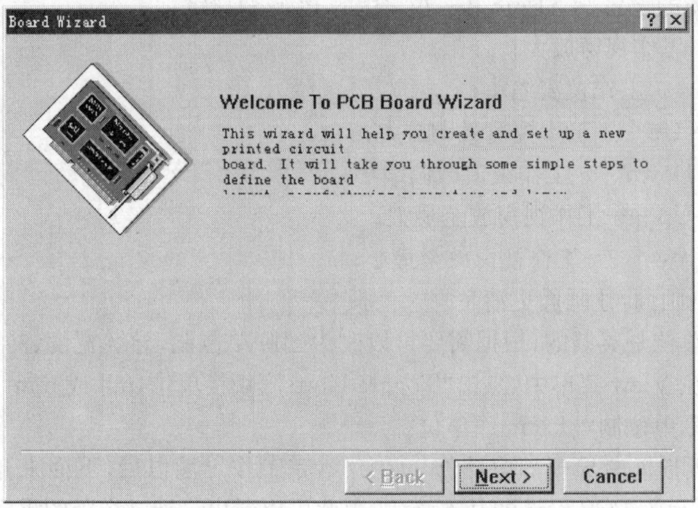

图 2.2.15　板框向导说明

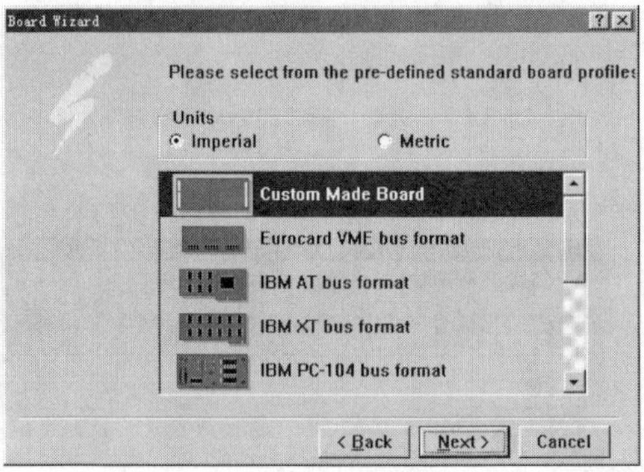

图 2.2.16　电路板板框选择

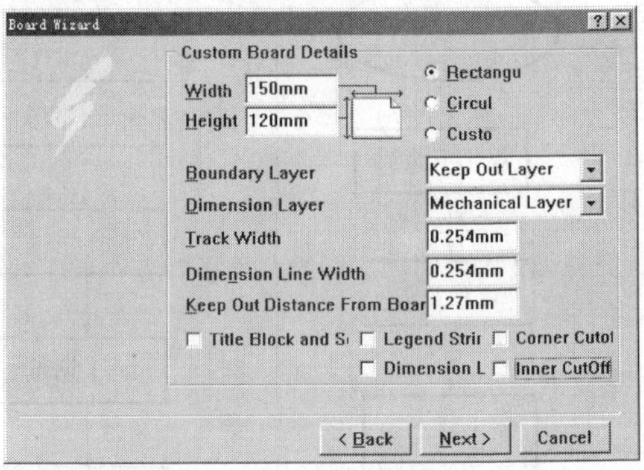

图 2.2.17　电路板参数设定

示输入。单击 Next。出现如图 2.2.18 所示电路板的示意图，上面标出了板子的尺寸。

● 再单击 Next，出现图 2.2.19 所示界面。

该图是用来确定几层板，为简单起见，在第二个白框中打点，选中双面板。再单击 Next，后面还会出现几个图，一路单击 Next，直到出现图 2.2.20 所示界面。

● 单击 Finish，这时会出现已定义的电路板，如图 2.2.21 所示。

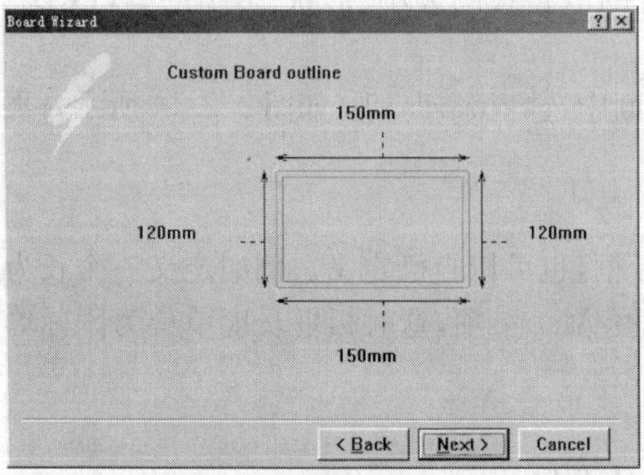

图 2.2.18　电路板外形

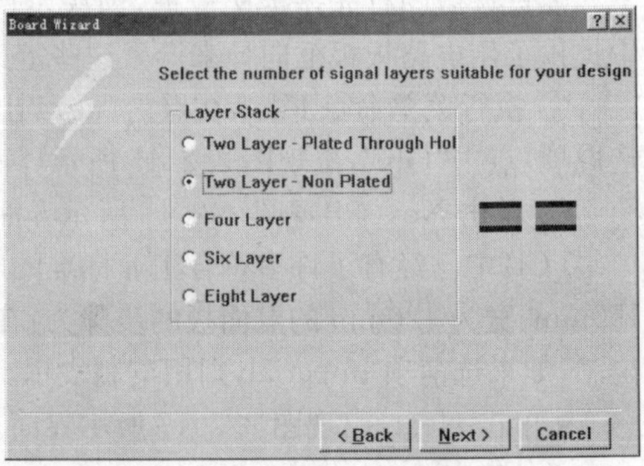

图 2.2.19　选择双层板

图 2.2.20　完成向导

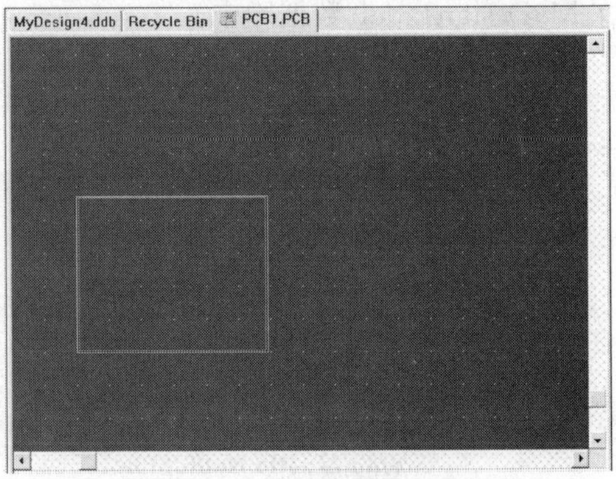

图 2.2.21　电路板完成

制作电路板也可以采用手工布线法：即点中黑屏下方的“Keep Out Layer”，即选中禁止布线层，然后选中布线工具 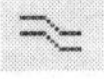 ，这时出现十字光标，按下鼠标左键确定第一点，按下 Tab 键，出现图 2.2.22 所示界面。可以设定线宽，线层设为 Keep Out Layer，确定后，画出一个长方形的方框，这就是制作的电路板形状。

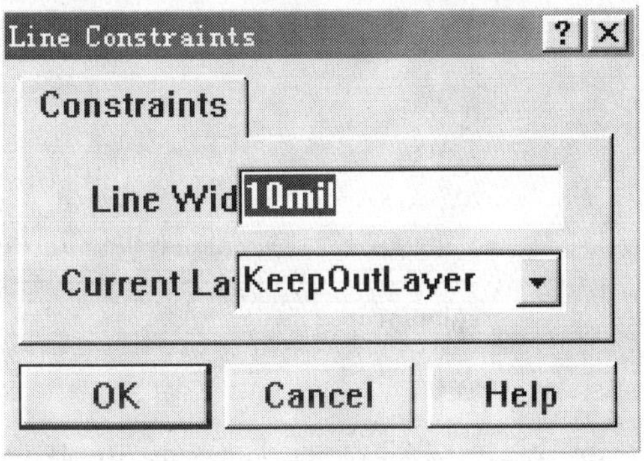

图 2.2.22　布线属性

既然有这么简单的方法，为什么还要用上述的复杂过程？这是因为 Protel 99 版里提供了大量符合工业标准的电路板，可以直接套用，上面所举的例子不过是最简单的电路板，所以看不出优越性。当制作较为复杂的板子时，电路板板框向导功能的优势就体现出来了。

(5) 装入网络表与元件　装入网络表之前首先要生成一个网络表。这里应用在原理图编辑中所使用的网络表的生成方法。作出图 2.2.23 所示电路的网络表，取名 111. Net，并保存

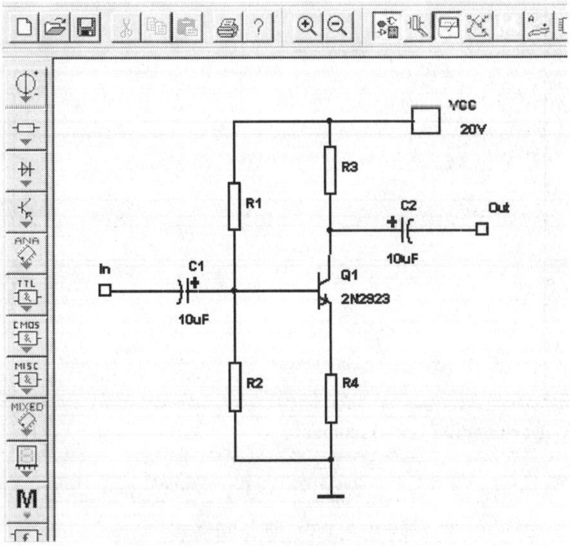

图 2.2.23　分压式偏置电路图

在 MyDesign4. ddb 数据库中。

定义了印制电路板以后，就可以把网络表装入作为布线的依据。操作步骤如下：

① 执行菜单命令“Design / Load Nets…”，出现图 2. 2. 24 所示界面。

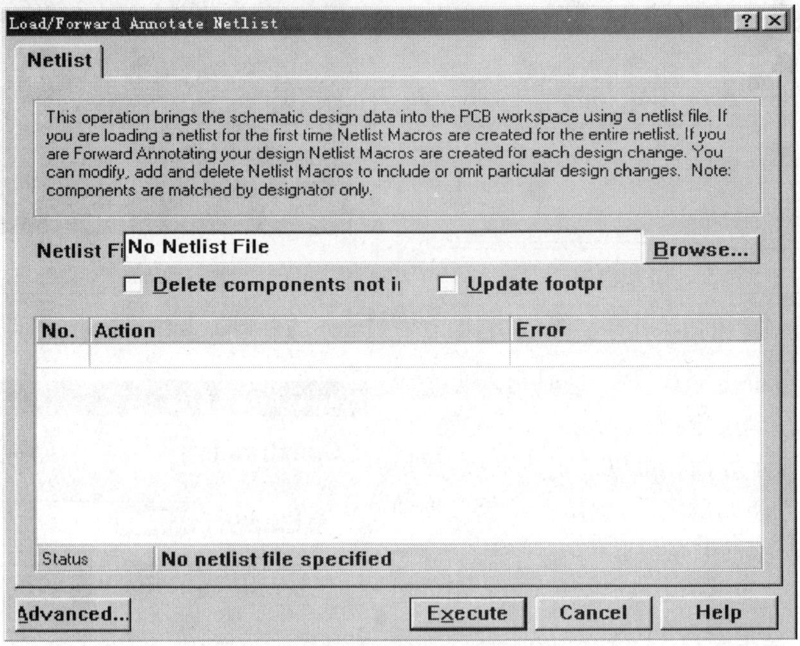

图 2. 2. 24　装入的网络表对话框

② 单击“Browser”搜寻网络表，出现图 2. 2. 25 所示界面。

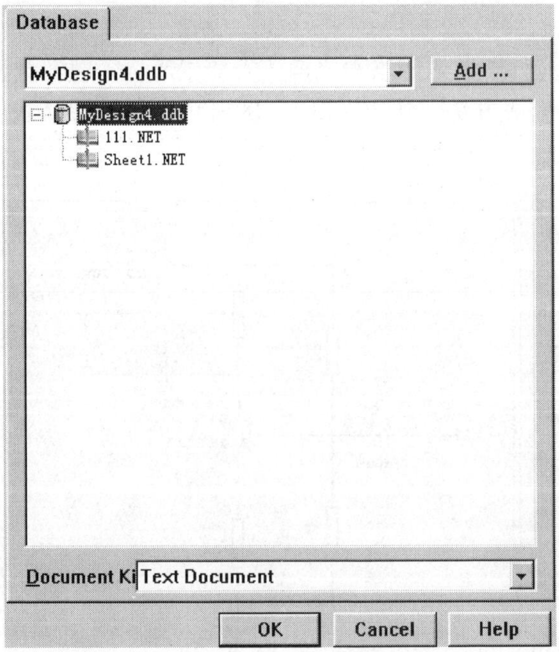

图 2. 2. 25　搜寻网络表

可以看到里面有两个网络表。选中 111. Net，单击“OK”按钮，出现图 2. 2. 26，其中：

● 单选框 Delete components not in netlist 表示删除网络表内所没有的元件。
● 单选框 Update footprints 表示更新封装号。

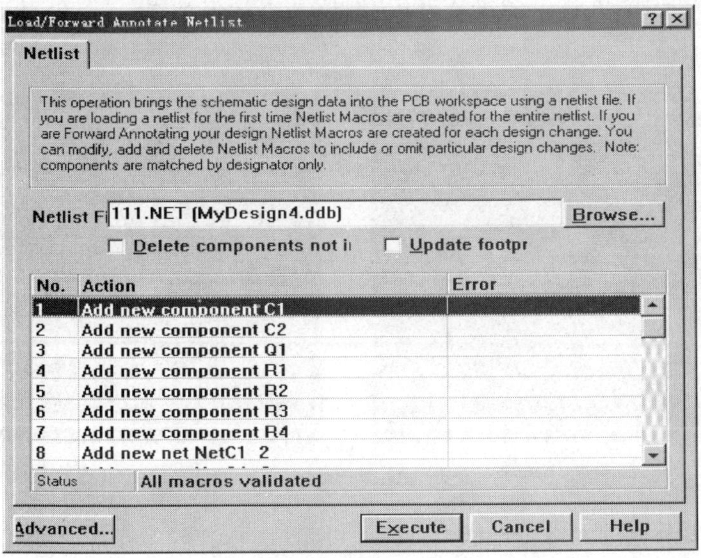

图 2.2.26　装入网络表

③ 单击“Execute”按钮，装入网络表与元件，最后，出现图 2.2.27 所示界面。

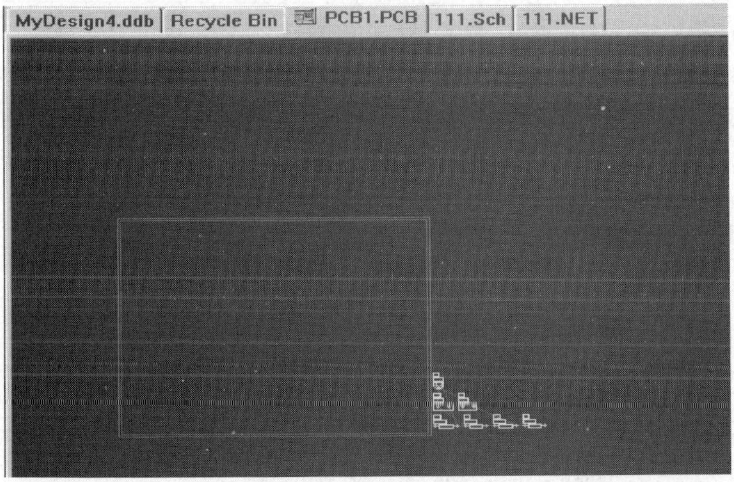

图 2.2.27　装入元件

④ 按〈PgDn〉或〈PgUP〉键，将屏幕调整到合适大小，以显示完整的电路板。

(6) 元件布局　从图 2.2.27 可以看出，装入的元件都出现在边框之外，需要把元件移到板框中来，放到电路板的适当位置上，这一工作称为元件布局。Protel 99 版提供了一项“快速自动元件布局”功能，可自动将堆叠在一起的元件展开。如果元件位置不太合适，还可以用手工进行调整。操作步骤如下：

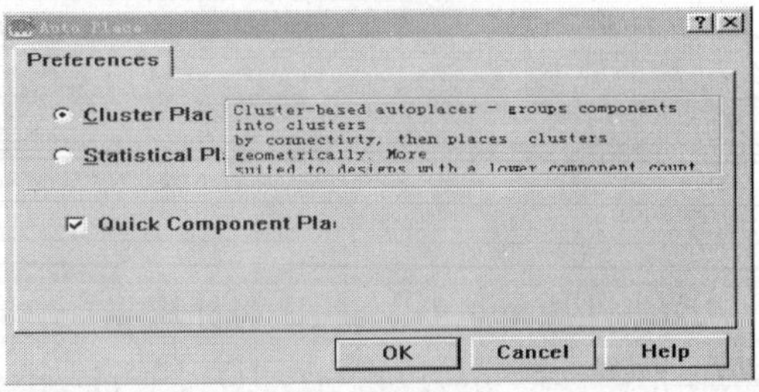

图 2.2.28　快速布局设置窗口

① 执行菜单命令“Tools/ Auto Placement/Auto Place…”,出现图 2. 2. 28 所示界面。

② 如图 2. 2. 28 设置,单击“OK”按钮,程序将快速展开重叠的元件,出现图 2. 2. 29 所示界面。

③ 如 2. 2. 29 所示,元件全部进入框内,但位置不是很理想,这时可以用手工调整,如图 2. 2. 30 所示。

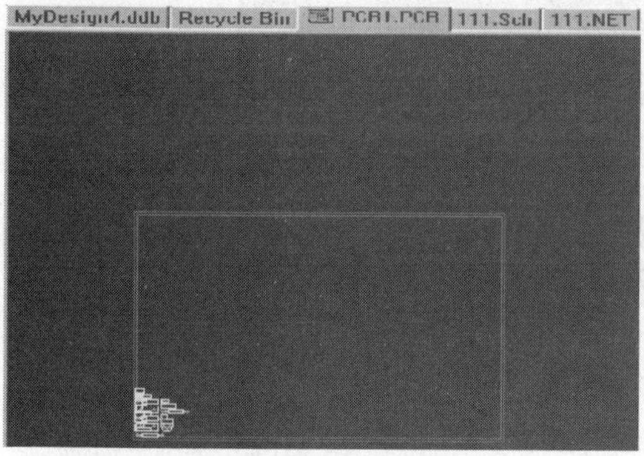

图 2. 2. 29　快速展开元件

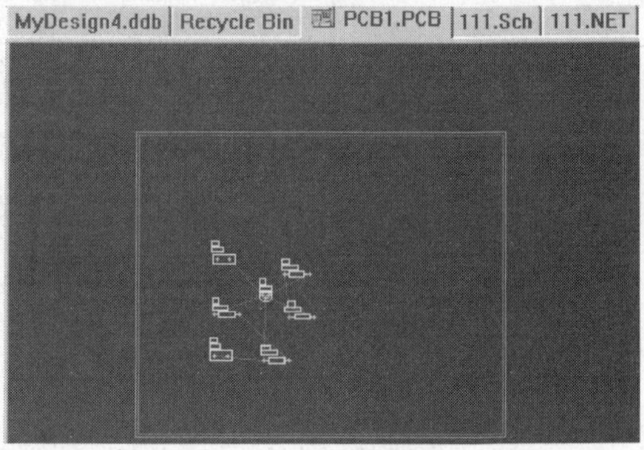

图 2. 2. 30　手工布局完成

将光标对准要移动的元件,按鼠标左键,即可抓住该元件,该元件便随光标移动。移动各元件的序号与名称,其方法与移动元件类似。如果要改变元件的方向,按住鼠标左键后,再按空格键,通常按一次转 90°(可以设置成任意角度)。移到新位置后,再单击鼠标左键即可定位。如果觉得屏幕不够清晰,可按〈End〉键,重显屏幕。

(7) 自动布线　完成元件布局后,接着进行自动布线,即计算机自动确定各元件间铜膜线的走线。大家看到图 2. 2. 30 中元件之间已有线连接,这种线叫做预拉线。它们不是实际存在的线,只是表示各个元件之间的连接关系,布线时将按照这种连接关系来布铜膜线。操作步骤如下:

① 启动“Auto Route / Setup”命令,采用默认值,出现自动布线设定对话框,如图 2. 2. 31 所示;

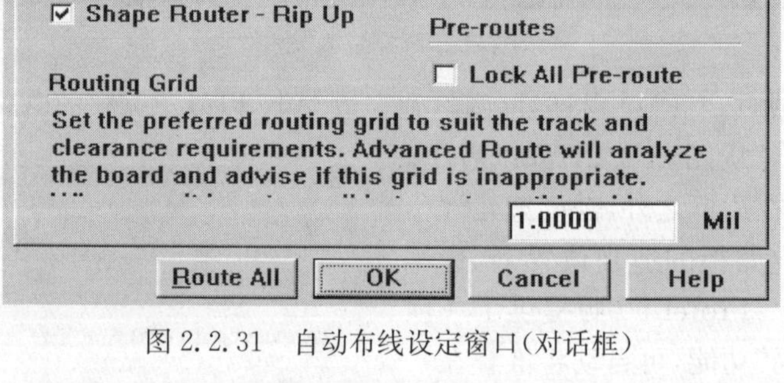

图 2. 2. 31　自动布线设定窗口(对话框)

② 执行“Route All”,程序将计算并找出最佳的布线格点间距的建议,并出现图 2. 2. 32 所示对话框,单击“OK”按钮,程序即开始自动布线;

③ 布线完成后,屏幕出现图 2. 2. 33 所示的对话框。

图 2.2.32　布线状态选择

图 2.2.33 用来说明布线进度的。这里布线全部完成，就是说所有的预拉线全部变成实际的铜膜线了，共有 8 条铜膜线，没有完成的数目为 0，用去的时间是 1s。单击“OK”按钮，得到布线完成的屏幕，如图 2.2.34 所示。如果觉得屏幕不够清晰，可按〈End〉键，重显屏幕。

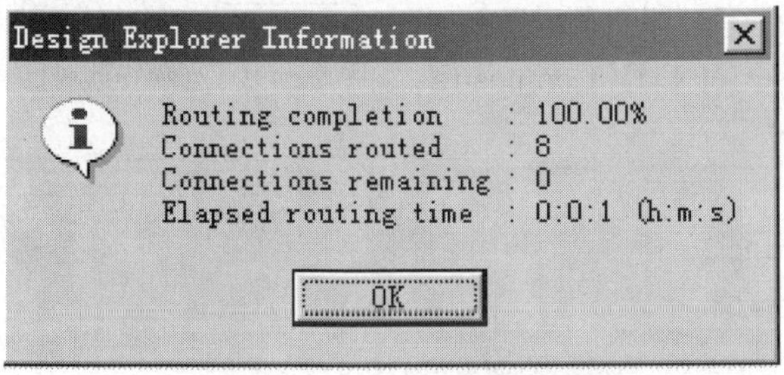

图 2.2.33　布线完成的对话框

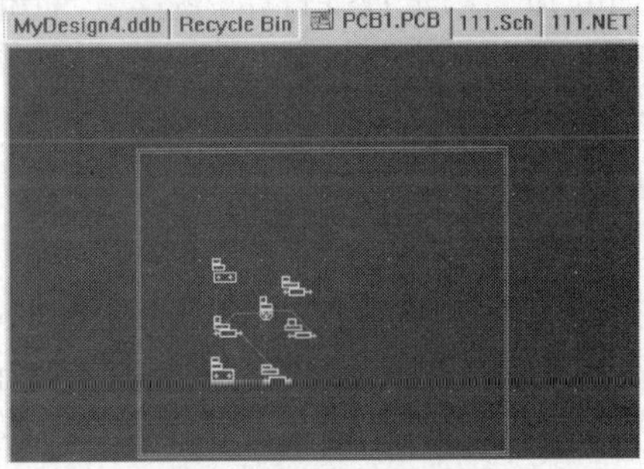

图 2.2.34　布线完成

（8）手工调整　对于自动布线完成的 PCB，如果不太满意，可进行手工调整。操作步骤如下：

① 设置当前导线宽度，放大屏幕，双击其中一条铜膜线，出现如图 2.2.35 所示窗口。

第一个框用来设置线的宽度，可以输入合适的线宽，第二个框设置从哪层走铜膜线。由于这是一块双面板，铜膜线要么从底层走线，要么从顶层走线。这里是顶层走线，但可以改成底层走线，具体方法是：点击左侧下拉框，选择“Bottom Layer”，下面几个选项按默认值处理，点击“OK”后，大家发现这条铜膜线的颜色变了，但所连接的元件不变，只是走线经过的途径由顶层变成底层。

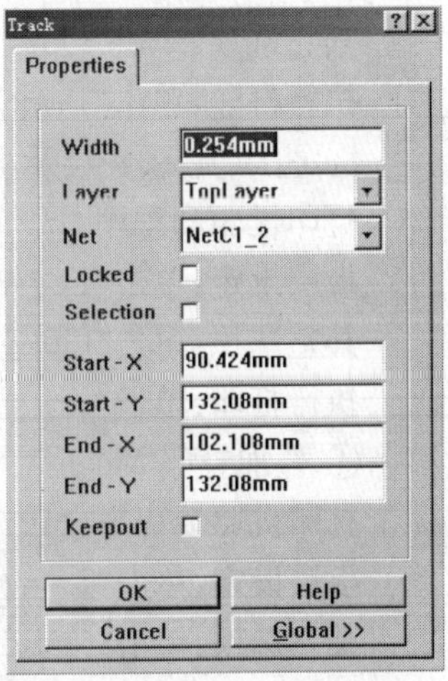

图 2.2.35　布线属性窗口

② 撤消局部连接布线。在铜膜线上单击鼠标左键，然后按〈Delete〉键，即可将布好的导线拆掉，这时可以手工布线。选中菜单 View 下“Toolbars”下的“Placement Tools”命令，界面中出现如图 2.2.36 所示放置工具栏，点击 进入布线状态，光标箭头变成十字形。点击左键一次确定布线的起始点，再按〈Tab〉键，输入线的宽度和确定板层（即线从哪一层板走），将光标移至要连接的元件管脚，点击左键一次，一段线即布完。如果想再另布一段，则点击右键一次，然后重复上面的过程。

布线完成以后，通常还要根据 PCB 加工和装配的要求进行调整，例如调整焊盘大小和孔径。

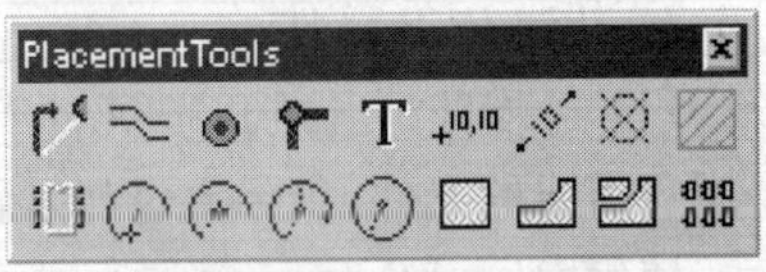

图 2.2.36　布线工具栏

下面看看如何修改焊盘的属性。双击某一个焊盘，会出现如图 2.2.37 所示界面，界面中对话框依次用来定义焊盘的横向直径和纵向直径的尺寸以及焊盘的形状，定义焊盘的序号、焊盘内孔的直径、以及确定此焊盘放在电路板的哪一层等。

有时还要在电路板上放敷铜、补泪滴以及调整元件字符的大小和方向，最后才能送到工厂加工。

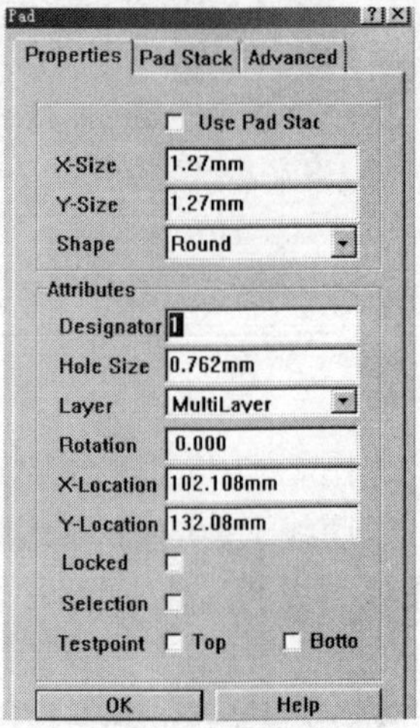

图 2.2.37 焊盘属性窗口

(9) 打印输出 印制电路板设计好后，可以把它打印出来。有两类打印方式，一是最终打印，一是合并打印。合并打印是将选中的各层打印在一张纸上，用于校对、出装配图等。最终打印是将选中的各层分别打印出来，下面介绍其操作步骤：

当需要打印工作区内的电路板时，应选择 File 菜单中的“Setup Print”。Setup Printer... 命令是设定打印机及打印方式，Print 命令则是直接打印。启动“Setup Printer...”命令后，屏幕上将出现打印机设定对话框。对话框里有许多打印机驱动程序，在此以 HP LaserJet 4MV Final 及 HP LaserJet 4MV Composite 为例说明打印设置。

① 打印顶层

打印机驱动程序：HP LaserJet 4MV Final。

板层设定：单击“Layers”钮，只选取 Top 层。

其它选项：单击“Options”钮，选取 Fit layer on page 及 Show Hole 项。

执行打印：单击“Print”钮。

② 打印底层

打印机驱动程序：HP LaserJet 4MV Final。

板层设定：单击“Layers”钮，只选 Bottom 层。

其它选项：单击“Options”钮，选定 Fit layer on page 及 Show Holes 项。

执行打印：单击“Print”钮。

③ 叠印顶层、底层及板框

打印机驱动程序：HP LayserJet 4MV Composite。

板层设定：单击“Layers”钮，只选定 Top、Bottom、Other Keep Out、MultiLayer 层。

其它选项：单击“Options”钮，只选定 Color/Gray 项并指定 Print Scale 为 0.8。

执行打印：单击“Print”钮。

④ 叠加打印 Mech 1、Silkscreen Overlay Top、Other Keep Out 层

打印机驱动程序：HP LaserJet 4MV composite。

板层设定：单击“Layers”钮，只选 Mech 1、Silkscreen Overlay Top、Other Keep Out 层。

其它选项：单击“Options”钮，选定 MonoChrom 项并指定 Print Scale 为 0.6。

执行打印：单击“Print”钮。

结束程序时，启动 File 下的“Exit”命令即可。

3）新建 PCB 元件

(1) 封装号 当在 PCB 元件库中找不到用户需要的元件时，可以在 PCB 元件库中新建一个用户需要的元件，实际上也就是新建一个元件封装形式。

使用 Protel Schematic 99(或更早版本)设计电路图时，常常需要不断地取用元件。您是否注意到，在取用元件时，除了 Device. Lib 元件库中的元件需要指定 Footprint 外，其它元件

库中的大部分元件都不需要指定。这是因为在 Protel Schematic 的元件库中，已经有内定的 Footprint，如 D-TTL. LIB 的 74LS00，其 Footprint 项一定是 DIP14。因此只需要针对 Ddevice. Lib 元件库中的元件列出最常对应的元件包装，例如：

电阻类或无极性双端元件——AXILA0.3～AXIAL1.0；

无极性电容器——RAD0.1～RAD0.4；

极性电容器——RB0.2/0.4～RB0.5/1.0；

二极管——DIODE0.4，DIODE0.7；

各类晶体管——TO-3，TO-18，TO-92 等；

三只脚的可变电阻——VR1～VR5。

(2) 更换元件的封装　电路设计时常发现部分元件封装的脚距不合适，在载入网络表或完成布线后，Protel 99 提供了快速方便的更换元件封装的操作方法。

在电路板编辑器里，元件更换非常方便，只要打开元件的属性对话框，然后直接更改 Footprint 栏位中的项目就行了。例如要把图 2.2.34 中 C1 的元件封装 RAD0.2 换成 RAD0.4，步骤如下：

双击元件 C1 打开该元件的属性对话框，如图 2.2.38 所示，然后在对话框中把 Footprint 栏位改成 RAD0.4。单击"OK"按钮后，该元件立即改变为 RAD0.4。由于 RAD0.2 和 RAD0.4 的外形不同，因而原来所布的线脱离了，这时应进行人工布线。

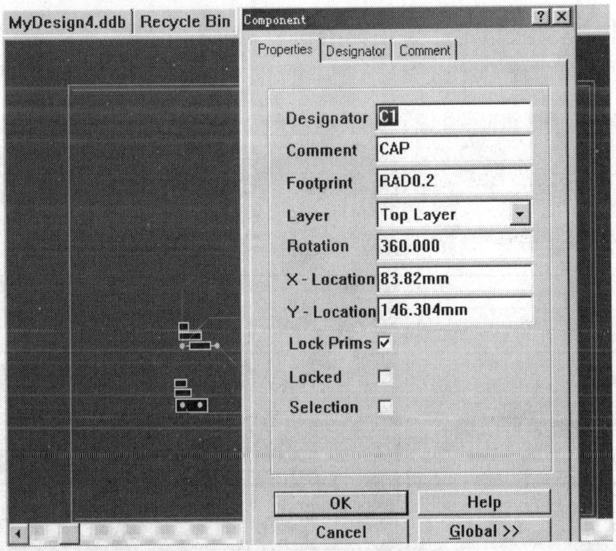

图 2.2.38　封装属性窗口

(3) 更改封装外观　也可以直接更改元件封装的外观。例如，要把图 2.2.34 中元件 C1 的封装外观 RAD0.2 改成四方形，操作步骤如下：

① 双击元件 C1 打开元件属性对话框，在元件属性对话框中取消 Lock Prims 项，如图 2.2.38 所示。

② 单击"OK"钮，虽然还感觉不出来元件有什么不同，不过，这时已经可以改变其外观了。先把光标移到左边焊点上，然后按住鼠标左键，移到其它位置再松开，大家发现焊点的位置变了，如图 2.2.39 所示。

③ 使用与上面相同的步骤，把第二个焊点移到合适位置。

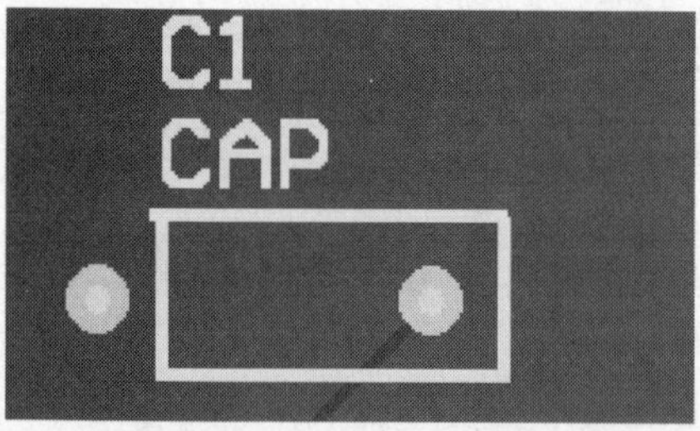

图 2.2.39　修改封装外形

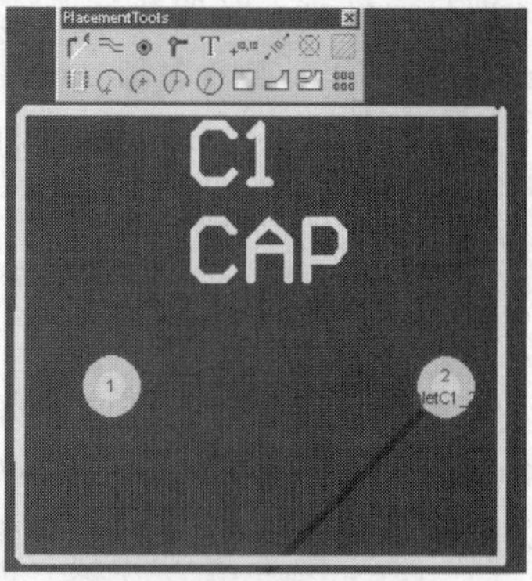

图 2.2.40　修改封装外形

④ 调整好焊点的位置后，接着调整元件封装的边框线，请将光标移动到线上，再按下鼠标左键拖到合适位置后松开左键。打开布线工具栏，用 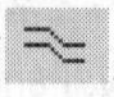 工具将边框线联成正方形。屏幕上显示如图 2.2.40 所示。

⑤ 调整好元件包装的外观后，双击该元件封装，记得勾选元件属性表“Lock Prims”，这样修改过的封装外形就定下来了，如图 2.2.40 所示。

(4)认识元件封装编辑器　接下来，就可以正式进入元件封装编辑器，以制作新的元件封装，并载入封装库。

在设计管理器中，可直接指定所要编辑的封装，如图 2.2.41 所示，然后到封装编辑器中编辑该封装。

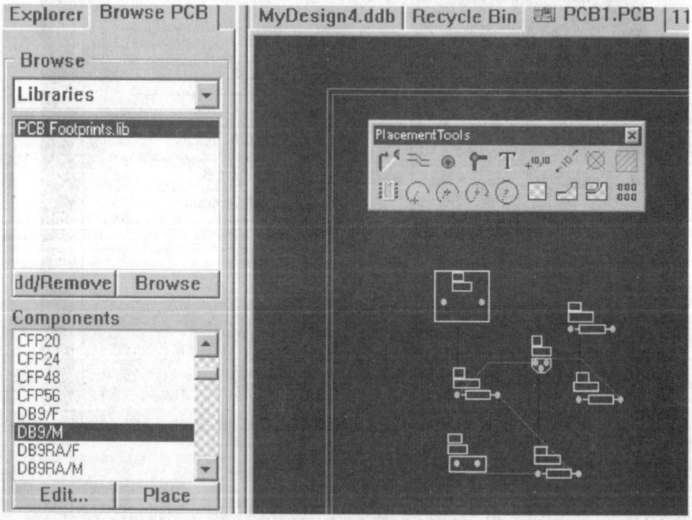

图 2.2.41　载入封装库

请先在设计管理器内的“Browse”下的方框内选择“Libraries”，即选择某个封装库。元件的封装号都是保存在封装库内的，要修改封装必须要找到封装库。用户可以在原有封装号的基础上进行修改。这时大家发现下方出现了一个叫 PCB Footprints. lib 的封装库，库中的封装号在下方的 Components 出现。如果选择的库没有出现，用户可以把它添加进来，点击下方的“Add/Remover”按钮，找到所要添加的库，按“确定”就可以了。

在 PCB Footprints. lib 库选中一个封装，如 RAD0. 2，这时屏幕左下方会出现该封装的形状。单击“Place”就可以把该封装号放置到电路中去了。如果单击“Edit”钮即可打开封装编辑器,如图 2.2.42 所示。

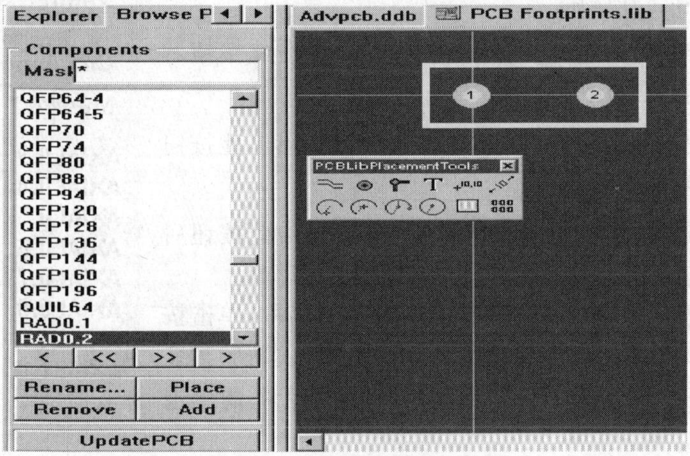

图 2.2.42　封装编辑器界面

先介绍封装编辑器的界面:

① 封装编辑器中也有一个工具栏(PCBLib Placement Tools),按钮功能与使用方法如下:

:该按钮的功能是画线,至于所画的是导线还是一般线条,那就得视线条所在的板层而定,如果在顶层或底层画线,画出来的就是导线,在其它板层所画出来的就是一般直线条了。至于如何画线,前面有过介绍。

:该按钮的功能是放置焊点。在进入放置焊点状态后,可以按〈Tab〉键打开其属性对话框进行设置。

:该按钮的功能是放置导孔,在封装里几乎不太可能需要导孔,所以本按钮的实用性不强。

:该按钮的功能是放置文字,在封装里放置文字是可能的。在放置文字时,要特别注意当时的工作板层,如果是放置在顶层或底层,则该文字将以铜膜的方式出现。当要放置文字时,请单击本按钮进入放置文字状态,再按〈Tab〉键打开其属性对话框,如图 2.2.43 所示。依次设置文字内容、高度、宽度、字体、文字所在板层。放置文字后,仍处在放置文字状态下,可以继续放置文字或按鼠标键结束放置文字状态。

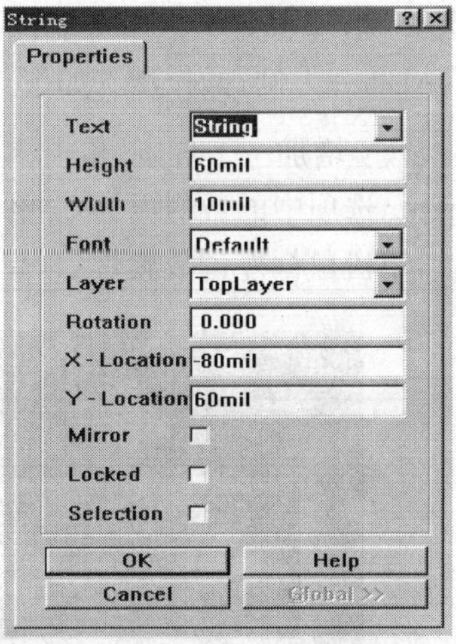

图 2.2.43　文字属性窗口

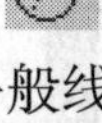:该按钮的功能是画圆弧线,至于所画的是导线还是一般线条,也要视圆弧所在的板层而定,如果在顶层或底层画线,所画出来的就是导线,在其它板层画出来的就是一般线条。

:该按钮的功能是画矩形,在此不赘述。还有几个按钮因用得较少,这里不祥述。

② 在屏幕左边也有许多按钮,如图 2.2.42 所示,使用说明如下:

Mask 选项:该选项功能是快速寻找封装,用户只要在此栏位中直接输入要寻找的封装编号(可用通配符号),例如输入 AX*,则显示如图 2.2.44 所示编号。

:该按钮的功能是选择上一个封装,单击此按钮后该封装随即出现在工作区中。

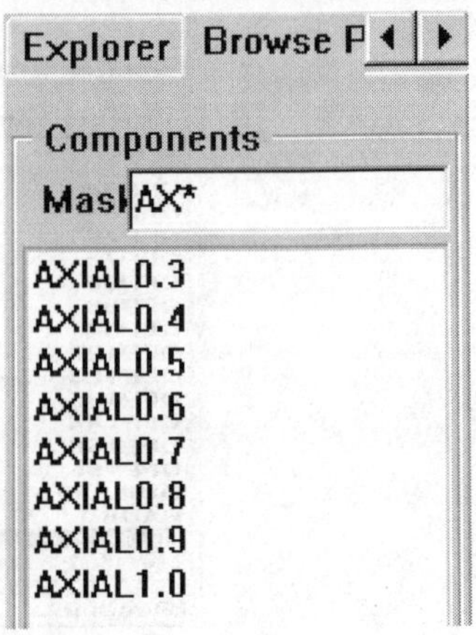

图 2.2.44　搜寻封装

:该按钮的功能是选择第一个封装,单击此按钮后该封装随即出现在工作区中。

:该按钮的功能是选择最后一个封装,单击此按钮后该封装随即出现在工作区中。

:该按钮的功能是选择下一个封装,单击此按钮后该封装随即出现在工作区中。

Rename:该按钮的功能是更改所选的封装号名称,单击按钮后,屏幕上立即出现更改封装名称的对话框,输入新的封装名称后,单击“OK”钮就行了。如果想取消此对话框请单击“Cancel”钮。

Remove:该按钮的功能是删除所选择的封装。按下此钮后,屏幕上立即出现确认删除的对话框,单击“Yes”钮即可删除该封装;而如果要取消删除状态,可单击“NO”钮。

Place:该按钮的功能是把选择的封装放置到电路板图中。单击此钮后,电路板编辑器立即出现在屏幕上,同时在电路板编辑器的工作区中显示出该封装。

Add:该按钮的功能是新增一个封装,在后面内容中将详细讲述。

UpdatePCB:该按钮的功能是把修改后的封装数据传回到电路板编辑器中,以修正在工作区中相同编号的封装。

(5)修改封装　前面介绍了几种修改封装的操作,但那些都是只能针对单一的封装,也不能增减焊点,而且在修改后也无法储存到封装库中。如果想要更改电路板上所有相同编号封装外观,那将是一件十分麻烦且辛苦的事情,但可以运用封装编辑系统来解决这个问题。以 RAD0.2 为例,操作步骤如下:

① 增加一个焊点,单击  按钮,再按〈Tab〉键打开其属性对话框,将对话框中的 Designator 选项中的数值设为 3,单击“OK”钮关闭对话框,再将光标移至需要放置增加焊点的位置,单击鼠标左键放置焊点,单击右键退出,如图 2.2.45 所示。

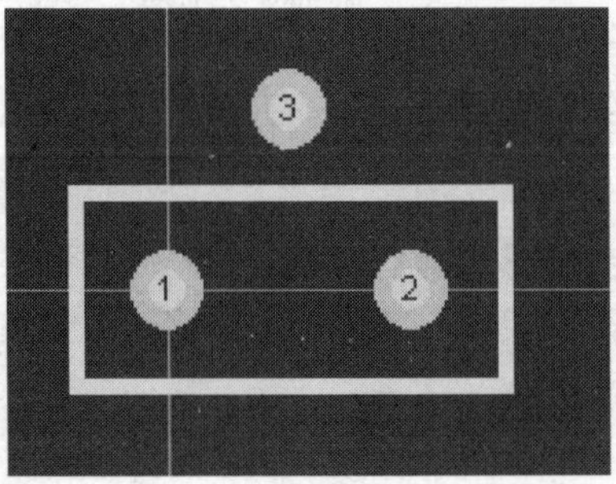

图 2.2.45　封装外形修改

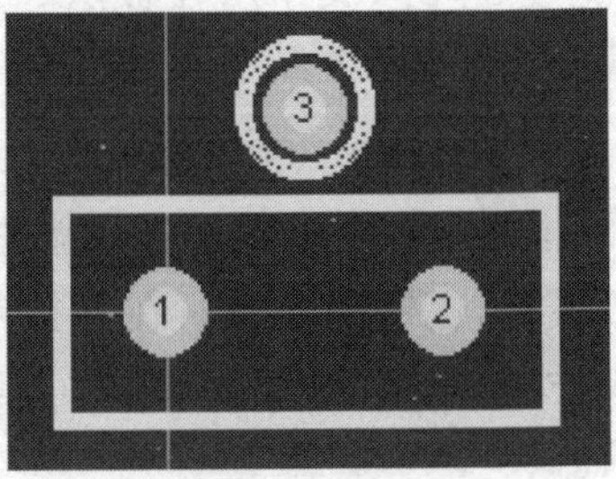

图 2.2.46　封装外形修改

② 把焊点加上一个圆的边线,要记得把板层切换成 Topover 层,然后单击 钮,再画一

个圆。

③ 完成修改后，在单击“UpdatePCB”钮，然后选择 Windows 菜单，在下拉菜单中选择 PCB 的文件，返回到电路板编辑系统，如图 2.2.47 所示。

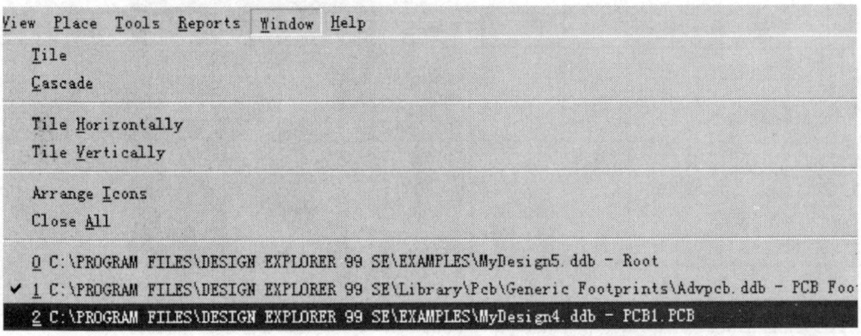

图 2.2.47　切换界面

④ 返回到电路板编辑系统之后，可以看到两个 RAD0.2 全部都被更改了，如图 2.2.48 所示。

注意原来已经把其中一个 RAD0.2 外形改成正方形，现在它又变回来了，不过原来的边框线还存在，可以把它删除掉。

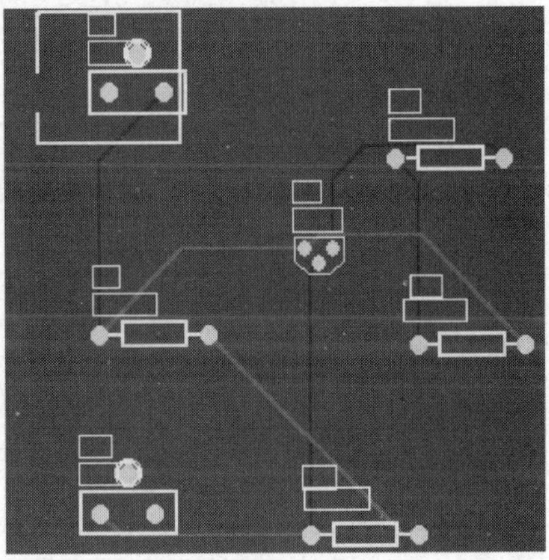

图 2.2.48　封装外形更改完成

选择 Windows 菜单回到封装编辑器，执行 File 菜单下的“Save...”命令，把修改后的封装号储存起来，以备今后的设计中使用。

(6) 创建新库和新封装　下面建一个二极管的封装，并把这个新封装加到新库中。

① 先建一个新封装库

● 执行菜单命令 File，点击“New”，出现如图 2.2.49 所示界面。

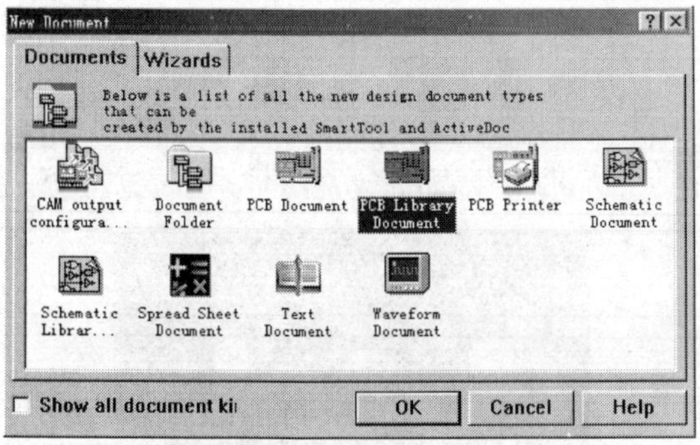

图 2.2.49　新建封装库向导

图 2.2.50　新建一个封装库

● 选中，点击“OK”，则出现一个新库，取名叫 Student. lib，如图 2.2.50 所示。

● 新库完成后，双击“Student. lib”进入库中，进行新封装的设计，出现如图 2.2.51 所示界面。

② 设计一个二极管的封装

● 单击“Add”钮，出现封装制作向导的画面，如图 2.2.52 所示。

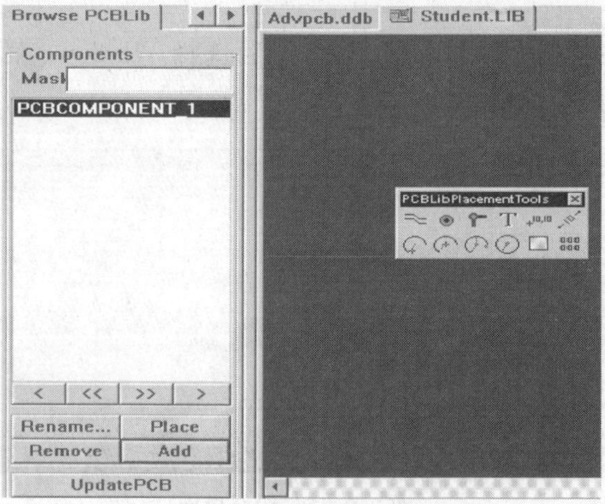

图 2.2.51　封装号设计界面

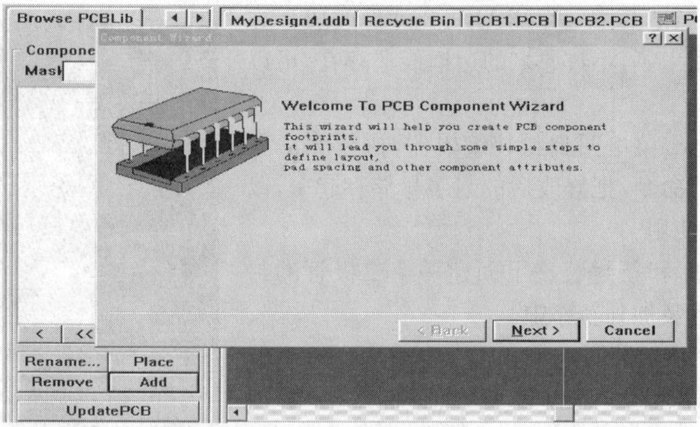

图 2.2.52　封装号制作向导

- 由于要自己动手做，不用封装制作向导，所以单击“Cancel”钮关闭封装制作向导。
- 单击 钮，开始放置 LED 的焊点 A 与焊点 K。
- 放置焊点时，两焊点的距离为 200mil(英制)，而焊点的编号为 A 与 K，如图 2.2.53 所示。

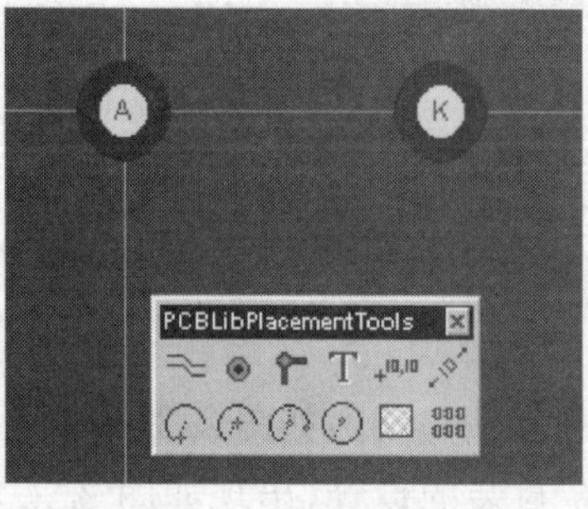

图 2.2.53　放置焊盘

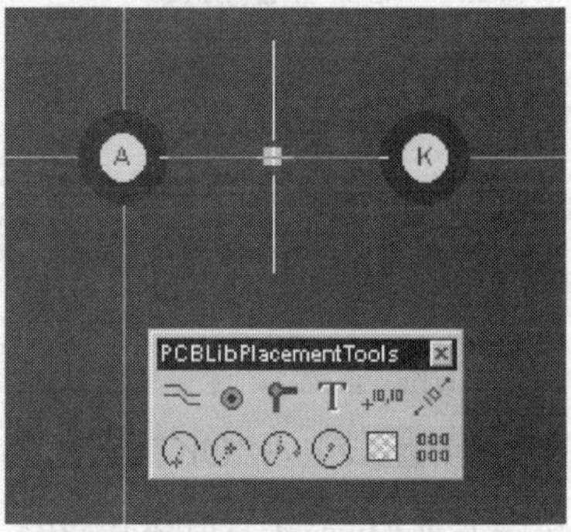

图 2.2.54　放置外围圆弧

- 切换视窗口下面的板层至 Topover，再单击 钮绘制包装的样式，把光标移到焊点的中间定出圆心的位置,如图 2.2.54 所示。

● 将光标往外拉,拉出一个正圆形包围住两焊点,如图 2.2.55 所示。

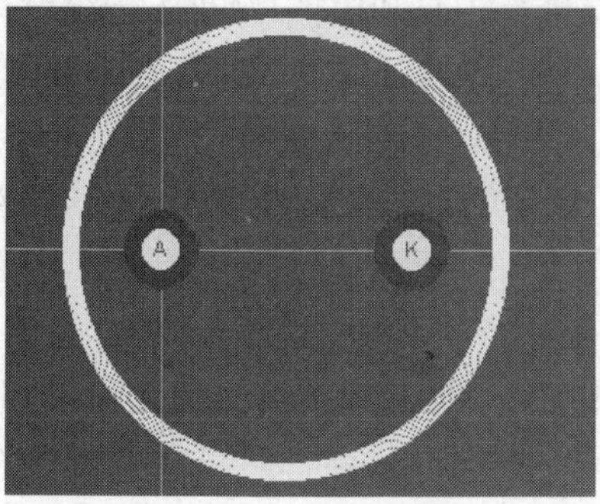

图 2.2.55　封装号画圈

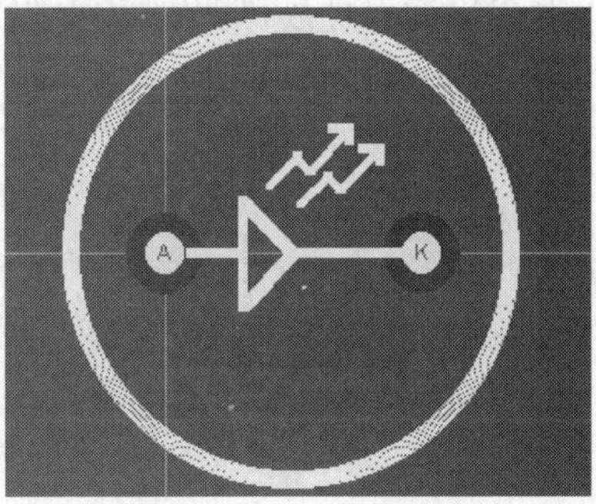

图 2.2.56　封装号加箭头

● 把封装修饰得好看一点:单击 钮绘制二极管符号(在 Topover 层)。

● 最后把线条宽度改小,再绘制两个箭头就大功告成了,如图 2.2.56 所示。

● 接着设定封装的名称。单击"Rename..."钮以后,在封装名称对话框内,把 Newcomponent 改为 LED,如图 2.2.57 所示。

● 单击"OK"钮,完成了制作新封装,启动"File-Save"命令,保存新封装。

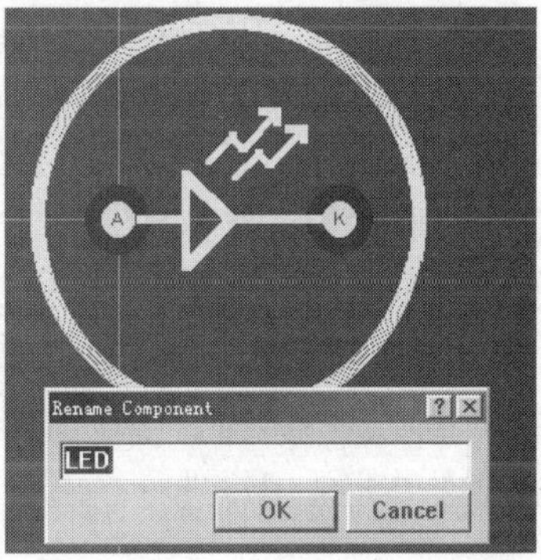

图 2.2.57　新建封装号改名

2.3　可编程逻辑器件设计软件使用

2.3.1　可编程逻辑器件概述

可编程逻辑器件(Programmable Logic Device,简称为 PLD)是 20 世纪 80 年代发展起来的新型器件,它是一种由用户编程的方法来完成逻辑功能的逻辑器件。所有种类的 PLD 从结构上都可分为与、或两级逻辑结构,其采用的生产工艺常有 TTL、CMOS、ECL、静态 SRAM 等,根据常用器件的内部结构特点又可分为:PROM、EPROM、EEPROM、PLA(Programmable Logic Array,可编程逻辑阵列)、PAL(Programmable Array Logic,可编程阵列逻辑)、GAL(Generic Array Logic,通用阵列逻辑)、FPGA(Field Programmable Gate Array,现场可编程门阵列)、ispLSI(in - system Programmable Large Integration,在系统可编程大规模集成)等。随着计算机辅助设计技术的发展及大规模集成电路生产工艺水平的提高,可编程逻辑器件还会有更大的发展。

可编程器件具有以下优点:

(1) 提高了功能的集成度　PLD 器件较中小规模集成芯片具有更高的功能集成度。一般来讲,一片 PLD 器件可替代 4 ~20 片中小规模的集成芯片,而 FPGA 及一些较大规模的 PLD 器件可等效几百至上千只中小规模的集成芯片,这便于降低电子产品的成本和缩小电子产品的体积。

(2) 加快了电子系统设计速度　一方面由于 PLD 器件集成度的提高，减少了电子产品设计中的布线时间及器件的安装时间；另一方面由于 PLD 器件的设计是利用计算机进行辅助设计的，它可以通过计算机的辅助设计软件对设计的电路进行仿真和模拟，减小了传统设计过程中调试电路的时间。另外，由于 PLD 器件是可编程和可擦除的，故即使设计存在问题，修改也很方便。

(3) 高性能　由于 PLD 器件在生产过程中采用了最新的生产工艺及技术，故其性能优于通用的中小规模集成芯片，其速度一般比通用器件提高了一个至两个数量级。另外，由于器件数量的减少，降低了电路总的功耗。

(4) 高可靠性　系统的可靠性是数字系统的一项重要指标。根据可靠性理论可知，电路的器件数量增加，系统的可靠性将下降；反之将提高。采用了 PLD 器件时可以减少器件的数量，器件的减少还导致印刷电路板布线的减少，同时也减少了器件之间的交叉干扰和可能产生的噪声源，使系统运行更加可靠。

(5) 低成本　由于 PLD 器件的上述优点将导致电子产品在设计、安装、调试、维修、器件品种库存等方面的成本下降，从而使电子产品的总成本降低，提高了产品的竞争力。

图 2.3.1 给出了 PLD 器件的结构框图。从图中可以看出，PLD 通常可以分为输入电路、与项、或项、输出电路几部分。输入电路用于对输入信号缓冲，并产生原变量和反变量两个互补的信号供与阵列使用。与阵列和或阵列用于实现各种与或结构的逻辑函数，若进一步与输出电路中的寄存器以及输出反馈电路配合，还可以实现各种时序逻辑函数。输出电路则有多种形式，可以是基本的三态门输出，也可以配备寄存器或向输入电路提供反馈信号，还可以做成输出宏单元由用户进行输出电路结构的组态，使 PLD 的功能更加灵活、完善。

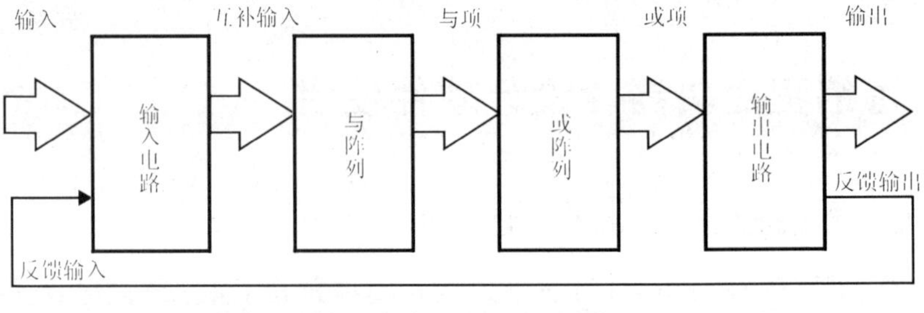

图 2.3.1　PLD 结构框图

表 2-3-1 列出了常用 PLD 的可编程的内部构成。

表 2-3-1　常用 PLD 器件的分类

分类	与阵列	或阵列	输出电路
PROM	固定	可编程	固定
PLA	可编程	可编程	固定
PAL	可编程	固定	固定
GAL	可编程	固定	可组态

PROM 是由固定的与阵列和可编程的或阵列组成。当与阵列有 n 个输入时，就会有 2^n 个输出(全译码)，即要有 2^n 个 2 输入的与门存在。由于 PROM 是直接实现未经化简的与或表达式的每个最小项，因而在门的利用率上常常是不经济的。PROM 阵列的全译码功能更适

合于作为存储器使用。

PLA的与阵列和或阵列均可以编程，因而可以实现经过逻辑化简的与或逻辑函数，与或阵列可以得到充分的利用。但迄今为止，由于缺少高质量的编程工具，PLA的使用尚不广泛。

PAL是与项可编程、或项固定的、每个输出是输入变量若干个乘积项之和的形式。输出电路还可以具有I/O双向传送，包含寄存器和向与阵列反馈的功能。用户通过编程可以实现各种组合逻辑和时序逻辑电路。PAL采用熔断丝双极型工艺，只能一次编程。但由于其工作速度快、开发系统完善，仍得到了广泛的使用。

GAL的基本门部分与PAL相同，也是与阵列可编程，或阵列固定。但其输出电路采用了逻辑宏单元，用户可以对输出方式自行组态。新一代的GAL产品的或阵列也可以编程，因而功能更强，使用更灵活。GAL采用EEPROM的浮栅技术，实现了电擦除功能，大大方便了用户的使用。

这里重点介绍使用广泛的PAL及GAL两种器件的工作原理及设计方法。

2.3.2 可编程阵列逻辑(PAL)

1) PLD电路的表示方法

由于PLD器件的阵列规模较大，在描述PLD内部电路时采用通常的逻辑电路的表示方法将带来诸多不便，所以在讨论PLD器件时常采用简化的表示方法。

PLD器件的连接表示如图2.3.2所示，图中每个结点分为：固定连接、可编程连接、不连接。

图2.3.2 PLD结点的表示方法

(1)“固定连接”表示该结点的两条交叉的点是固定连接着的，可以理解为通常电路中的连接焊点，不能通过编程将其断开，通常用一个小圆点来表示；

(2)“可编程连接”表示该结点的两条交叉的点是可以通过编程的方法将其连接上，当然既然该点可以通过编程连接起来，同样也可以通过编程的方法将其断开，通常在结点上打一个叉来表示连接；

(3)“不连接”表示该结点的两条交叉的线互不相连或是通过编程将其断开，在这两条线交叉点既没有小圆点又没有交叉。

PLD器件由于与项的项数较多，如果用常规的表示方法，将给绘制PLD的内部电路带来极大的不便，故通常采用简化的表示方法，图2.3.3给出了PLD与项的表示方法。

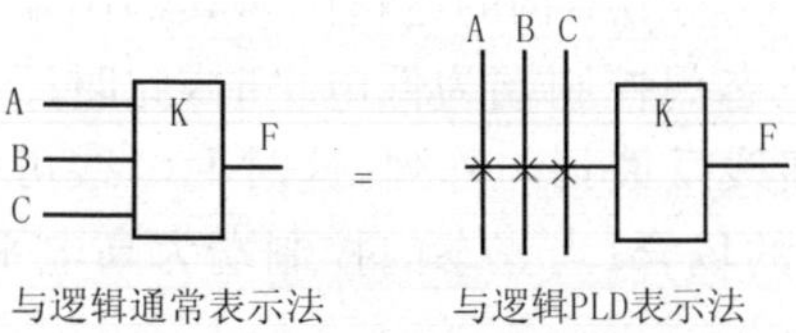

图2.3.3 PLD与逻辑的表示

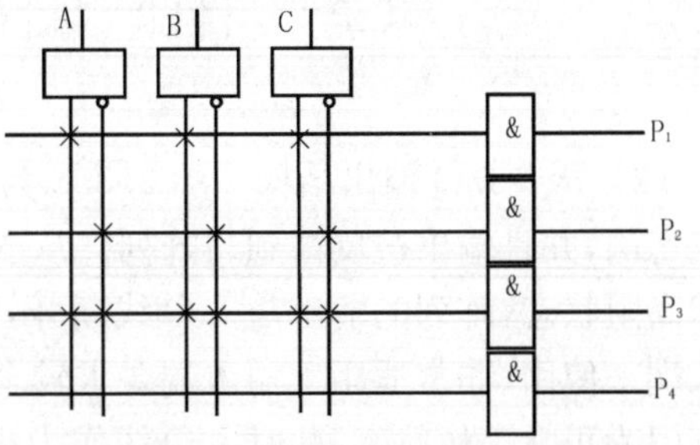

图2.3.4 PLD阵列图

图 2.3.4 给出了一个阵列电路的电路图，图中垂直方向表示为器件输入线，与门的输入用水平线表示，图中带叉的结点表示被编程连接。

2）PAL 的门阵列结构

图 2.3.5 所示为 PAL 电路基本逻辑结构图，由图中可见，PAL 的与阵列矩阵的结点为可编程结点，而或阵列矩阵的结点为固定连接的结点。图 2.3.6 所示的 PAL 为 3×6×3PAL，即该 PAL 具有 3 个输入端、6 个乘积项、3 根输出线，用它可以实现三个三变量的逻辑函数，且每个函数的与项不能超过 2 个。

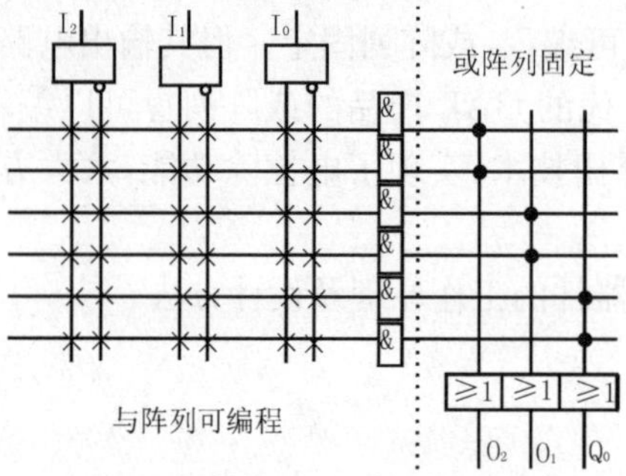

图 2.3.5　PAL 逻辑结构图

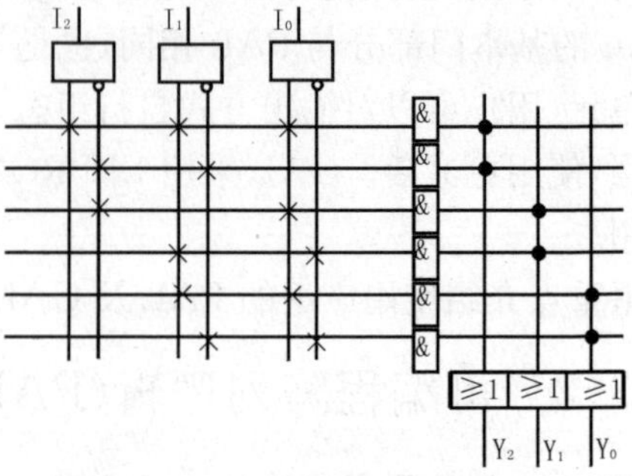

图 2.3.6　PAL 实现的逻辑函数

3）PAL 的输出及反馈结构

从上面所示的基本 PAL 逻辑电路可以发现，其仅能实现组合逻辑电路的功能，且输出线没有反馈到与阵列。实际使用的 PAL 器件为解决这些问题在输出电路进行一些改进，常用的 PAL 器件输出电路有下列五种结构。

（1）固定输出结构　图 2.3.7 所示电路为 PAL 固定输出结构的逻辑图。它是在基本门阵列的输出加入反相器得到的。基本门阵列的输出结构也属固定输出结构。另外，有的器件还采用了互补输出结构。

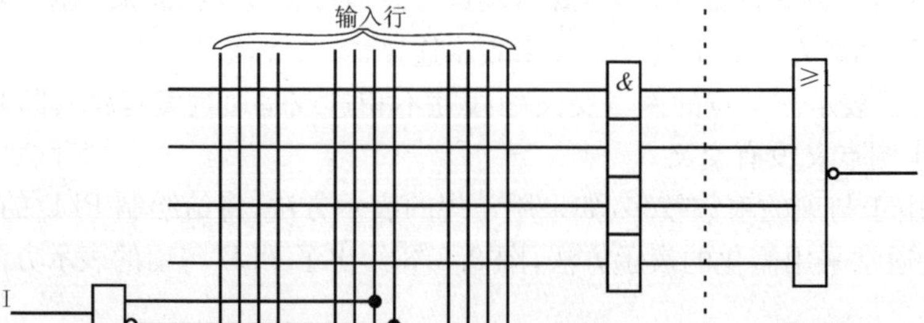

图 2.3.7　PAL 的固定输出结构

（2）异步 I/O 输出结构　图 2.3.8 为 PAL 异步 I/O 输出结构的逻辑图。其输出端有一个三态门，并且输出被反馈到与阵列。从图上可见，当三态门控制端为低电平时，此时三态门处于高阻状态，阵列的输出与 I/O 线断开，I/O 通过反馈线反馈到与阵列，这时 I/O 线可作为输入端来使用，非常适用于输入端要求较多而输出较少的场合；当三态门控制端为高电平时，三态门为正常工作状态，此时 I/O 线作为输出端使用。

（3）寄存器的基本结构　图 2.3.9 所示为 PAL 的寄存器输出结构。它是在基本门阵列的基础上加入了 D 触发器得到的。当时钟 CK 上升沿到达时，或阵列的输出被存入 D 触

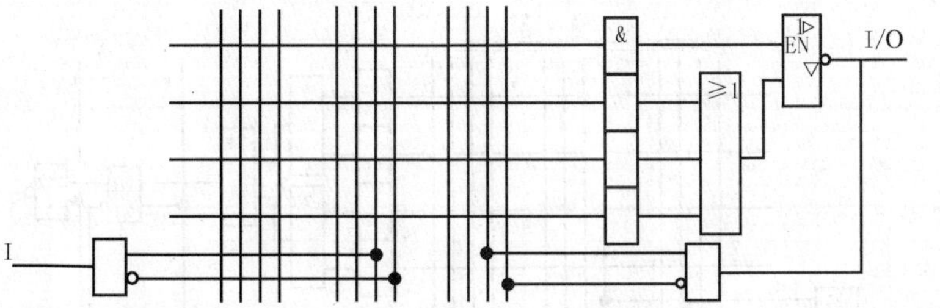

图 2.3.8 PAL 的异步 I/O 输出结构

发器，同时通过三态门送到输出端。另外，输出 Q 通过缓冲器反馈到与阵列电路。由于引入了触发器，就使电路具有记忆的功能，从而解决了前两种结构实现时序电路比较困难的问题，但在这种结构中所有触发器的时钟端都是相连的，故这种电路仅能进行同步时序电路的设计。

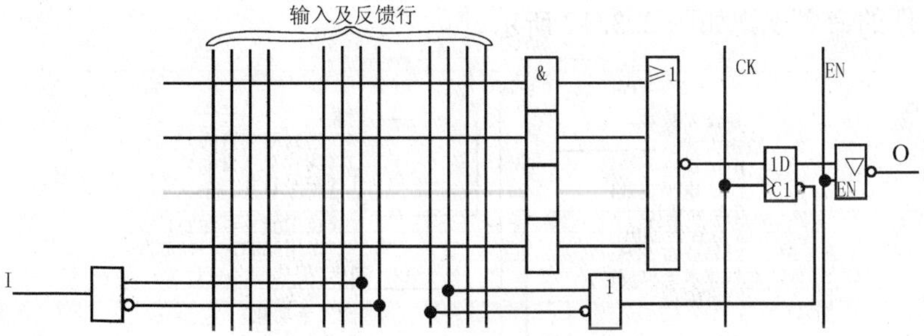

图 2.3.9 PAL 的寄存器基本结构

(4) 寄存器的异或结构　图 2.3.10 给出了 PAL 寄存器的异或输出结构的逻辑图。它是把乘积项分为两个和项，在 D 触发器输入端实现异或逻辑。在 CK 上升沿时，存入 D 触发器。

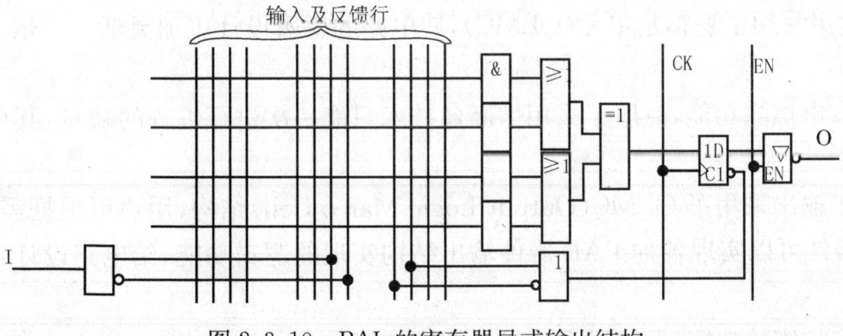

图 2.3.10 PAL 的寄存器异或输出结构

(5) 算术选通反馈结构　它是在异或结构的基础上加入反馈选通电路得到的，如图 2.3.11 所示。反馈选通电路可以对输出 A 和输入 B 进行($\overline{A}+\overline{B}$)、($A+\overline{B}$)、($\overline{A}+B$)和($A+B$)4 种逻辑加运算，并将这 4 种逻辑加的结构反馈到与阵列，通过如此改进，就可以得到更多的逻辑组合。

常用的 PAL 器件有 PAL16R8 等。PAL16R8 有 32×64 个可编程结点，输出有 8 个 D 触发器，属于寄存器输出结构型的 PAL 器件。

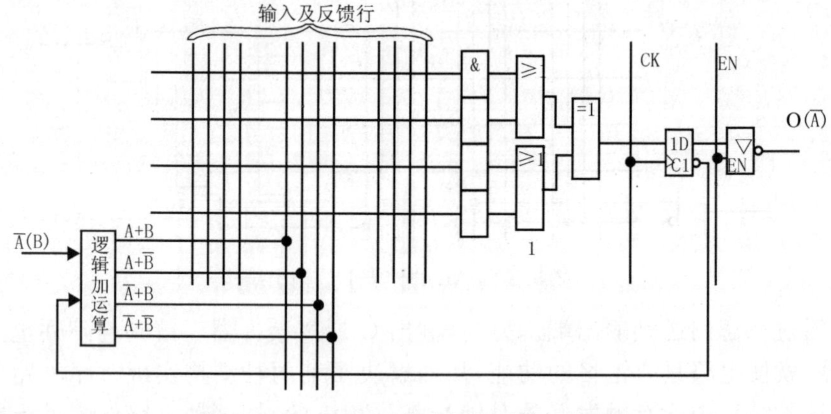

图 2.3.11　PAL 的算术选通反馈结构电路

4）PAL 器件的命名规则

PAL 器件的命名规则如图 2.3.12 所示。

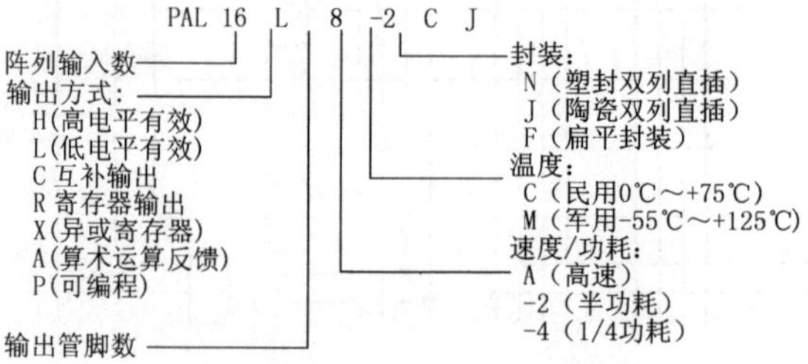

图 2.3.12　PAL 器件的命名规则

2.3.3　通用阵列逻辑(GAL)

GAL 是从 PAL 技术发展起来的，它采用了 EECMOS 工艺，使器件的编程非常方便；另外，由于其输出采用了逻辑宏单元(OLMC)，使电路的逻辑设计更加灵活。一般来讲，GAL 有如下优点：

(1) 具有电擦除功能，克服了采用熔断丝技术只能一次进行编程的缺点，其可改写的次数超过 100 次；

(2) 由于输出采用了 OLMC(Output Logic Marco Cell)结构，用户可根据需要进行组态，一片 GAL 器件可以实现各种 PAL 器件输出结构实现的逻辑功能，给电路设计带来了极大的方便；

(3) 具有加密的功能，保护了设计者的知识产权；

(4) 在器件中开设了一存储区域用来存放识别标志，即电子标签的功能。

1）GAL 的基本结构

图 2.3.13 是 GAL16V8 芯片逻辑框图。从图上可以看出，GAL16V8 可分为 5 个部分。

(1) 输入端　GAL16V8 的 2～9 脚共 8 个输入端，每个输入端有一个缓冲器，并由缓冲器引出两个互补的输出到与阵列。

(2) 与阵列部分　它由 8 根输入及 8 根输出各引出两根互补的输出构成 32 列，即每个与项中变量的个数为 16；8 根输出线，每根输出线对应于一个 8 输入或门(相当于每个输出可包

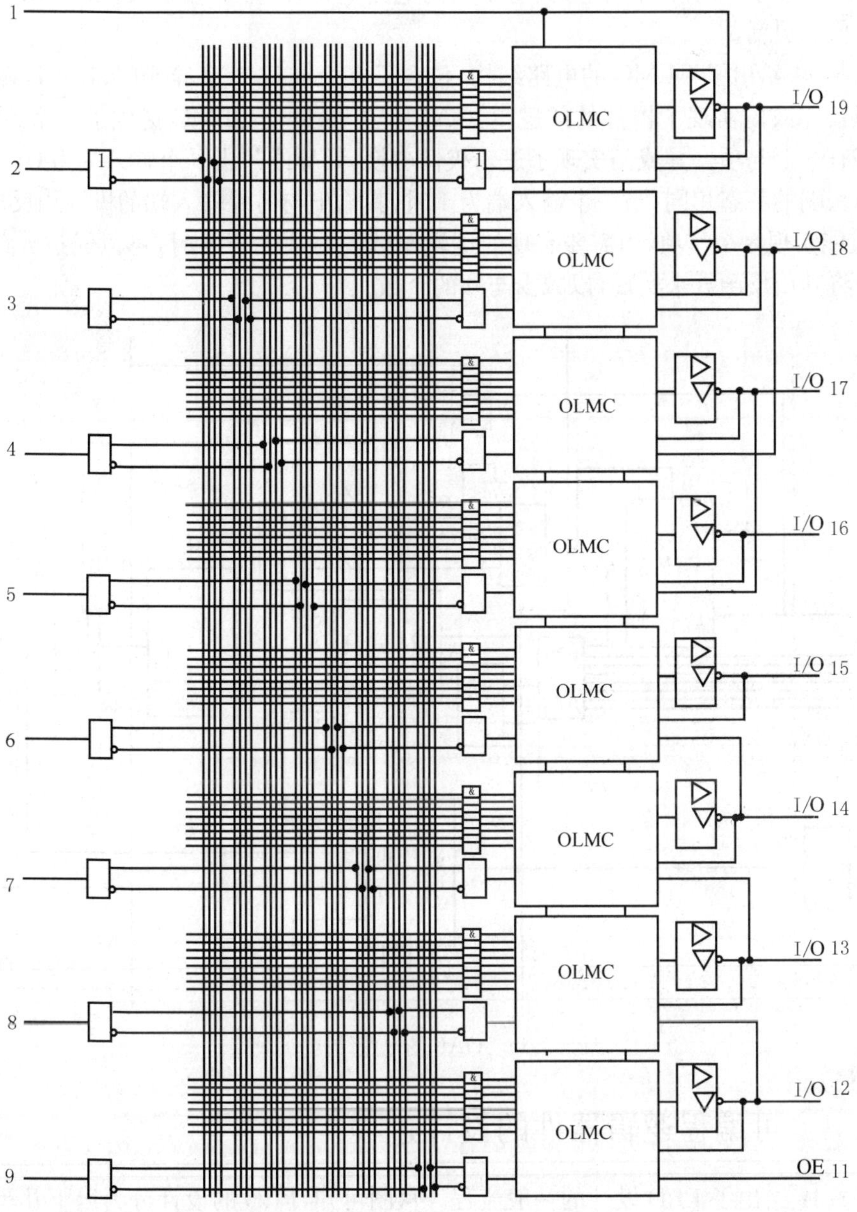

图 2.3.13　GAL16V8 芯片逻辑框图

含 8 个乘积项)构成了 64 行,可见 GAL16V8 的与阵列是一个 32×64 的阵列,共有 2 048 个可编程单元(或结点)。

(3) 输出宏单元　GAL16V8 共 8 个输出宏单元,分别对应于 12～19 脚。每个宏单元的电路可以通过编程实现所有 PAL 输出结构实现的功能。

(4) 系统时钟　GAL16V8 的 1 脚为系统时钟输入端,与每个输出宏单元中 D 触发器时钟输入端相连。可见 GAL 器件只能实现同步时序电路,而无法实现异步时序电路。

(5) 输出三态控制端　GAL16V8 的 11 脚为器件的三态输出公共控制端。

2) GAL16V8 输出宏单元的结构及工作原理

GAL 器件的输出端都是采用输出 OLMC 结构,在 GAL16V8 中有 8 个 OLMC,每个

OLMC 在对应的控制字的作用下，具有不同的电路结构，即各种组态，这给 GAL 器件的使用带来了方便和灵活。

图 2.3.14 给出了 OLMC 的电路结构，包含了 1 个或门、1 个异或门、1 个 D 触发器、4 个多路选择器。或门实现了器件的或逻辑，GAL16V8 的每个 OLMC 提供了 8 个或门，故每个输出最多有 8 个与项。异或门实现了逻辑极性变换，因异或门当一个输入端为 0 时，其输出与另一个输入端的状态相同；当一个输入端为 1 时，其输出与另一输入端的极性相反。由于一个 OLMC 仅能实现 8 个与项，当需要实现的逻辑函数的与项大于 8 时，可以通过异或门的极性变换功能将其用反函数来实现，以减少与项的个数。

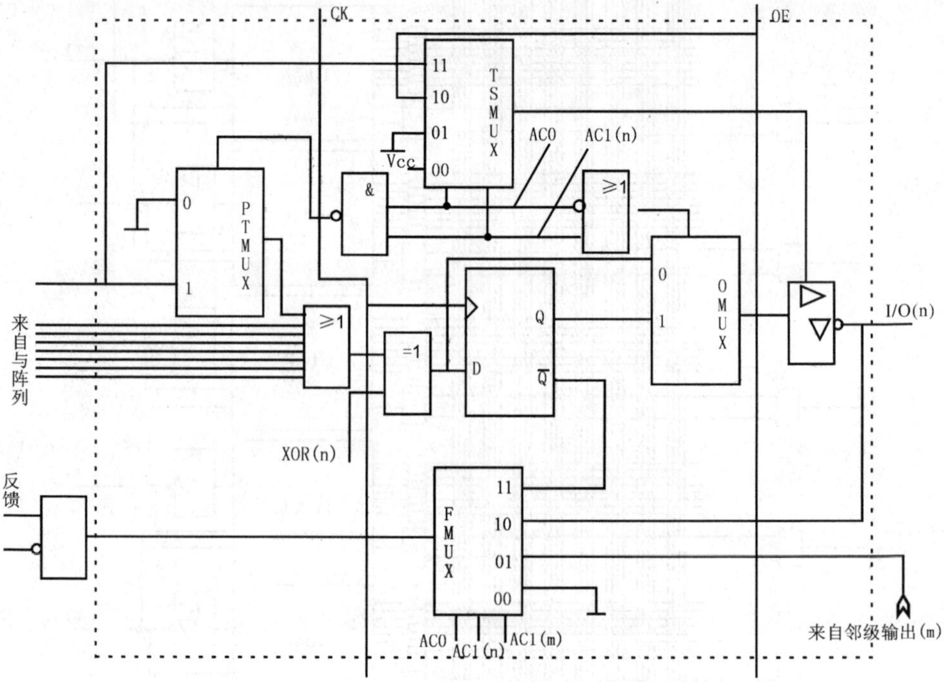

图 2.3.14　GAL 的电路结构 OLMC

2.3.4　可编程逻辑器件的设计过程

图 2.3.15 给出了 PLD 设计的一般流程。从图可知，PLD 的设计分为以下几步：

1）电路逻辑功能描述

PLD 器件的逻辑功能描述一般分为原理图描述和硬件描述语言描述。

原理图描述是一种直观简便的方法，它可以将现有的小规模集成电路实现的功能直接用 PLD 器件来实现，而不必去将现有的电路用语言来描述，但电路图描述方法无法做得简练。硬件描述语言描述是可编程器件设计的另一种描述方法。语言描述方法可以精确和简练地表示电路的逻辑功能，现在在 PLD 的设计过程中广泛使用，并且有更加流行的趋势。常用的硬件描述语言有 ABEL - HDL、VHDL 语言等，其中 ABEL - HDL 是一种简单的硬件描述语言，它支持布尔方程、真值表、状态机等逻辑描述，适用于计数器、译码器、运算电路、比较器等逻辑的描述；VHDL 是一种行为描述语言，类似于计算机语言中的 C 语言，在描述复杂逻辑设计时非常简洁，具有很强的逻辑描述和仿真能力，是未来硬件设计语言的主流。

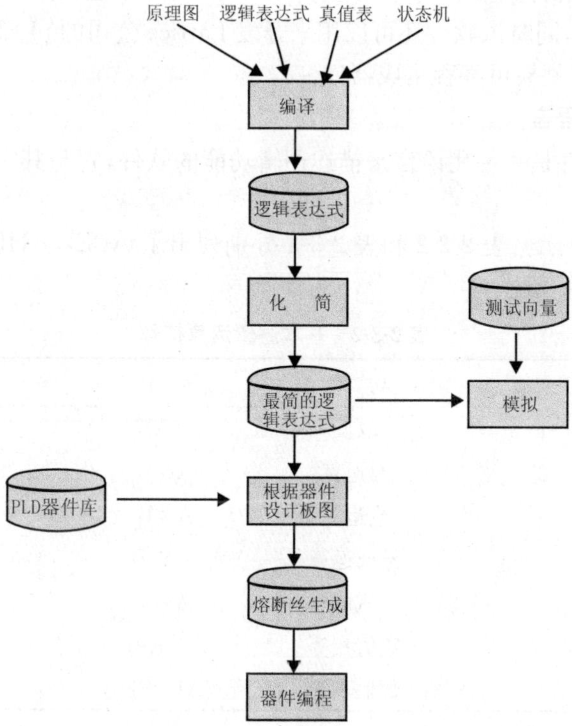

图 2.3.15　PLD器件的设计流程

2）计算机软件的编译及模拟

不管是用硬件描述语言描述的逻辑还是用原理图描述的逻辑，都必须通过计算机软件对其进行编译，将其描述转换为经过化简过的布尔代数表达式，编译软件再根据器件的特点将表达式与具体的器件适配，最终形成 PLD 器件的熔丝图文件。

在将用户设计的逻辑下载到 PLD 器件之前，为了检查设计的结果是否正确，通常可以用计算机的软件进行模拟，检查其设计结果是否正确。

3）通过编程器将 JED 文件加载到 PLD 器件中

在前一步骤中形成的熔丝图文件必须下载到器件中去才能实现设计的要求。熔丝图文件常常又称为 JEDEC 文件（简称为 JED 文件）。JED 文件通常用编程器下载到 PLD 器件中。

编程器是一种专门用于对可编程器件（EPROM、EEPROM、GAL、CPLD 等）进行编程的专用设备。常见的编程器有台湾河洛公司的 ALL 系列、西尔特公司的 Super 系列等。编程器通常是通过计算机的并行打印口将 JED 文件下载到编程器中，编程器再将 JED 文件根据器件的特点将其写入内部，从而达到下载的功能。

2.3.5　可编程逻辑器件设计软件介绍

可编程器件的设计软件种类很多，各大器件厂家及一些软件公司都开发了一系列的设计软件，正是由于这些软件才推动了可编程器件的快速发展。通常根据逻辑功能的描述方法分为语言描述和原理图描述设计软件两大类。常见的如 DATA I/O 公司的 ABEL 语言、四通公司 ASIC 事业部开发的针对 GAL 器件的 FM(Fast MAP) 软件等属于语言描述的设计软件；DATA I/O 公司 Synario 软件、OrCAD 公司的 PLD 等软件属于电路图描述或电路图与

ABEL—HDL 语言相结合的软件。本书主要以 DATA I/O 公司 Synario 软件为例来说明 GAL 器件的设计过程，同时该软件还可以用来开发 Lattice 公司的 pLSI 和 ispLSI 器件、AMD 公司的 MACH 系列大规模可编程集成器件。

1）ABEL－HDL 语言

ABEL－HDL 软件是一种用语言来描述逻辑功能的软件，它与其它计算机语言一样有一些关键字及一些规定。

(1) 基本的运算表示　表 2-3-2 和表 2-3-3 分别列出了 ABEL－HDL 常用的逻辑运算及算术逻辑运算的符号及功能。

表 2-3-2　基本逻辑运算符号

运算符	优先级	功　能	示　例	含　　义
!	1	取反	!(AB)	$\overline{AB}$
&	2	与运算	A&B	A·B
#	3	或运算	A#B	A+B
$	4	异或运算	A $ B	A⊕B
=		赋值	A=5	将 5 赋给 A
= =		数值相等	A= =1	用于判断数值相等
! =		数值不等	A! =1	用于判断数值不等

表 2-3-3　ABEL－HDL 基本算术运算符号

运算符	功　能	示　例	含　　义
+	算术加	C=A+B	将 A 与 B 进行算术相加，其结果赋给 C
-	算术减	C=A-B	
*	算术乘	C=A*B	
/	算术除	C=A/B	
<<,>>	左右移位	A<<B	将 A 左移至 B 位

(2) 点扩展　ABEL－HDL 语言包含了一些信号点扩展的集合，该集合可以非常精确地表示设计者的意图。点扩展分为信号点扩展和细节点扩展两种。表 2-3-4 列出了 ABEL－HDL 语言中常见的点扩展。

表 2-3-4　ABEL－HDL 语言中的点扩展

点扩展	功　　能	示　　例
.FB	寄存器反馈信号	Q:=Q.FB+1;
.D	D 触发器的输入	Q.D=A&B;
.J，.K	JK 触发器的 J、K 输入	Q2.J=A;Q2.K=B;
.AR	异步清零	Q.AR=CR;
.CLR	同步清零	Q.CLR=CR;
.CLK	时钟输入	Q.CLK=CK;

(3) 关键字　表 2-3-5 列出了 ABEL 语言常用关键字功能说明。

表 2-3-5　ABEL 语言常用关键字功能说明

关键词	作　用	举　例
Module	说明模块的开始，与 End 对应	Module tran
End	说明模块结束	End
Title	说明模块的名称（通常可省略）	Title 'U2 is a decode'
Equation	表明与器件相关的方程式的开始	
Pin	说明器件的 I/O 引脚	CLK，A1 pin 1，2；
Istype	说明信号的属性	A pin 19 istype 'reg'；
When - Then - Else		when b then c0 else ab；
Test - vectors	用于仿真器件的内部模型，并进行编程器件的功能测试	
Truth - table	表示器件逻辑功能真值表的开始	
If - then - else		

(4) ABEL 语言设计举例　下面通过一些例子来说明 ABEL 语言中关键字的使用及 ABLE语言如何描述逻辑功能的。

［**例 2. 3. 1**］　用 ABEL - HDL 语言设计一个一位全加器的电路。

具体的源文件如下：

源文件	说　明
Module　sum ；	模块定义，是 ABEL - HDL 语言不可缺少的内容，sum 为模块名。
A，B，Ci pin 1，2，3；	将 A、B、Ci 定义为 1、2、3 脚。
S，Co pin 19，18 istype 'com'；	S、Co 定义为 19、18 脚，并且属性为组合电路输出。
Equations	关键字，表示下面一段程序为逻辑表达式。
S=A $ B $ Ci；	逻辑表达式。
Co=A&B+A&Ci+B&Ci；	
Test-vectors ([A，B，Ci]->[Co，S])	测试向量，用于模拟逻辑功能和检查用。
[0，0，0] - >[0，0]；	
[0，0，1] - >[0，1]；	
[0，1，0] -> [0，1]；	
[0，1，1] -> [1，0]；	
[1，0，0] -> [0，1]；	
[1，0，1] -> [1，0]；	
[1，1，0] -> [1，0]；	
[1，1，1] -> [1，1]；	
End	模块结束关键字

当然上面程序也可以用真值表来表示，只需将表达式的一段内容写为下面形式即可：

源文件	说　明
Truth_table ([A，B，Ci]->[Co，S])	用真值表形式描述输入与输出的关系。
[0，0，0] -> [0，0]；	
[0，0，1] -> [0，1]；	
[0，1，0] -> [0，1]；	
[0，1，1] -> [1，0]；	
[1，0，0] -> [0，1]；	
[1，0，1] -> [1，0]；	
[1，1，0] -> [1，0]；	
[1，1，1] -> [1，1]；	

［**例 2.3.2**］ 用 GAL16V8 实现 4 位 2 进制全加器，写出 ABEL－HDL 的程序。

用 A3、A2、A1、A0 和 B3、B2、B1、B0 分别表示两个 4 位 2 进制数，由于 4 位 2 进制数相加时可能产生进位，故和的输出有 5 位数，用 C4、C3、C2、C1、C0 来表示其和的结果。其 ABEL－HDL 程序如下：

源文件	说　明
Module FSUM	
A3,A2,A1,A0,B3,B2,B1,B0 pin 1,2,3,4,5,6,7,8;	定义输入端对应于 GAL16V8 的管脚。
C4,C3,C2,C1,C0 pin 19,18,17,16,15 istype 'com';	定义其输出与集成电路对应的管脚，同时说明其为组合逻辑电路的输出。
IN1=[0,A3,A2,A1,A0];	将输入变量定义成一个数组，由于数组相加时，必须长度相等，故将输入最高位加 0。
IN2=[0,B3,B2,B1,B0];	
OUT=[C4,C3,C2,C1,C0];	
Equations	
OUT=IN1+IN2;	将输入的两个数组进行相加后赋值给输出数组。
Test-vectors ([IN1,IN2]->OUT)	测试向量列举几种情况以检查结果是否正确。
[0,0] -> [0];	
[1,15] -> [16];	
[15,15] -> [30];	
End	

上面的例子是根据电路的输入、输出的逻辑关系用语言来进行描述的，它可以脱离具体的电路进行设计，使对数字电路原理不是很精通的人也可以设计出需要的逻辑电路。

在对上例所示的程序调试时会发现编译器报错，那么问题出在什么地方呢？在编译器对程序进行编译时，编译器有一个报告器，它可以报告器件的资源利用情况及实现该电路所需要的资源情况。图 2.3.16 给出了报告器的结果，从上面可以看出实现该 4 位 2 进制全加器 C3 单元需要 36 个与项，而从图 2.3.14 中可以看出 GAL16V8 仅有 64 个与项，每个输出端口为 8 个与项，很显然该电路的要求已超过了 GAL16V8 所能提供资源的能力，可见用 GAL16V8 实现该电路存在资源不够的问题，这在初次使用 PLD 器件的用户会经常碰到。

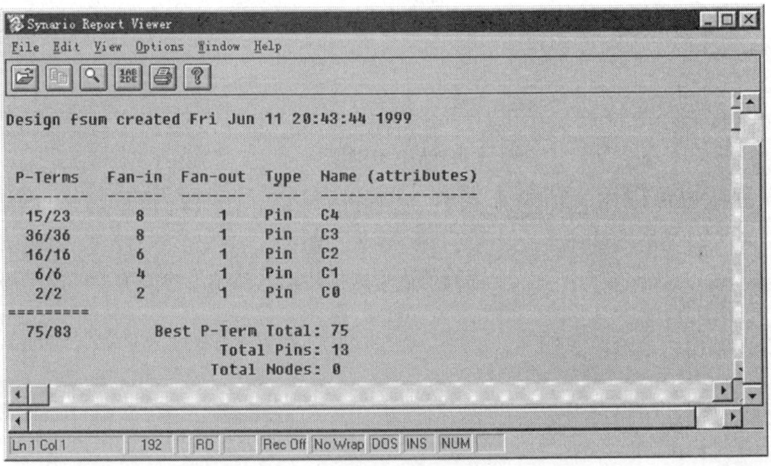

图 2.3.16　Synario 报告器的报告结果

［**例 2.3.3**］ 设计用 GAL6V8 实现一个带控制端的 4 位 2 进制可逆计数器。

用 GAL 器件设计计数器有两种方法：一种方法是根据同步时序电路(由于 GAL 器件的所有触发器的时钟输入端都是连在一起的)设计方法用触发器设计一个同步十进制计数器，然后根据电路写出表达式——这种方法是从电路的底层开始设计的，这是时序电路设计时采用的；另一种方法是根据十进制计数器实现功能的特点直接写出表达式——这种方法是脱离具体电路，而根据输入、输出实现的逻辑功能进行设计。显然第二种方法比较简单，且即使对电路不是很熟悉的人也可以设计出所需要的电路。下面用第二种方法来设计。

通过对可逆计数器分析可以看出，当控制端为高电平时，其输出状态在时钟的作用下自动加 1；当控制端为低电平时，其输出状态在时钟作用自动减 1；ABEL - HDL 语言用一句判断语句就可以描述其实现的功能，具体程序如下：

```
Module count                                         说  明
    CLK pin 1;
    CTR pin 2;
    Q3,Q2,Q1,Q0 pin 19,18,17,16 istype 'reg';       定义输出脚的属性为寄存器的输出。
    Q=[Q3,Q2,Q1,Q0];                                 将输出定义为一个数组。
Equations
    Q =CLK=CLK;                                      将 CLK 赋给每一个触发器的时钟输入。
When CTR=1 then Q:=Q.fb+1;                           当控制端 1 时，则计数器的输出状态加 1，寄存器变
                                                     量后面须加冒号来表示为输出变量的次态。
Else Q:=Q.fb-1;                                      当控制端为低电平时，则计数状态减 1，Q fb 为 Q
                                                     的反馈状态，即当前状态。
End
```

2）原理图输入法

ABEL - HDL 语言作为一种逻辑描述语言可以进行 PLD 的设计，但由于有一些电路已经有了图纸，人们希望能直接将原理图写入到 PLD 电路中去，省去进行程序设计的时间。随着计算机图形化界面的发展，现在利用电路图进行逻辑描述的软件功能愈来愈多。

图 2.3.17 所示是用与非门实现 RS 触发器的原理图。从该图中可以看出一幅电路图可以由以下几部分构成：

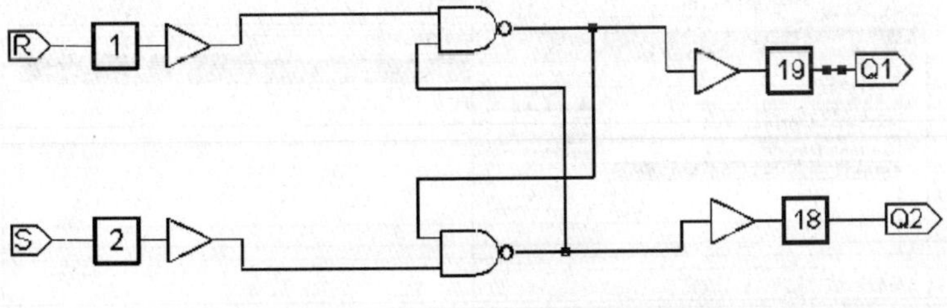

图 2.3.17　与非门实现 RS 触发器原理图

(1) 符号　它可以是标准符号库中的符号，也可以是代表其它电路功能的符号，如图中的与非门符号，它代表了与非的功能，但在软件上常常是采用英制符号来表示的，所以读者在阅读时应加以注意；

(2) 连线　用来连接各个符号，其功能就是实际电路中的一根导线；

(3) I/O 标志　它用来标明电原理图的输入、输出信号，信号的方向(输入、输出、双向)，及其输入/输出端对应的可编程逻辑器件的引脚号；

(4) 图片和文字　仅用于帮助说明电路的功能，便于理解电路的原理，对整个电路图没有

实际意义。

2.3.6 可编程逻辑器件设计举例

1）用 ABEL 语言设计

(1) 启动 Synario 软件(或其它软件,如 ispEXPERT 等)并创建一个新的设计项目　在 Windows 95 的程序组上执行 Synario,屏幕中出现 Synario 软件的开始界面。在 File 菜单中选择“New Project…”项,键入新的项目名如“SUM”,如图 2.3.18 所示。在实际使用时应注意该项目所处的目录位置,否则当退出当前操作后就找不到前面的设计。当前的目录位置可由图 2.3.18 的右框中看出;另外还须注意的是,新的项目名一般不要使用中文文件名。

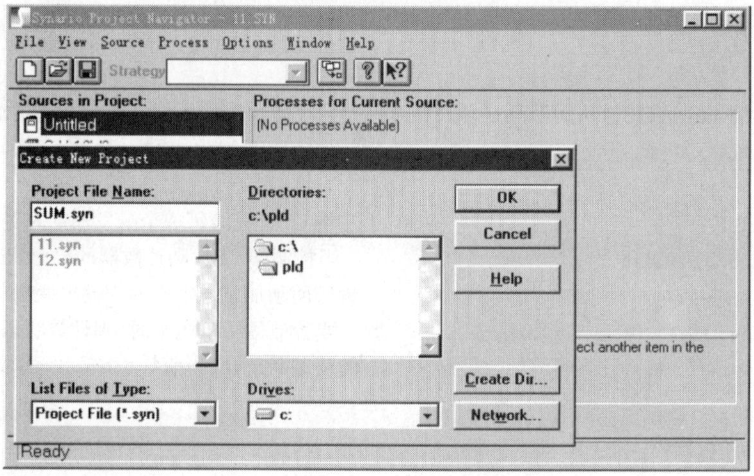

图 2.3.18　Synario 软件开始界面

(2) 选择器件　双击“Virtual Device”,将出现 Choose Device 的对话框,如图 2.3.19 所示。在 Device Kit 中选择到 GAL16V8,单击“OK”按钮选中该器件。

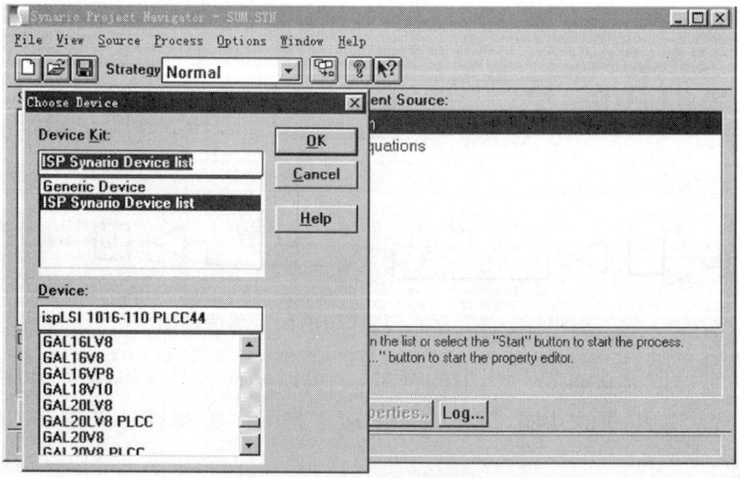

图 2.3.19　器件选择窗口

(3) 选择源文件的类型　可编程逻辑设计的源文件可以是 ABEL 语言,也可以是原理图。在 Source 菜单中选择“New”,出现 New 对话框后选择“ABEL - Module”,表示进行 ABEL 语言的输入,输入相应的模块名及文件名,如图 2.3.20 所示。

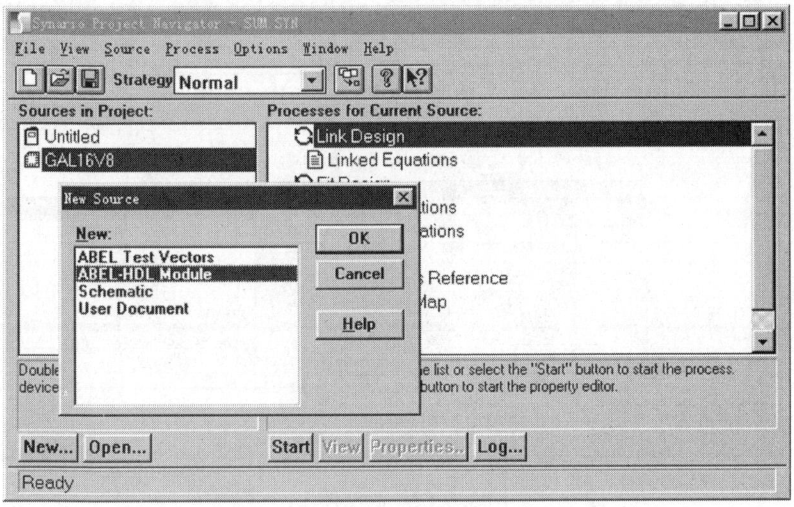

图 2.3.20　ABEL 语言定义窗

这里必须注意,ABEL 的模块名不可以使用中文文件名,否则无法进行编译。

(4) 输入 ABEL 语言源程序　在对应的源文件编辑器中输入相应的源文件,在输入时关键字可以是大写,也可以是小写字母,但变量的大小写不能改变,否则在编译时将报错,如图 2.3.21 所示。

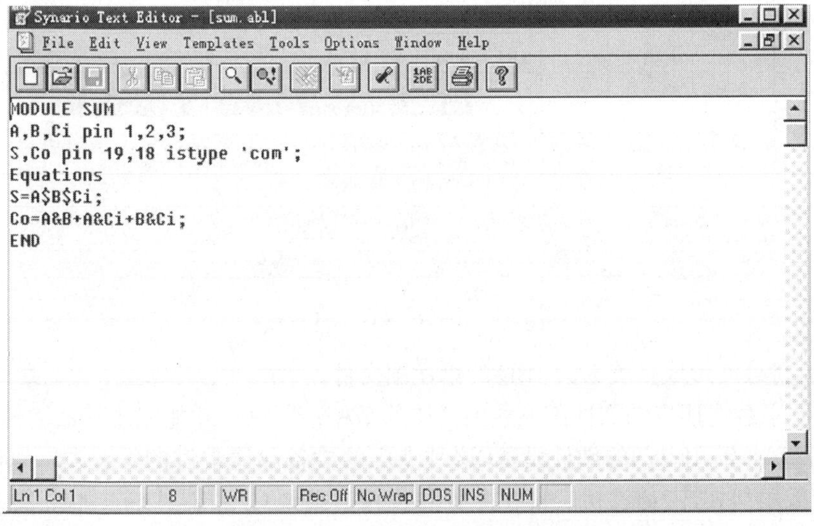

图 2.3.21　ABEL 语言源文件输入

(5) 源文件编译　在项目管理器下,选择左边方框中对应于源文件的文件名,双击右边区域中的"Reduce Logic",可以看到如图 2.3.22 所示的编译过程。如源文件无误,则编译器最终给出编译报告,说明完成该逻辑所需要的资源及经化简后的逻辑表达式;如源文件存在问题问题,则编译器会说明错误的原因及地方。

(6) 熔丝图文件形成　在项目管理器左边的区域选择使用的器件(GAL16V8),双击右边区域中的"Create Fuse Map",如图 2.3.23 所示,如果设计的逻辑所需要的资源 GAL16V8 可

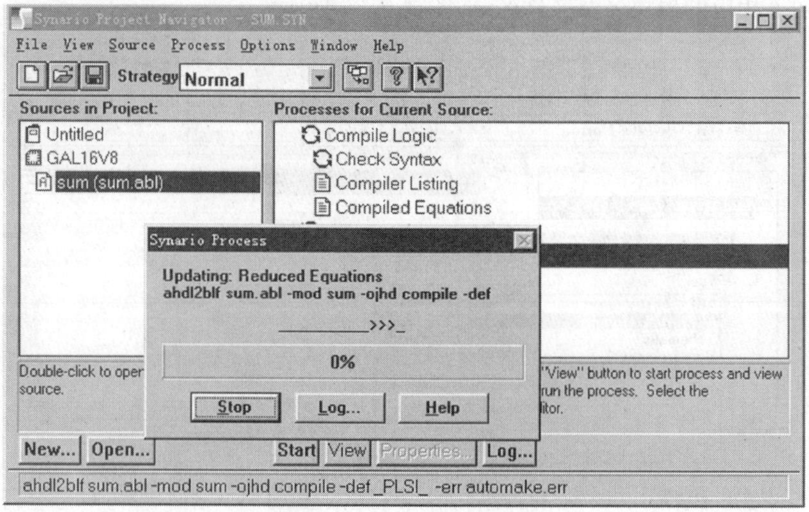

图 2.3.22　源文件编译

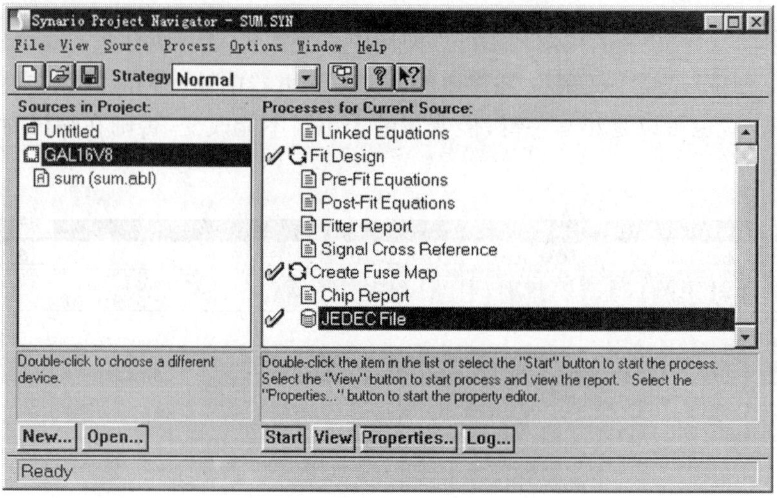

图 2.3.23　熔丝图文件形成

以实现的话，将最终形成扩展名为 JED 的熔丝图文件。

(7) 程序下载　JED 的文件需下载到具体的 GAL 器件中，才能完成其最终的设计。下载 JED 文件到 GAL 需用专门的硬件设备，这种专门的设备即通常讲的编程器。这种设备与计算机的并口或串口相连，通过相应软件将 JED 文件下载到 GAL 器件中。如图 2.3.24 给出了 Super 编程器下载 JED 文件的画面。

在利用编程器进行下载时，首先选择器件的厂家，不同的厂家器件特性有所不同，故应选择对应的生产厂家；其次选择器件的型号，这时可以将需要下载的 JED 文件读入缓冲区，最后对器件进行编程，编程器将 JED 文件下载后还自动进行一次校验，如器件工作正常，则编程器软件可告知下载正常，否则说明器件损坏。

由于 GAL 器件是使用 CMOS 工艺生产的器件，故在对 GAL 器件编程时应注意计算机及编程器的接地是否良好，工作人员的身体是否带静电。

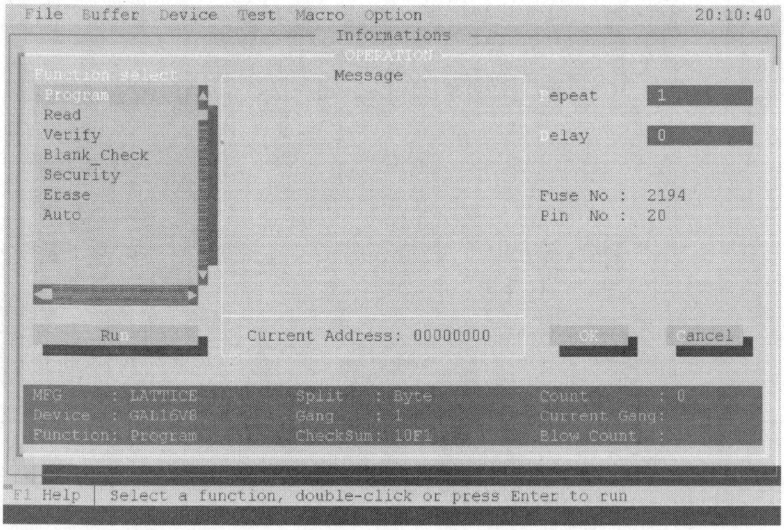

图 2.3.24 JED程序下载

2）原理图输入设计法

原理图输入法的前面步骤与 ABEL 语言设计的前两步相同。下面是原理图设计的步骤：

(1) 选择源文件类型　选择 Schematic，输入对应的图形文件名后将出现图 2.3.25 所示的原理图输入界面。

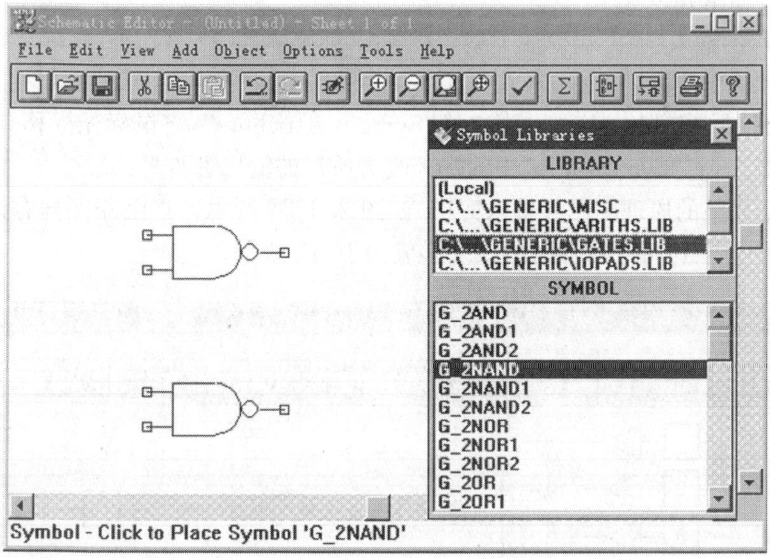

图 2.3.25　原理图源文件输入界面

(2) 添加元件　选择菜单 Add 中的"Symbol"命令，屏幕出现"Symbol Libraries"对话框，选择需要的器件，其中：

GATE——逻辑门电路；ARITHS——数学运算元件；IOPAD——输入输出元件；MUX-EX——多路选择开关；REGS——寄存器。

(3) 连接元件　从 Add 菜单中选择"Wire"，用鼠标左键在需连接处单击后，拖动鼠标到另一点再单击就将两点连接上了，如图 2.3.26 所示。

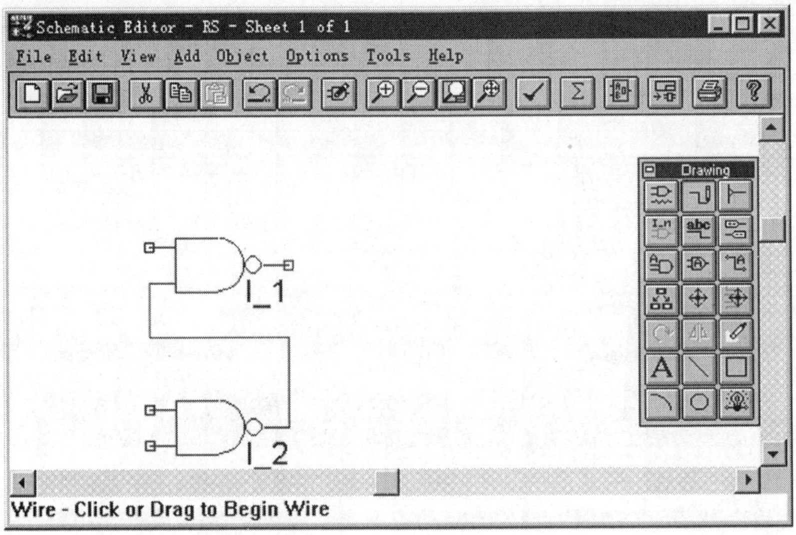

图 2.3.26 利用 Wire 命令连接元件

(4) 在输入/输出端连上输入/输出元件 在菜单 Add 上选择“Symbol”中的 IOPAD 元件，在电路的输入/输出画上 IOPAD 元件。

(5) 给接口输出端赋名 从 Add 菜单中选择 Net Name 项，从屏幕底部输入栏中输入网络名并按回车，网络名会粘在光标上随鼠标一起移动，将光标移到输入/输出端单击，网络名就被放置在输入/输出处。

(6) 给接口的输入/输出端标注类型 在 Add 菜单中选择“I/O Markers”，输对应的输入/输出标上输入/输出的标记。

(7) 给器件锁定管脚 从 Add 中选择“Symbol Attribute”，将鼠标光标移到输入/输出端的 IOPAD 上单击，将“Synario Pin”中的“ * ”改为所需的输出管脚号。

到此，一个完整的原理图已经输入完毕，如图 2.3.27 所示。将电路图保存退出后就可以与 ABEL - HDL 语言一样进行编译，最终形成 JED 文件。

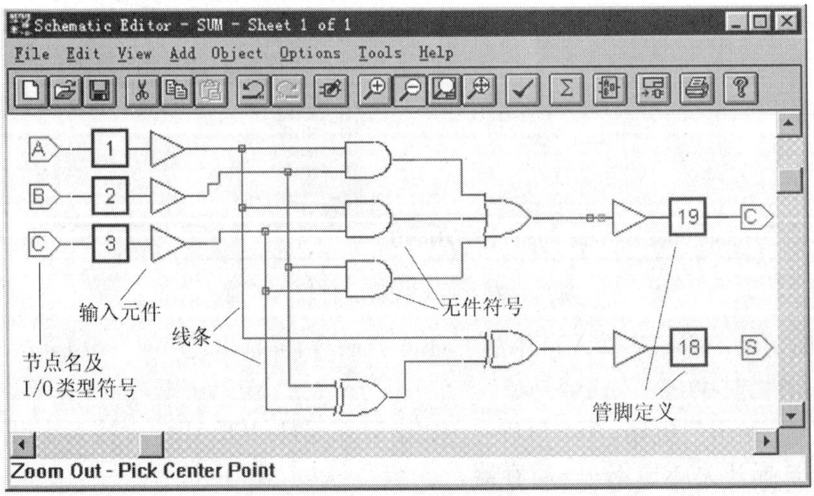

图 2.3.27 完整的原理图

3）逻辑仿真

下面以[例 2.3.3]中的可逆计数器的逻辑仿真来说明其仿真的过程及方法。假设 ABEL 语言的源文件已调试正常，下面为仿真的建立过程。

（1）建立仿真源文件（测试向量文件）　仿真文件的输入与 ABEL 语言的选择相同，仅新建文件类型为 ABEL - Vectors，输入文件名后就可得到如图 2.3.28 所示的测试向量源文件的输入窗，按照如图 2.3.28 所示输入其源文件后存盘退出。

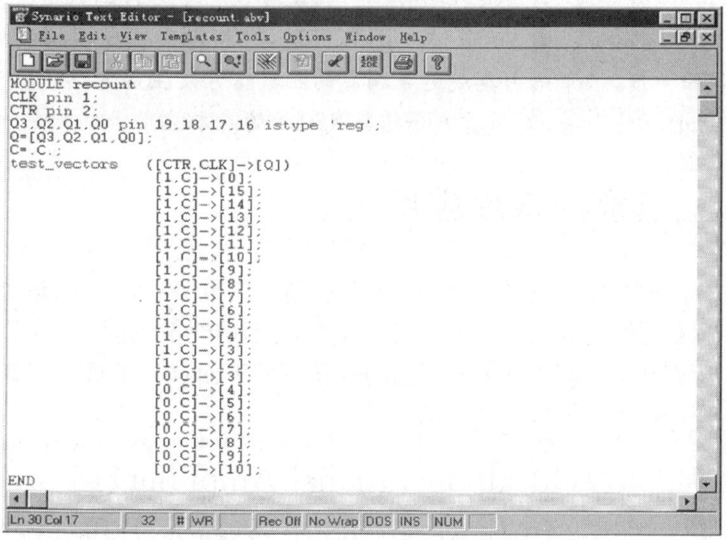

图 2.3.28　测试向量源文件输入

（2）编译测试向量文件及仿真波形显示　输入测试向量源文件并存盘退出后，在项目管理的左边窗口中单击对应的测试向量的文件，并在右边窗口双击“Function Simulator Waveform”。输入测试向量正确，则程序可进入如图 2.3.29 所示的 Wave Form Viewer（波形观察器）。进入观察器后从菜单 Edit 中选择“Show”，从弹出的对话框中选择在波形上看到的端口，单击“Add Wave”钮将其波形送去显示，从而得到如图 2.3.29 所示的仿真后的波形。

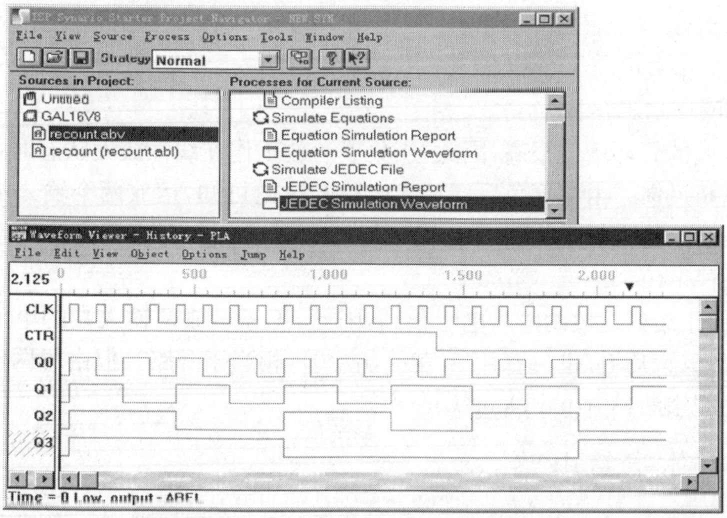

图 2.3.29　编译及仿真后显示的波形

3 函数信号发生器的设计与应用

在很多电子设备和仪器的生产和调试过程中，都需要用到函数信号发生器。通常把能产生正弦和非正弦信号（如方波、锯齿波、阶梯波等）的设备或电路称为函数信号发生器。

函数信号发生器电路可以由专用集成电路来实现，也可以由集成运放为核心来构成。这里，从有利于学习的角度，只介绍由集成运放构成的函数信号发生器电路。

考虑到学习上的循序渐进，下面首先介绍集成运放的基本应用。

3.1 集成运放的基本应用

集成运放作为通用的器件，它的应用十分广泛，包括模拟信号的产生、运算、放大、滤波，以及进行各种线性和非线性的处理。除了比较器等少数应用电路为正反馈或开环工作外，绝大多数应用电路中运放都工作在深度负反馈的闭环状态。下面首先了解一下基本运算电路，以便为后面的电路设计打下一个良好的基础。

3.1.1 理想运放（Ideal Operational Amplifier）

为了简化分析，在实际分析过程中常常把集成运放理想化。理想运放具有下述的理想参数：

(1) 开环电压增益（Open-loop Voltage Gain）$A_{od}\rightarrow\infty$；

(2) 差模输入电阻 $r_{id}\rightarrow\infty$；

(3) 输出电阻 $r_{od}=0$；

(4) 共模抑制比 $K_{CMR}\rightarrow\infty$，即没有温度漂移，或 $U_{IO}=0$，$I_{IO}=0$，$\alpha_{UIO}=0$，$\alpha_{IIO}=0$；

(5) 开环带宽 $f_H\rightarrow\infty$；

(6) 转换速率 $S_R\rightarrow\infty$；

(7) 输入端的偏置电流 $I_{BN}=I_{BP}=0$；

(8) 干扰和噪声均不存在。

由于集成运放的开环增益很高，因此，当集成运放工作在线性放大状态时，均引入负反馈，而且通常为深度负反馈。由深度负反馈放大电路的讨论可知，运放两个输入端之间的实际输入（净输入）电压可以近似看成为零，相当于短路，即 $u_P=u_N$。但由于两输入端不是真正的短路，故称为“虚短（Virtual Short Circuit）”。

另一方面，由于集成运放的输入电阻很高，因此，流经运放两输入端的电流可以近似看成为0，即 $i_{IN}=i_{IP}=0$（以后 i_{IN} 和 i_{IP} 都用 i_I 表示，$i_I=0$），相当于开路。但由于两输入端间不是真正的开路，故称为“虚断（Virtual Open Circuit）”。

3.1.2 基本运算电路

常用的基本运算有加、减、积分和微分等4种运算，一般是由集成运放外加反馈网络所构成的运算电路来实现。

比例运算电路有同相输入和反相输入两种，分别属于电压串联负反馈和电压并联负反馈电路，其比例系数即为反馈放大电路的增益。

1）加法电路（Adder）

如果要将两个电压 u_{S1}、u_{S2} 相加，可以利用图3.1.1所示的电路来实现。

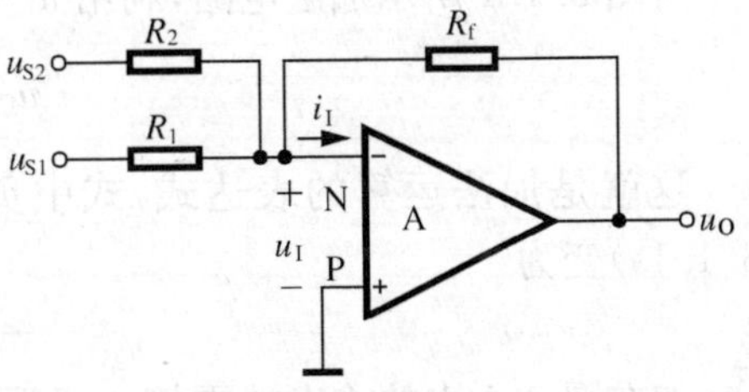

图 3.1.1　加法电路

［**电路仿真 3.1.1**］　加法电路的测量

仿真电路：图 3.1.2 所示加法电路。

图 3.1.1 中，R_1、R_2 和 R_f 均为 1kΩ，运放为 MC4558。

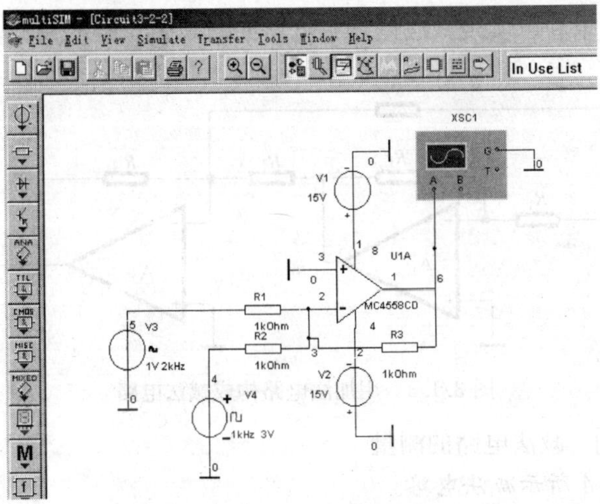

图 3.1.2　加法电路的仿真

① 接好图 3.1.1 所示加法电路并接入 $+V_{CC}=+15V$，$-V_{CC}=-15V$。

② 保持步骤①，接入 u_{S1} 为 1V、2kHz 的正弦波信号，不接 u_{S2}。

③ 保持步骤②，用示波器 DC 输入观察输出、输入电压波形，画出各波形并记录：

输出电压幅值与输入电压幅值__________（基本相等/相差很大），即电压放大倍数与 R_f/R_1 值__________（基本相等/相差很大），且输出电压与输入电压相位__________（相同/相反）。

④ 保持步骤③，将 R_f 改为 2kΩ，用示波器 DC 输入观察输出、输入电压波形，画出各波形并记录：

输出电压幅值基本等于输入电压幅值的__________（0.5 倍/1 倍/2 倍），即电压放大倍数与 R_f/R_1 值__________（基本相等/相差很大）。

⑤ 保持步骤④，将 R_f 改为 1kΩ。

⑥ 保持步骤⑤，接入 u_{S1} 和 u_{S2} 均为 1V、2kHz 的正弦波信号，用示波器 DC 输入观察输出电压和输入电压 u_{S2} 波形，画出各波形并记录：

该电路__________（能/不能）实现电压相加，且输出电压相对于输入电压是__________（正极性的/负极性的）。

⑦ 保持步骤⑥，改接 u_{S2} 为 3V、1kHz 的方波信号，用示波器 DC 输入观察输出电压和输入电压 u_{S2} 波形，并记录各波形。

对图 3.1.1 所示加法电路，利用 $u_I=0, i_I=0$ 和 $u_N=0$ 的概念，可得

$$-u_O=\frac{R_f}{R_1}u_{S1}+\frac{R_f}{R_2}u_{S2} \tag{3.1.1a}$$

这就是加法运算的表达式，式中负号是因反相输入所引起的。若 $R_1=R_2=R_f$，则式(3.1.1a)变为

$$-u_O=u_{S1}+u_{S2} \tag{3.1.1b}$$

如在图 3.1.1 的输出端再接一级反相电路，则可消去负号，实现完全符合常规的算术加法。图 3.1.1 所示的加法电路可以扩展到多个输入电压相加。加法电路也可以利用同相放大电路组成。

2）减法电路(Subtractor)

(1)利用反相信号求和以实现减法运算　电路如图 3.1.3 所示。

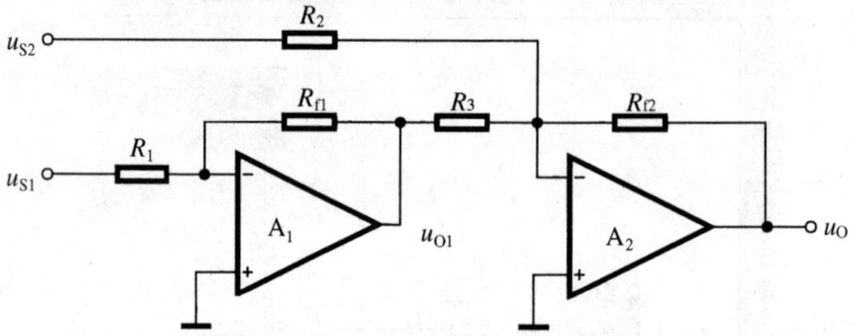

图 3.1.3　用加法电路构成减法电路

[电路仿真 3.1.2]　减法电路的测量

仿真电路：图 3.1.4 所示减法电路。

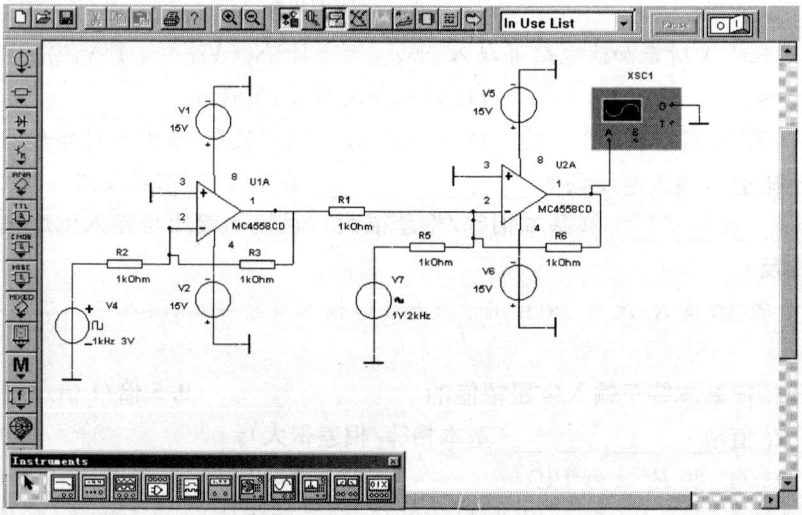

图 3.1.4　减法电路的仿真

图 3.1.3 中，R_1、R_2、R_3、R_{f1}和 R_{f2} 均为 1kΩ，运放为 MC4558。

① 接好图 3.1.3 所示减法电路，并接入 $+V_{CC}=+15V$，$-V_{CC}=-15V$。

② 保持步骤①，接入 u_{S1} 和 u_{S2} 均为 1V、2kHz 的正弦波信号，用示波器 DC 输入观察输出、输入电压波形，画出各波形并记录：

输出电压幅值与输入电压幅值相比____________(基本为0/基本相等/要大得多),即该电路____________(能/不能)实现电压相减。

③ 保持步骤②,改接 u_{S2} 为 3V、1kHz 的方波信号,用示波器 DC 输入观察输出电压和输入电压 u_{S2} 波形,并记录各波形。

图 3.1.3 所示电路第一级为反相比例放大电路,若 $R_{f1}=R_1$,则 $u_{O1}=-u_{S1}$;第二级为反相加法电路,若 $R_3=R_2$,则可导出

$$u_O=-\frac{R_{f2}}{R_2}(u_{O1}+u_{S2})=\frac{R_{f2}}{R_2}(u_{S1}-u_{S2}) \tag{3.1.2a}$$

若 $R_2=R_3=R_{f2}$,则式(3.1.2a)变为

$$u_O=u_{S1}-u_{S2} \tag{3.1.2b}$$

反相输入结构的减法电路,由于出现虚地,放大电路没有共模信号,故允许 u_{S1}、u_{S2} 的共模电压范围较大,且输入阻抗较低。在电路中,为减小温漂提高运算精度,同相端需加接平衡电阻。

(2) 利用差分式电路以实现减法运算　图 3.1.5 所示是用来实现两个电压 u_{S1}、u_{S2} 相减的电路,从电路结构上来看,它是反相输入和同相输入相结合的放大电路。

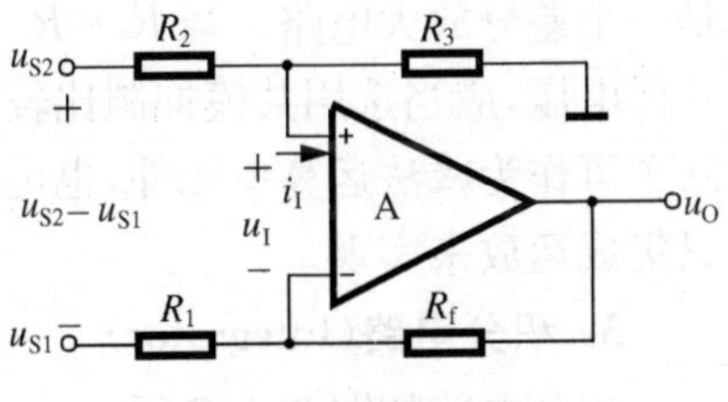

图 3.1.5　减法器

[**电路仿真 3.1.3**]　减法电路的测量

仿真电路:图 3.1.6 所示减法电路。

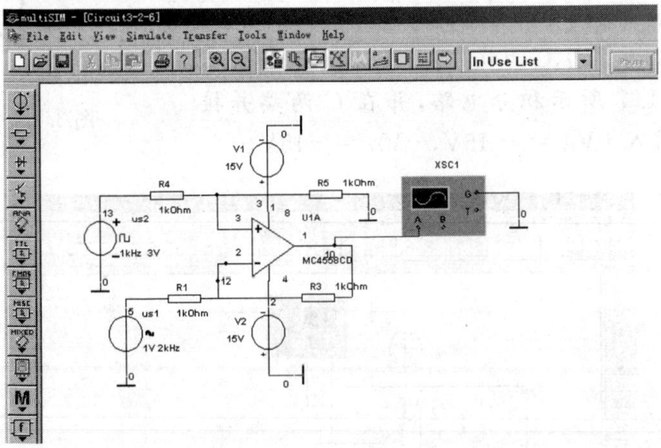

图 3.1.6　减法电路的仿真

图 3.1.5 中,R_1、R_2、R_3 和 R_f 均为 1kΩ,运放为 MC4558。

① 接好图 3.1.5 所示减法电路,并接入 $+V_{CC}=+15V$,$-V_{CC}=-15V$。

② 保持步骤①,接入 u_{S1} 和 u_{S2} 均为 1V 2kHz 的正弦波信号,用示波器 DC 输入观察输出、输入电压波形,画出各波形并记录:

输出电压幅值与输入电压幅值相比____________(基本为0/基本相等/要大得多),即该电路____________(能/不能)实现电压相减。

③ 保持步骤②,改接 u_{S2} 为 3V 1kHz 的方波信号,用示波器 DC 输入观察输出电压和输入电压 u_{S2} 波形,并记录各波形。

对图 3.1.5 所示电路,由 $u_I=0$,$i_I=0$,可得下列方程式:

$$\frac{u_{S1}-u_N}{R_1}=\frac{u_N-u_O}{R_f} \tag{3.1.3}$$

及

$$\frac{u_{S2}-u_P}{R_2}=\frac{u_P}{R_3} \tag{3.1.4}$$

注意 $u_N=u_P$，由式(3.1.3)解得 u_N，然后代入式(3.1.4)，可得

$$u_O=\left(\frac{R_1+R_f}{R_1}\right)\left(\frac{R_3}{R_2+R_3}\right)u_{S2}-\frac{R_f}{R_1}u_{S1}$$

在上式中，如果选取电阻值满足 $R_f/R_1=R_3/R_2$ 的关系，输出电压可简化为

$$u_O=\frac{R_f}{R_1}(u_{S2}-u_{S1}) \tag{3.1.5}$$

即输出电压 u_O 与两输入电压之差($u_{S2}-u_{S1}$)成比例，所以图 3.1.5 所示的减法电路实际上就是一个差分放大电路。当 $R_f=R_1$ 和 $R_2=R_3$ 时，$u_O=u_{S2}-u_{S1}$。应当注意的是，由于电路存在共模电压，应当选用共模抑制比较高的集成运放，才能保证一定的运算精度。差分式放大电路除了可作为减法运算单元外，也可用于自动检测仪器中。性能更好的差分式放大电路可用多只集成运放来实现。

3）积分电路(Integrator)

积分电路如图 3.1.7 所示。

[**电路仿真 3.1.4**]　积分电路的测量

仿真电路：图 3.1.8 所示积分电路。

图 3.1.7 中，R 为 $1\text{k}\Omega$，C 为 $0.01\mu\text{F}$，运放为 MC4558。

① 接好图 3.1.7 所示积分电路，并在 C 两端并接 1 000 kΩ电阻，并接入 $+V_{CC}=+15\text{V}$，$-V_{CC}=-15\text{V}$。

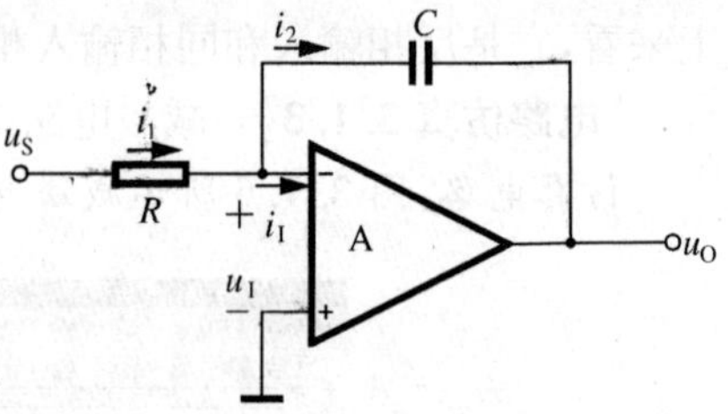

图 3.1.7　积分电路

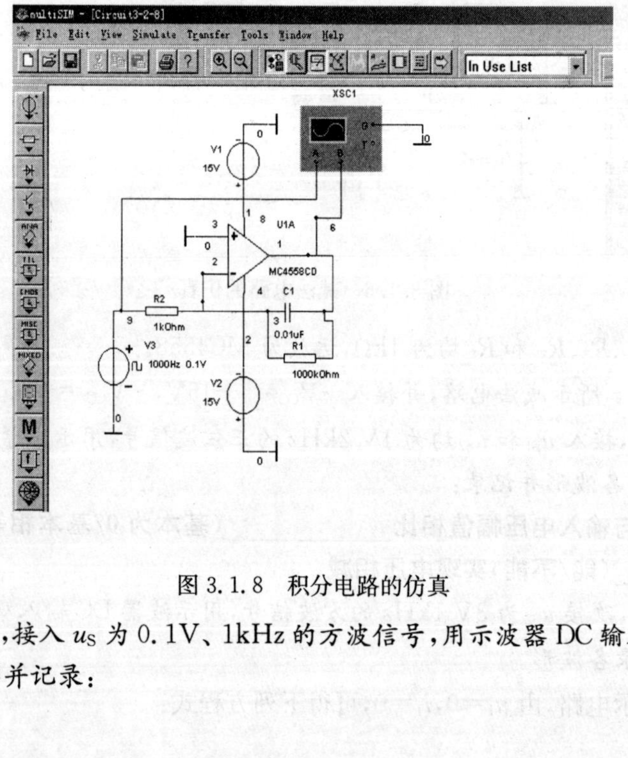

图 3.1.8　积分电路的仿真

② 保持步骤①，接入 u_S 为 0.1V、1kHz 的方波信号，用示波器 DC 输入观察输出、输入电压波形，画出各波形并记录：

该电路________(能/不能)实现积分运算。

对图 3.1.7 所示电路，利用虚地的概念：$u_I=0$，$i_I=0$，因此有 $i_1=i_2=i$，电容 C 就以电流 $i=u_S/R$ 进行充电。假设电容器 C 初始电压为零，则

$$u_I-u_O=\frac{1}{C}\int i\mathrm{d}t=\frac{1}{C}\int i_1\mathrm{d}t=\frac{1}{C}\int\frac{u_S}{R}\mathrm{d}t$$

或

$$u_O=-\frac{1}{RC}\int u_S\mathrm{d}t \tag{3.1.6}$$

式(3.1.6)表明，输出电压 u_O 为输入信号电压 u_S 对时间的积分，负号表示它们在相位上是相反的。

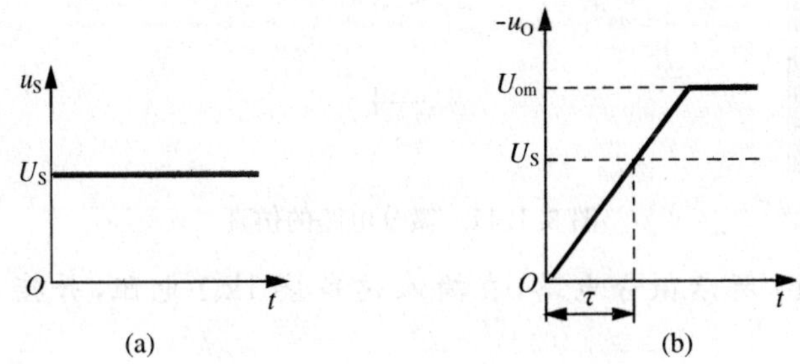

图 3.1.9　积分电路的阶跃响应
(a) 输入波形；(b) 输出波形

当输入信号 u_S 为图 3.1.9(a)所示的阶跃电压时，在它的作用下，电容将以近似恒流方式进行充电，输出电压 u_O 与时间 t 成近似线性关系，如图 3.1.9(b)所示。因此

$$u_O\approx-\frac{U_S}{RC}t=-\frac{U_S}{\tau}t \tag{3.1.7}$$

式中 $\tau=RC$ 为积分时间常数。由图 3.1.9(b)可知，当 $t=\tau$ 时，$-u_O=U_S$。当 $t>\tau$ 时，u_O 增大，直到 $-u_O=+U_{om}$，即运放输出电压的最大值 U_{om} 受直流电源电压的限制，致使运放进入饱和状态，u_O 保持不变，而停止积分。

当应用图 3.1.7 作积分运算时，由于集成运放输入失调电压、输入偏置电流和失调电流的影响，常常出现积分误差。例如，当 $u_S=0$ 时，$u_O\neq0$ 且作缓慢变化，形成输出误差电压。针对这种情况，可选用 U_{IO}、I_{IB}、I_{IO} 较小和低漂移的运放，并在同相输入端介入可调平衡电阻或选用输入级为 FET 组成的 BiFET 运放。

积分电容器 C 存在的漏电流也是产生积分误差的原因之一，选用泄漏电阻大的电容器，如薄膜电容、聚苯乙烯电容器等可减少这种误差。

4) 微分电路(Differentiator)

将图 3.1.7 积分电路中的电阻和电容元件对换位置，并选取比较小的时间常数 RC，便得图 3.1.10 所示的微分电路。

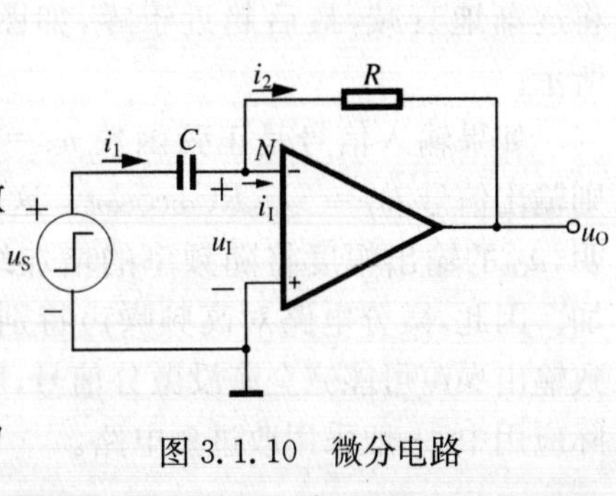

图 3.1.10　微分电路

[电路仿真 3.1.5]　微分电路的测量

仿真电路：图 3.1.11 所示微分电路。

图 3.1.10 中，R 为 1kΩ，C 为 0.01μF，运放为 MC4558。

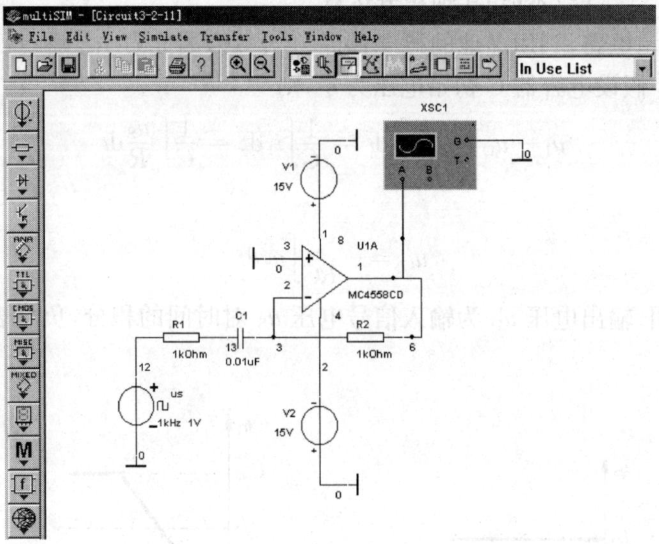

图 3.1.11 微分电路的仿真

① 接好图 3.1.10 所示微分电路，在输入端串接 1kΩ 电阻，并接入 $+V_{CC}=+15V$，$-V_{CC}=-15V$。

② 保持步骤①，接入 u_S 为 1V 1kHz 的方波信号，用示波器 DC 输入观察输出、输入电压波形，画出各波形并记录：

该电路________(能/不能)实现微分运算。

在图 3.1.10 所示微分电路中，同样存在虚地、$u_I=0$ 和 $i_I=0$，$i_1=i_2=i$。

设 $t=0$ 时，电容器 C 的初始电压 $u_C=0$，当信号电压 u_S 接入后，便有

$$i = C\frac{\mathrm{d}u_S}{\mathrm{d}t}$$

$$u_I - u_O = iR = RC\frac{\mathrm{d}u_S}{\mathrm{d}t}$$

从而得

$$-u_O = RC\frac{\mathrm{d}u_S}{\mathrm{d}t}$$

上式表明，输出电压正比于输入电压对时间的微分。

当输入电压 u_S 为阶跃信号时，考虑到信号源总存在内阻，在 $t=0$ 时，输出电压仍为一个有限值。随着电容器 C 的充电，输出电压 u_O 将逐渐地衰减，最后趋近于零，如图 3.1.12 所示。

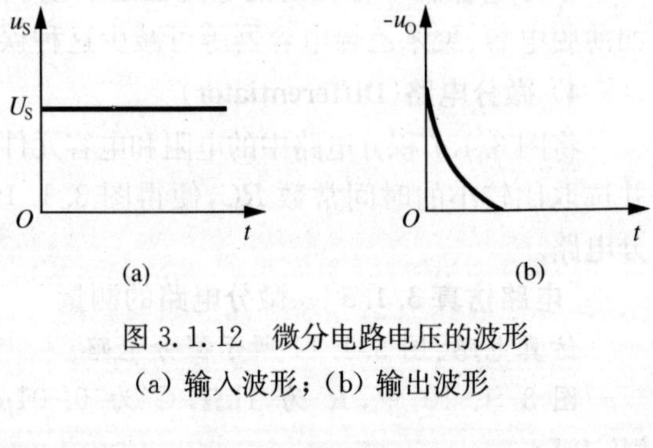

图 3.1.12 微分电路电压的波形

(a) 输入波形；(b) 输出波形

如果输入信号是正弦函数 $u_S=U_S\sin\omega t$，则输出信号 $u_O=-U_SRC\omega\cos\omega t$。这个式子表明，$u_O$ 的输出幅度将随频率的增加线性地增加。因此，微分电路对高频噪声特别敏感，以致输出噪声可能完全淹没微分信号，所以在实际应用中，一般采用改进型电路。

微分电路的应用是很广泛的，在线性系统中，除了可作微分运算外，在脉冲数字电路中，常用来作波形变换，例如将矩形波变换为尖顶脉冲波。

3.1.3 电压比较器

电压比较器简称比较器，它是一种对两个输入电压的大小进行比较的电路，比较的结果（即两个输入电压的大小）是通过输出的高电平 U_{OH} 或低电平 U_{OL} 来判断的。例如，对一个输入信号 u_I 和另一个参考电压 U_{REF} 进行比较，在 $u_I > U_{REF}$ 和 $u_I < U_{REF}$ 的两种不同情况下，电压比较器输出两个不同的电平，即高电平 U_{OH} 和低电平 U_{OL}；而当 u_I 的变化经过 U_{REF} 时，比较器的输出将从一个电平跳到另一个电平。

1）简单电压比较器（Simple Comparator）

简单电压比较器的基本电路如图 3.1.13(a)所示，集成运放工作在开环状态，它的反相输入端和同相输入端分别接输入信号 u_I 和参考电压 U_{REF}（也可以是两个输入信号），因此属于反相输入电压比较器。显然，$u_N = u_I$，$u_P = U_{REF}$。

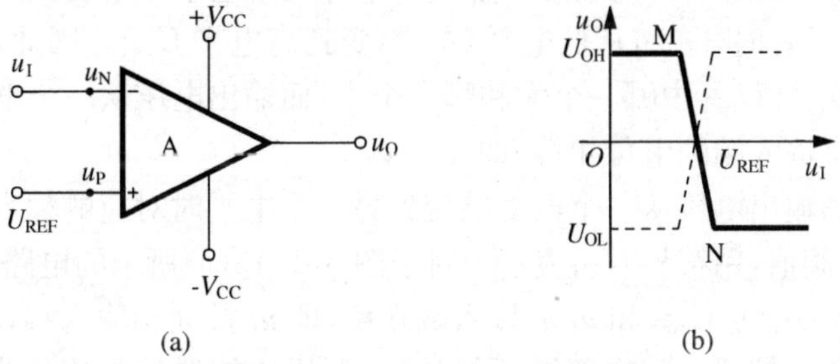

图 3.1.13 简单电压比较器的基本电路

(a)电路；(b)传输特性

［电路仿真 3.1.6］ 简单电压比较器的测量

仿真电路：图 3.1.14 所示简单电压比较器电路。

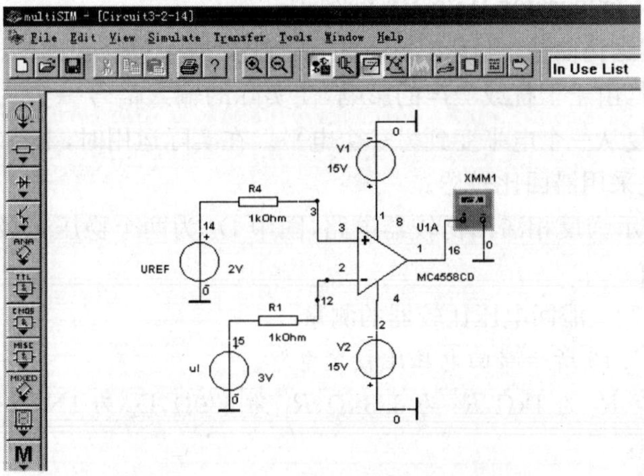

图 3.1.14 简单电压比较器的仿真

图 3.1.13 中，运放为 MC4558。

① 接好图 3.1.13 所示电路，两输入端分别串接 1kΩ 电阻，并接入 $+V_{CC} = +15V$，

$-V_{CC}=-15V$。

② 保持步骤①，接入 $U_{REF}=2V$（用数字万用表精确测量）的直流电压。

③ 保持步骤②，接入 $u_I=3V$，用万用表测量输出直流电压大小，并记录：

u_O＝________V，为________（输出高电平 U_{OH}/输出低电平 U_{OL}）。

④ 保持步骤③，接入 $u_I=1V$，用万用表测量输出直流电压大小，并记录：

u_O＝________V，为________（输出高电平 U_{OH}/输出低电平 U_{OL}）。

⑤ 保持步骤④，微调 u_I，使 u_I 在 1～3V 之间变化，用万用表测量并观察输出直流电压的变化情况，并记录：

恰好出现高电平向低电平翻转或低电平向高电平翻转时的 u_I＝________V（精确测量），此值与 U_{REF} 值________（很接近/有较大差距）。

结果表明，图 3.1.13 所示电路________（能/不能）实现电压比较的作用。

理论上可画出这个电路的传输特性，如图 3.1.13(b)中实线所示。由图可以看出，传输特性中的 MN 段几乎与横轴垂直（只有在 MN 段运放才处于线性区），因此可近似认为 MN 与横轴垂直。这样，当 u_I 由低逐渐升高经过 U_{REF} 时，u_O 将从高电平 U_{OH} 跳变到低电平 U_{OL}；反之，当 u_I 由高逐渐经过 U_{REF} 时，u_O 将从低电平 U_{OL} 跳变到高电平 U_{OH}。因此，比较器输出的 U_{OL} 与 U_{OH} 值就表明了 u_I 与 U_{REF} 中哪一个大和哪一个小，而输出电压从一个电平跳变到另一个电平的临界条件是两个输入端的电位相等，即 $u_P=u_N$。

通常把比较器的输出电压从一个电平跳变到另一个电平时对应的输入电压称为阀值电压或门限电压，简称为阀值，用符号 U_{TH} 表示。对于图 3.1.13(a)所示的电路，$U_{TH}=U_{REF}$。

若把图 3.1.13(a)中的 U_{REF} 和 u_I 的接入端互换，即 u_I 接同相输入端，U_{REF} 接反相输入端，则得到同相输入电压比较器。不难理解，同相输入电压比较器的阀值仍为 U_{REF}，而其传输特性如图 3.1.13(b)中虚线所示，即 $u_I>U_{REF}$ 时 $u_O=U_{OH}$，$u_I<U_{REF}$ 时 $u_O=U_{OL}$。

如果参考电压为零，则输入信号每次过零时，输出电压就要产生一次跳变，从一个电平跳变到另一个电平，这种比较器称为过零比较器。利用过零比较器可以把正弦波变为方波，其输出幅度与电源电压和运放的最大输出电压有关。

2）滞回比较器（Comparator With Hysteresis）

简单电压比较器结构简单、灵敏度高，但抗干扰能力差。例如，过零比较器的输入信号变到零（即它的阀值）时，由于干扰或噪声的影响，使实际的输入信号一会儿大于零，一会儿小于零，则输出电压将反复从一个电平变到另一个电平。在实际运用时，上述情况是不允许的。解决这个问题的措施是采用滞回比较器。

图 3.1.15(a)所示为反相滞回比较器电路，图中 D_Z 为两个稳压二极管相向连接，可限制和稳定输出电压幅值。

［**电路仿真 3.1.7**］　滞回电压比较器的测量

仿真电路：图 3.1.16 所示滞回电压比较器电路。

图 3.1.15 中，R_1、R_2 为 1kΩ，R_3 为 3.3kΩ，R_4 为 330Ω，D_Z 为 1N4740（$U_Z=10V$），运放为 MC4558。

① 接好图 3.1.15 所示电路，并接入 $+V_{CC}=+15V$，$-V_{CC}=-15V$。

② 保持步骤①，接入 $u_I=U_{REF}=0$（直接接地），用万用表测量输出直流电压大小，并记录：

u_O＝________V，为________（输出高电平 U_{OH}/输出低电平 U_{OL}）。

③ 保持步骤②，微调 u_I，使 u_I 在±1V 之间变化，用万用表测量并观察输出直流电压的变

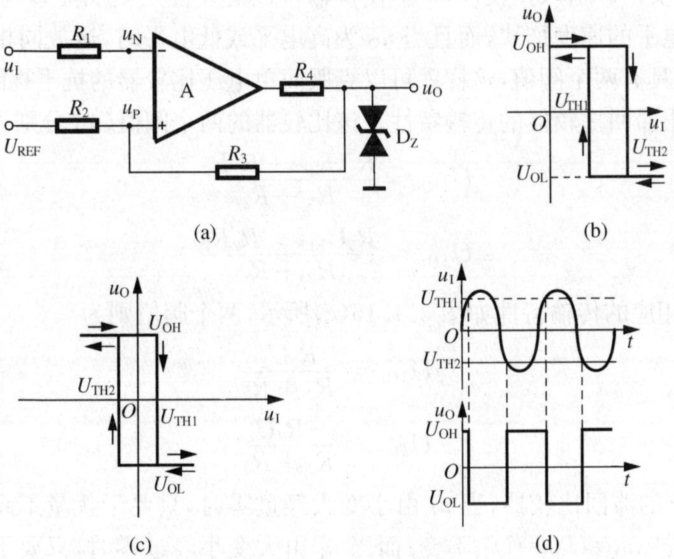

图 3.1.15　滞回比较器

(a) 反相滞回比较器电路；(b) 传输特性；

(c) $U_{REF}=0$ 时的传输特性；(d) $U_{REF}=0$ 时 u_I 与 u_O 波形

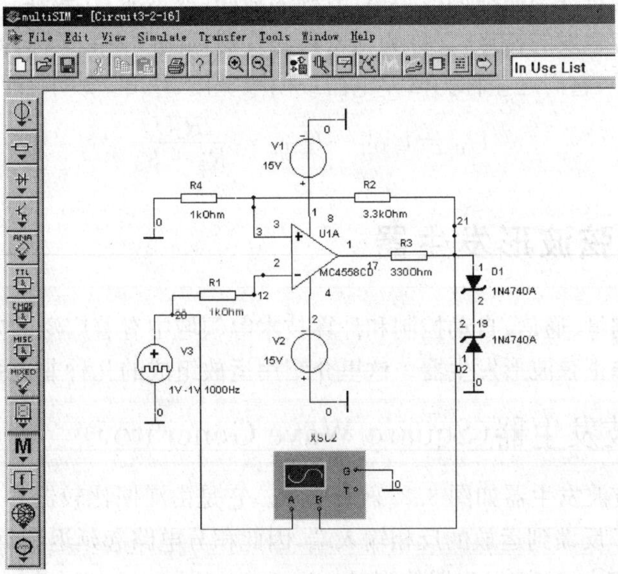

图 3.1.16　滞回电压比较器

化情况，并记录：

u_O ________（无变化/产生翻转）。

结果表明，该比较器________（具有/不具有）抗干扰能力。

④ 保持步骤③，微调 u_I，使 u_I 在±5V 之间变化，用万用表测量并观察输出直流电压的变化情况，绘出该比较器的传输特性。

结果表明，图 3.1.15 所示电路________（能/不能）实现滞回电压比较的作用。

图 3.1.15(a)所示电路是在简单电压比较器的基础上，通过 R_3 和 R_2 把输出电压引到同

相输入端，形成正反馈。引入正反馈，不但使传输特性的线性区更加陡直，输出电压从一个电平跳变到另一个电平的速度加快，而且当 u_O 为高电平或低电平时，运放同相输入端的电压 u_P 不相等，使比较器具有两个阀值，这样就可以克服简单电压比较器的抗干扰能力差的缺点。

理论上可画出滞回比较器的传输特性。该比较器的两个阀值（u_O 分别为 U_Z 和 $-U_Z$）为

$$U_{TH1}=\frac{R_3U_{REF}+R_2R_Z}{R_2+R_3} \tag{3.1.13a}$$

$$U_{TH2}=\frac{R_3U_{REF}-R_2R_Z}{R_2+R_3} \tag{3.1.13b}$$

当 $U_{REF}=0$，相应的传输特性如图 3.1.15(c)所示，两个阀值则为

$$U_{TH1}=\frac{R_2U_2}{R_2+R_3} \tag{3.1.14a}$$

$$U_{TH2}=\frac{-R_2U_2}{R_2+R_3} \tag{3.1.14b}$$

对于 $U_{REF}=0$ 的滞回比较器，当 u_I 由小变大经过零时，只要干扰量不超过两个阀值的范围，输出电压就保持 $u_O=U_{OH}=U_Z$ 不变；而当 u_I 由大变小经过零时，只要干扰量不超过两个阀值的范围，输出电压也保持 $u_O=U_{OL}=-U_Z$ 不变。因此，滞回比较器克服了过零比较器的缺点，干扰能力提高了，但却付出了灵敏度降低的代价。图 3.1.15(d)为输入正弦波电压时，$U_{REF}=0$ 的滞回比较器的输出波形。可见，其输出的方波较过零比较器延迟了一段时间。由于这种比较器的传输特性与磁滞回线类似，故称为滞回（或迟滞）比较器。

滞回比较器具有触发的特点，又称为施密特触发器，此时 U_{TH1} 又称为上限触发电平，U_{TH2} 又称为下限触发电平，它们之差称为回差电压或门限宽度，用 U_H 表示，即

$$U_H=U_{TH1}-U_{TH2}=\frac{2R_2U_Z}{R_2+R_3} \tag{3.1.15}$$

3.2 非正弦波形发生器

波形发生器在测量、通信、自动控制和计算技术等领域中有着广泛的应用。波形发生器包括正弦波振荡器和非正弦波形发生器。这里介绍用运放组成的几种非正弦波形发生器。

3.2.1 方波发生器(Square Wave Generator)

用运放组成的方波发生器如图 3.2.1(a)所示。它是由滞回比较器和 R_f、C 积分电路组成的，输出电压经 R_f、C 反馈到运放的反相输入端，因此积分电路起延迟和负反馈作用。

[**电路仿真 3.2.1**] 方波发生器的测量

仿真电路：图 3.2.2 所示方波发生器电路。

图 3.2.1(a)中，R_1 为 1kΩ，R_2 为 3.3kΩ，R_3 为 330Ω，R_f 为 10kΩ，C 为 0.033μF，D_Z 为 1N4740(U_Z=10V)，运放为 MC4558。

① 接好图 3.2.1(a)所示电路，并接入 $+V_{CC}=+15V$，$-V_{CC}=-15V$。

② 保持步骤①，用示波器观察并记录输出电压波形。

结果表明，该电路__________(能/不能)实现方波电压的产生。

③ 保持步骤②，改变 R_f 或 C，观察输出电压波形的变化情况，并记录：

R_f **增大时，输出信号频率会__________(增大/减小)；**

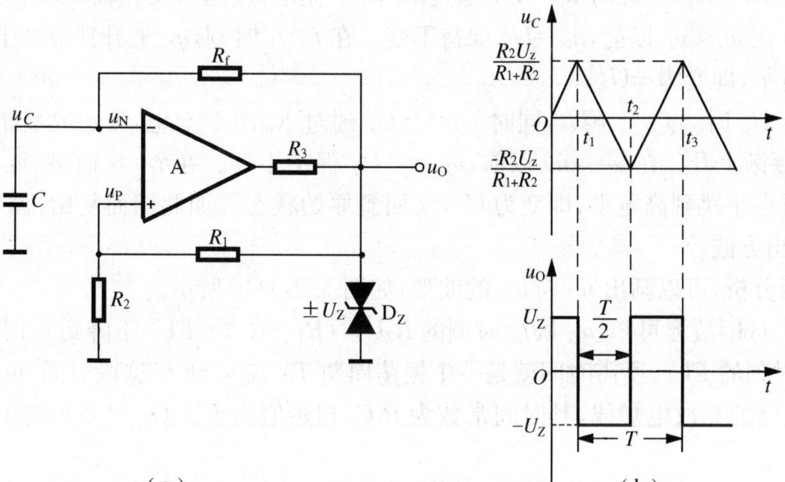

(a)　　　　　　　　　　(b)

图 3.2.1　方波发生器

(a) 电路；(b) u_I 与 u_O 波形

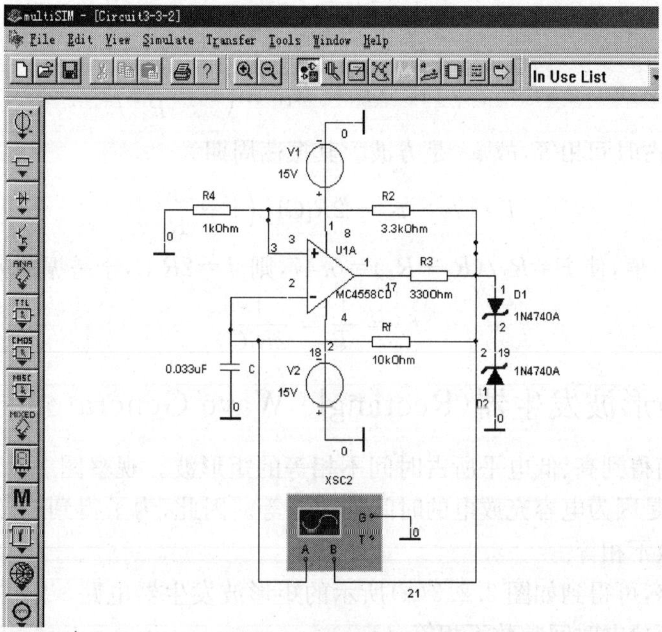

图 3.2.2　方波发生器的仿真

C 增大时，输出信号频率会____________（增大/减小）。

从电路仿真中还可看出，输出波形的正脉冲宽度和负脉冲宽度____________（基本相等/差距较大）。

参见图 3.2.1(a)所示电路，设在接通电源的时刻，电容器两端电压 $u_C=0$，输出电压 $u_O=U_Z$（此时 $u_O=U_Z$ 还是 $u_O=-U_Z$ 纯属偶然，但它只有这两个值），则加到运放同相输入端的电压为

$$u_p=\frac{R_2}{R_1+R_2}U_Z=FU_Z$$

式中，$F=R_2/(R_1+R_2)$。此时 $u_O=U_Z$ 通过 R_f 向 C 充电，使运放反相输入端电压 $u_N=u_C$ 由零逐渐上升。在 $u_N<u_P$ 以前，$u_O=U_Z$ 保持不变。在 $t=t_1$ 时刻，u_N 上升到略高于 u_P，u_O 由高电平跳到低电平，即变为 $-U_Z$。

当 $u_O=-U_Z$ 时，$u_P=-FU_Z$，同时 $u_O=-U_Z$ 通过 R_f 向 C 充电，使运放反相输入端电压 $u_N=u_C$ 由零逐渐上升。在 $u_N>u_P$ 以前，$u_O=-U_Z$ 保持不变。在 $t=t_2$ 时刻，u_N 下降到略低于 u_P，u_O 由低电平跳到高电平，即变为 U_Z，又回到原始状态。如此周而复始，循环不已，因此产生振荡，输出方波。

根据上面分析，可以画出 u_C 与 u_O 的波形，如图 3.2.1(b)所示。

由图 3.2.1(b)波形可知，u_C 从 t_1 时刻的 $R_ZU_Z/(R_1+R_2)=FU_Z$ 下降到 t_2 时刻的 $-FU_Z$，再上升到 t_3 时刻的 FU_Z，所需时间就是一个振荡周期 T_O 在 t_1 到 t_2 这段时间，u_C 的变化规律是简单 RC 电路的充放电规律，其时间常数为 R_fC，初始值为 FU_Z(t_1 时刻)，终了值为 $-U_Z$($t\to\infty$)，故

$$u_C=-U_Z+[FU_Z-(-U_Z)]e^{-(t-t_1)/R_fC}$$

在 $t=t_2$ 时，$u_C=-FU_Z$，代入上式后可求得

$$t_2-t_1=R_fC\ln\frac{1+F}{1-F}=R_fC\ln\left(1+\frac{2R_2}{R_1}\right)$$

同样可求得

$$t_3-t_2=t_2-t_1=R_fC\ln\left(1+\frac{2R_2}{R_1}\right)$$

由于高、低电平所占时间相等，故 u_O 是方波。其振荡周期为

$$T=t_3-t_1=2R_fC\ln\left(1+\frac{2R_2}{R_1}\right)$$

若适当选取 R_1、R_2 值，使 $F=R_2/(R_1+R_2)=0.47$，则 $T=2R_fC$，于是振荡频率为

$$f_0=\frac{1}{T}=\frac{1}{2R_fC}$$

3.2.2 矩形波发生器(Rectangle Wave Generator)

下面讨论如何得到高、低电平所占时间不相等的矩形波。观察图 3.2.1(a)的电路，它之所以能得到方波，是因为电容充放电的时间常数相等。因此，为了得到矩形波，就应该使电容的充放电时间常数不相等。

按照上述思路，可得到如图 3.2.3(a)所示的矩形波发生器电路。图中，利用二极管的单向导电性使电容充放电时间常数不相等。

[**电路仿真 3.2.2**] 矩形波发生器的测量

仿真电路：图 3.2.4 所示矩形波发生器电路。

图 3.2.3(a)中，R_1 为 1kΩ，R_2 为 3.3kΩ，R_3 为 330Ω，R_4 为 4.7kΩ，R_5 为 1kΩ，R_6 为 4.7kΩ，C 为 0.033μF，D_Z 为 1N4740(U_Z=10V)，D_1、D_2 为 1N4148，运放为 MC4558。

① 接好图 3.2.3(a)所示电路，并接入 $+V_{CC}=+15V$，$-V_{CC}=-15V$。

② 保持步骤①，用示波器观察并记录输出电压波形。

结果表明，该电路________(能/不能)实现矩形波电压的产生。

③ 保持步骤②，改变 R_5 或 R_6，观察输出电压波形的变化情况，并记录：

R_5 增大时，输出信号正脉冲占空比会________(增大/减小)；输出信号频率会________

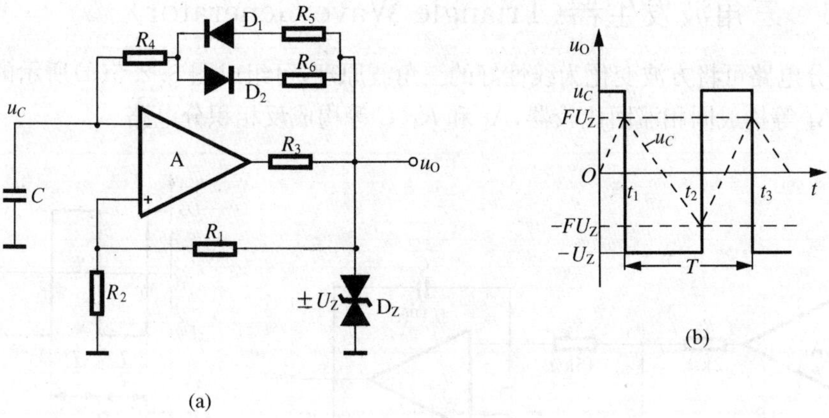

图 3.2.3　矩形波发生器

(a) 电路；(b) u_O 波形

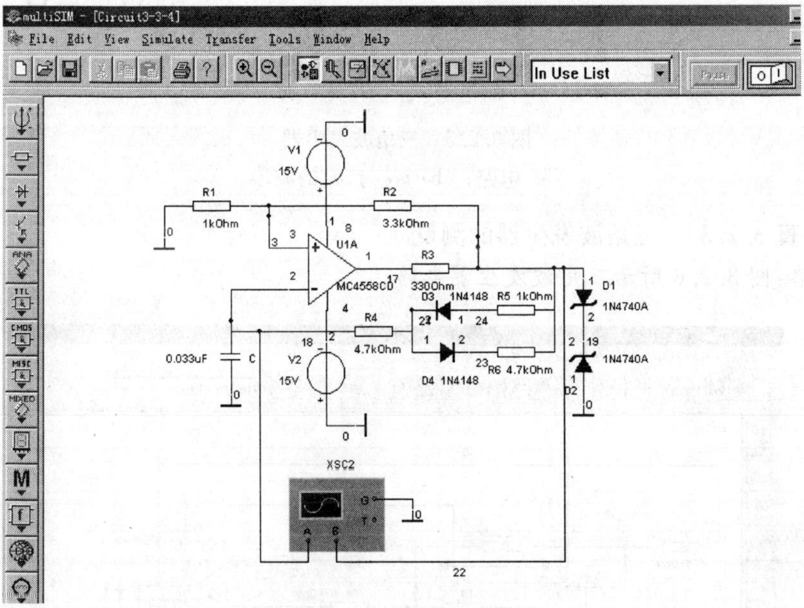

图 3.2.4　矩形波发生器

(增大/减小)；

R_6 增大时，输出信号正脉冲占空比会__________(增大/减小)；输出信号频率会__________(增大/减小)。

当 $u_O=U_Z$ 时，二极管 D_1 导通，D_2 截止，电容 C 充电，充电时间常数 $\tau_1=(R_4+R_5)C$；当 $u_O=-U_Z$ 时，二极管 D_1 截止，D_2 导通，电容 C 放电，放电时间常数 $\tau_2=(R_4+R_6)C$。上面分析时都忽略了二极管的导通电阻。因此，当 $R_5\neq R_6$ 时，$\tau_1\neq\tau_2$，u_O 就是一般的矩形波。

图 3.2.3(b)为矩形波发生器的输出电压 u_O 的波形。为便于比较，该图中还用虚线画出 u_C 的波形。不难得到，图 3.2.3(a)电路输出矩形波的周期为

$$T=t_3-t_1=(\tau_1+\tau_2)\ln\left(1+\frac{2R_2}{R_1}\right)=(2R_4+R_5+R_6)C\ln\left(1+\frac{2R_2}{R_1}\right)$$

3.2.3 三角波发生器(Triangle Wave Generator)

根据积分电路可将方波变化为线性好的三角波原理,可组成图 3.2.5(a)所示的三角波发生器,其中 A_1 等构成同相滞回比较器,A_2 和 R_4、C 等构成反相积分电路。

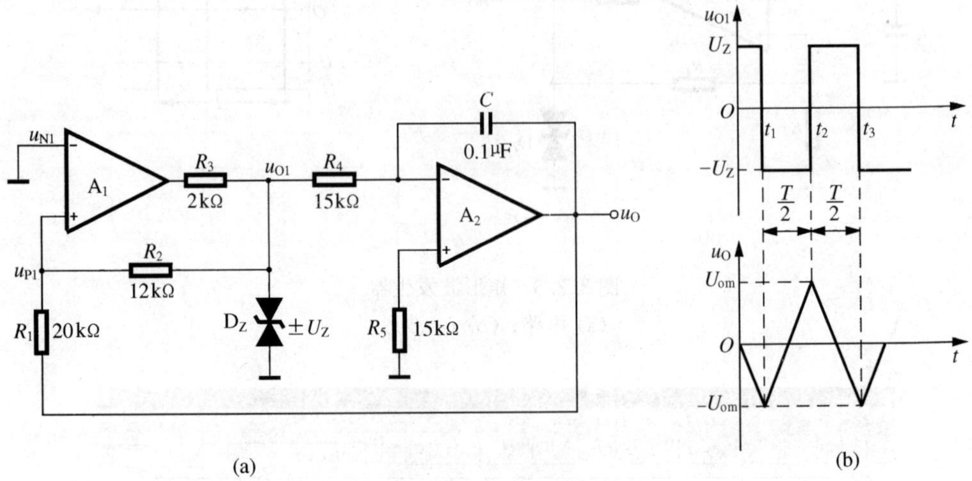

图 3.2.5 三角波发生器

(a) 电路; (b) u_{O1} 与 u_O 的波形

[电路仿真 3.2.3] 三角波发生器的测量

仿真电路:图 3.2.6 所示三角波发生器电路。

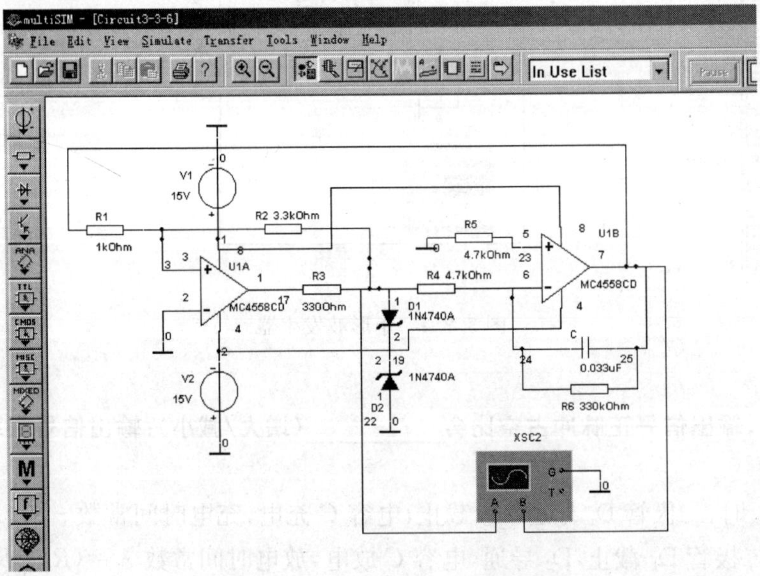

图 3.2.6 三角波发生器的仿真

图 3.2.5(a)中,R_1 为 1kΩ,R_2 为 3.3kΩ,R_3 为 330Ω,R_4 为 4.7kΩ,R_5 为 4.7kΩ,C 为 0.033μF,D_Z 为 1N4740(U_Z=10V),运放为 MC4558。

① 接好图 3.2.5(a)所示电路,并接入 $+V_{CC}=+15V$,$-V_{CC}=-15V$。

② 保持步骤①,用示波器观察并记录输出电压波形。

结果表明,该电路__________(能/不能)实现三角波电压的产生。

③ 保持步骤②,改变 R_4 或 C,观察输出电压波形的变化情况,并记录:

R_4 或 C 增大时,输出信号频率会__________(增大/减小)。

设 $t=0$ 时,比较器 A_1 输出电压为高电平,电容两端电压为零,即 $u_{O1}(0)=U_Z$,$u_C(0)=0$,则积分电路输出电压 $u_O(0)=-u_C(0)=0$。此时电容被充电,显然

$$u_O=-\frac{1}{R_4C}\int_0^t U_Z\mathrm{d}t=-\frac{U_Z}{R_4C}t$$

于是 u_O 线性下降,u_{P1} 也下降,直到 $t=t_1$ 时,u_{P1} 略低于 u_{N1}($u_{N1}=0$),即 u_{P1} 略低于零时,u_{O1} 从 U_Z 突跳到 $-U_Z$,同时 u_{P1} 也跳变到更低的值(比零低得多)。可见,在 $t=t_1$ 前的一瞬间,$u_{P1}=0$,$u_{O1}=U_Z$,而流过 R_1 和 R_2 的电流相等,则 $-u_O(t_1)/R_1=U_Z/R_2$,故

$$u_O(t_1)=-\frac{R_1}{R_2}U_Z$$

$t=t_1$ 后,由于 $u_{O1}=-U_Z$,故电容放电,其两端电压

$$u_C=\frac{1}{R_4C}\int_o^t(-U_Z)\mathrm{d}t+u_C(t_1)-\frac{U_Z}{R_4C}(t-t_1)$$

因

$$u_C(t_1)=u_O(t_1)=\frac{R_1}{R_2}U_Z$$

故

$$u_O=-u_C=-\frac{R_1}{R_2}U_Z+\frac{U_Z}{R_4C}(t-t_1)$$

于是 u_O 线性上升,u_{P1} 也上升。直到 $t=t_2$ 时,u_{P1} 略大于零,u_{O1} 从 $-U_Z$。可见,在 $t=t_2$ 前的一瞬间,$u_{P1}=0$,$u_{O1}=-U_Z$,则 $u_O(t_2)/R_1=U_Z/R_2$,故

$$u_O(t_2)=\frac{R_1}{R_2}U_Z$$

在 $t=t_2$ 以后,电路将周而复始,循环不已,形成振荡。

根据上述分析,可画出 u_{O1} 和 u_O 的波形,如图 3.2.5(b)所示,其中,u_{O1} 为方波,u_O 为三角波。u_O 之所以为三角波,是由于电容充放电的时间常数相等,积分电路输出电压 u_O 上升和下降的幅度和时间相等,上升和下降的斜率绝对值也相等。显然,三角波 u_O 峰值为

$$U_{om}=\frac{R_2}{R_1}U_Z \tag{3.2.1a}$$

下面求振荡的周期。由于 $t_2-t_1=T/2$,而当 $t_1\leqslant t\leqslant t_2$ 时,有

$$u_O=-\frac{R_1}{R_2}U_Z+\frac{U_Z}{R_4C}(t-t_1)$$

则

$$u_O(t_2)=-\frac{R_1}{R_2}U_Z+\frac{U_Z}{R_4C}(t_2-t_1)=\frac{R_2}{R_1}U_Z \tag{3.2.1b}$$

故

$$T=2(t_2-t_1)=\frac{4R_1R_4C}{R_2}$$

根据式(3.2.1a)、(3.2.1b),在调整三角波发生器电路时,应先调整 R_1 或 R_2,使其峰值达到所需要的值,然后再调整 R_4 或 C,使振荡频率 $f_0=1/T$ 满足要求。

3.2.4 锯齿波发生器(Saw-tooth Wave Generator)

如果在图 3.2.5(a)的三角波发生器电路中,积分电路的电容充放电时间常数不相等(通

常相差很大)，则输出电压 u_O 由于上升和下降斜率的绝对值不相等而变成锯齿波。实现这种效果的电路如图 3.2.7(a)所示。它与图 3.2.5(a)的电路相比，仅在于积分电路的输入回路增加了一条有 R_5 和二极管 D 组成的支路。

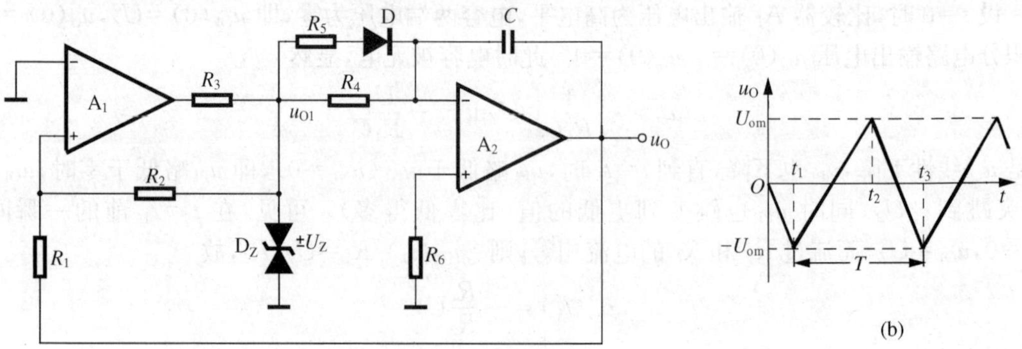

(a)

图 3.2.7　锯齿波发生器

(a) 电路；(b) u_O 波形

［电路仿真 3.2.4］　锯齿波发生器的测量

仿真电路：图 3.2.8 所示锯齿波发生器电路。

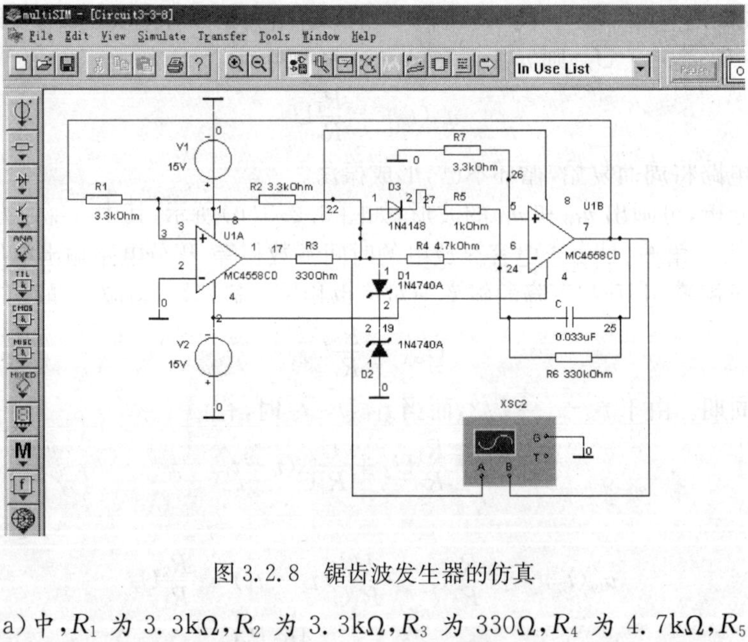

图 3.2.8　锯齿波发生器的仿真

图 3.2.7(a)中，R_1 为 3.3kΩ，R_2 为 3.3kΩ，R_3 为 330Ω，R_4 为 4.7kΩ，R_5 为 1kΩ，R_2 为 330kΩ，C 为 0.033μF，Dz 为 1N4740(U_Z=10V)，D 为 1N4148，运放为 MC4558。

① 接好图 3.2.7(a)所示电路，并接入 $+V_{CC}= +15V, -V_{CC}=-15V$。

② 保持步骤①，用示波器观察并记录输出电压波形。

结果表明，该电路________(能/不能)实现锯齿波电压的产生。

③ 保持步骤②，改变 R_4 或 R_5，观察输出电压波形的变化情况，并记录：

R_4 增大时，输出信号的________(上升率/下降率)会________(增大/减小)，输出信

号频率会________（增大/减小）；

R_5 增大时，输出信号的________（上升率/下降率）会________（增大/减小），输出信号频率会________（增大/减小）。

当 u_{O1} 输出为高电平 U_Z 时，二极管 D 导通，电容充电时间常数 $\tau_1=(R_4 /\!/ R_5)C$；而当 u_{O1} 输出为低电平 $-U_Z$ 时，二极管 D 截止，电容放电时间常数 $\tau_2=R_4C$ 。可见，充电时间常数小于放电时常数，因此 u_O 下降斜率的绝对值大于上升斜率的绝对值，它就是一个锯齿波。图 3.2.7(b)为该电路的输出电压 u_O 波形。

不难求得，图 3.2.7(a)电路锯齿波电压的峰值和振荡周期分别为

$$U_{om}=\frac{R_2}{R_1}U_Z$$

$$T=\frac{2R_1(R_4+R_4 /\!/ R_5)C}{R_2}$$

3.3 函数信号发生器的设计与制作举例

［例 3.3.1］ 设计和制作一函数信号发生器，指标要求如下：

(1) 输出为方波和三角波两种波形，用开关切换输出；

(2) 均为双极性；

(3) 输出阻抗均为 50Ω；

(4) 输出为方波时，输出电压峰值为 0～5V 可调，输出信号频率为 200Hz～2kHz 可调；

(5) 输出为锯齿波时，输出电压峰值为 0～5V 可调，输出信号频率为 200Hz～2kHz 可调。

设计与制作步骤如下：

1) 画电原理图(或直接画仿真电路图)

方波信号发生器仿真电原理图如图 3.3.1 所示。该电路在基本的方波信号发生器电路的基础上增加了一级放大器，目的是为实现输出电压可调和输出阻抗为 50Ω。

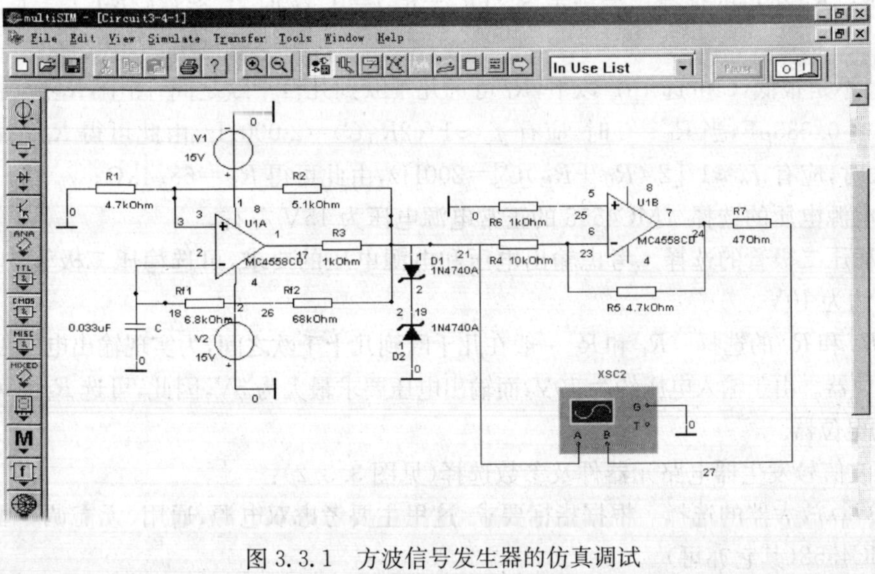

图 3.3.1 方波信号发生器的仿真调试

三角波信号发生器仿真电路原理图如图 3.3.2 所示。该电路在基本的三角波信号发生器电路的基础上增加了一级放大器，目的是为实现输出电压可调和输出阻抗为 50Ω。

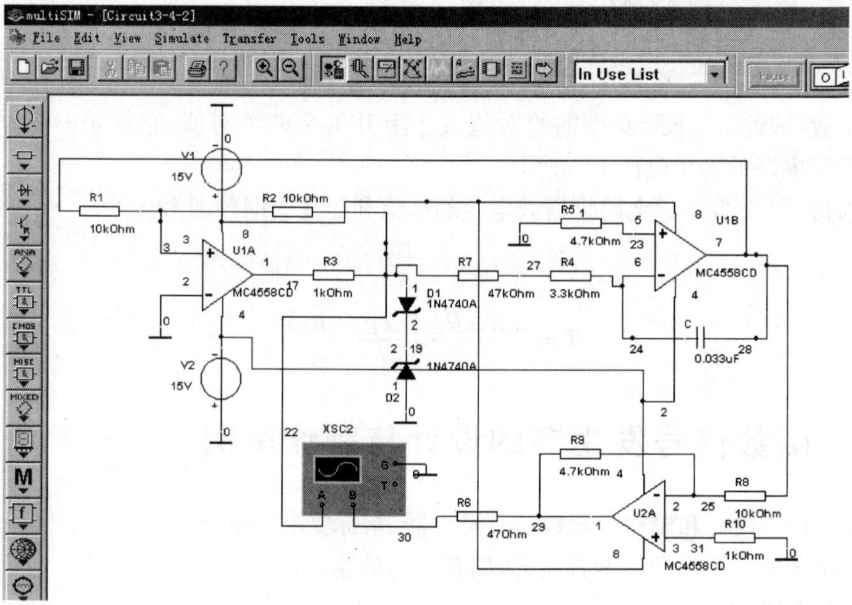

图 3.3.2　三角波信号发生器的仿真调试

2）元器件及参数选择

方波信号发生器电路元器件及参数选择(见图 3.3.1)：

(1) 运算放大器的选择　根据指标要求，这里主要考虑双电源、通用、无需调零型的运放，可选择 MC4558(其它亦可)。

(2) R_1 和 R_2 的选择　R_1 和 R_2 一般在几千欧到几十千欧之间，这里选 $R_1=4.7\text{k}\Omega$，$R_2=5.1\text{k}\Omega$。

(3) R_{f1}、R_{f2}和 C 的选择　当满足 $R_1/(R_1+R_2)=0.47$ 时，$f_o\approx1/(2R_fC)=1/[2(R_{f1}+R_{f2})C]$。

若 f_o 不是很低，C 可选 1μF 以下，R_f 可选几千欧到几百千欧之间，图中，R_{f2}应为电位器。

设 $C=0.033\mu\text{F}$，当 $R_{f2}=0$ 时，应有 $f_o\approx1/(2R_{f1}C)=2\,000\text{Hz}$，由此可得 $R_{f1}=7.6\text{k}\Omega$；当 R_{f2}为最大时，应有 $f_o\approx1/[2(R_{f1}+R_{f2})C]=200\text{Hz}$，由此可得 $R_{f2}=68.4\text{k}\Omega$。

(4) 电源电压的选择　MC4558 的正常电源电压为 15V 左右。

(5) 稳压二极管的选择　考虑输出电压和电源电压的要求，可选稳压二极管为 1N4740，其稳压值约为 10V。

(6) R_4 和 R_5 的选择　R_4 和 R_5 一般在几千欧到几十千欧之间，为实现输出电压可调，R_5 应为可调电位器。由于输入电压约为 10V，而输出电压要求最大为 5V，因此，可选 $R_4=10\text{k}\Omega$，$R_5=4.7\text{k}\Omega$ 的电位器。

三角波信号发生器电路元器件及参数选择(见图 3.3.2)：

(1) 运算放大器的选择　根据指标要求，这里主要考虑双电源、通用、无需调零型的运放，可选择 MC4558(其它亦可)。

(2) R_1 和 R_2 的选择　R_1 和 R_2 一般在几千欧到几十千欧之间，这里选 $R_1=10\text{k}\Omega$，$R_2=$

10kΩ。此时有 $U_{om}=\frac{R_1}{R_2}U_Z=U_Z$。

(3) R_4、R_7 和 C 的选择　当满足 $R_1/R_2=1$ 时，$f_0=1/[4(R_4+R_7)C]$。

若 f_0 不是很低，C 可选 1μF 以下，(R_4+R_7) 可选几千欧到几百千欧之间，图中，R_7 应为电位器。

设 $C=0.033\mu F$，当 $R_7=0$ 时，应有 $f_0\approx 1/(4R_4C)=2\,000Hz$，由此可得 $R_4=3.8k\Omega$；当 R_7 为最大时，应有 $f_0\approx 1/[2(R_4+R_7)C]=200Hz$，由此可得 $R_7=34.2k\Omega$。

(4) 电源电压的选择　MC4558 的正常电源电压为 15V 左右。

(5) 稳压二极管的选择　考虑输出电压和电源电压的要求，可选稳压二极管为 1N4740，其稳压值约为 10V。

(6) R_8 和 R_9 的选择　R_8 和 R_9 一般在几千欧到几十千欧之间，为实现输出电压可调，R_9 应为可调电位器。由于输入电压约为 10V，而输出电压要求最大为 5V，因此，可选 R_8 为 10 kΩ，R_9 为 4.7 kΩ 的电位器。

3）电路仿真调试

在完成电路的初步设计后，再对电路进行仿真调试，目的是为了观察和测量电路的性能指标并调整部分元器件参数，从而达到各项指标的要求。

4）PCB 图设计与生成

(1) 由仿真电路直接生成网络表；

(2) 调用 Protel-PCB，并进行元器件合理布局；

(3) 调用网络表，并自动布线；

(4) PCB 图的人工调整；

(5) 打印输出。

PCB 板一般由生产厂商根据图纸进行生产，电路设计者无须介入。

5）电路焊接与装配

(1) 元器件老化与抽样检测；

(2) 元器件预处理；

(3) 基于 PCB 板的元器件焊接与电路装配。

6）实际电路测试与改进

选择测量仪表与仪器，对电路进行实际测量与调试。

3.4　函数信号发生器的设计与制作任务书

课题 1　设计和制作一函数信号发生器

要求如下：

(1) 设计指标

① 输出为方波和三角波两种波形，用开关切换输出；

② 均为双极性；

③ 输出阻抗均为 50Ω；

④ 输出为方波时，输出电压峰值为 0～1V 可调，输出信号频率为 100Hz～1kHz 可调；

⑤ 输出为锯齿波时，输出电压峰值为 0～1V 可调，输出信号频率为 100Hz～1kHz 可调。

(2) 设计要求

① 画出电路原理图(或仿真电路图);

② 元器件及参数选择;

③ 电路仿真与调试;

④ PCB 文件生成与打印输出。

(3) 制作要求　自行装配和调试,并能发现问题和解决问题。

(4) 编写设计报告　写出设计与制作的全过程,附上有关资料和图纸,有心得体会。

(5) 答辩　在规定的时间内,完成叙述并回答提问。

课题 2　设计和制作一函数信号发生器

要求如下:

(1) 设计指标

① 输出为矩形波和锯齿波两种波形,用开关切换输出;

② 均为双极性;

③ 输出阻抗均为 50Ω;

④ 输出为矩形波时,输出电压峰值为 0～1V 可调,输出信号频率为 200Hz～2kHz 可调,正脉冲占空比为 30%～70%可调;

⑤ 输出为锯齿波时,输出电压峰值为 0～1V 可调,输出信号频率为 200Hz～2kHz 可调,上升时间与周期之比为 30%～70%可调。

(2) 设计要求

① 画出电路原理图(或仿真电路图);

② 元器件及参数选择;

③ 电路仿真与调试;

④ PCB 文件生成与打印输出。

(3) 制作要求　自行装配和调试,并能发现问题和解决问题。

(4) 编写设计报告　写出设计与制作的全过程,附上有关资料和图纸,有心得体会。

(5) 答辩　在规定的时间内,完成叙述并回答提问。

4 低频功率放大电路的设计与制作

在放大电路中，输出的信号往往都是送到负载去驱动某种换能装置。例如，这些装置有收音机(Radio)中扬声器(Loudspeaker)的音圈、电动机(Motor)控制绕阻、计算机(Computer)监视器或电视机(TV Set)的扫描偏转线圈等。多级放大电路除了应有电压放大级外，还要求有一个能输出一定功率信号的输出级。这类主要用于向负载提供功率的放大电路常称为功率放大电路(Power Amplifier)。前面所讨论的放大电路主要用于增强电压幅度或电流幅度，因而相应地称为电压放大电路或电流放大电路。但无论哪种放大电路，在负载上都同时存在输出电压、电流和功率，上述称呼上的区别只不过是强调的输出量不同而已。

本章以分析功率放大电路的输出功率、效率和非线性失真之间的矛盾为主线，逐步提出解决矛盾的措施；在电路方面，以互补对称功率放大电路为重点进行较详细的分析与计算，并介绍了集成功率放大器实例；最后，将重点介绍功率放大电路的设计与制作。

4.1 功率放大电路的一般问题

4.1.1 功率放大电路的特点及主要研究对象

如前所述，放大电路实质上都是能量转换电路。从能量控制的观点来看，功率放大电路和电压放大电路没有本质的区别。但是，功率放大电路和电压放大电路所要完成的任务是不同的。对电压放大电路的主要要求是使负载得到不失真的电压信号，讨论的主要指标是电压增益、输入和输出阻抗等，输出的功率并不一定大。而功率放大电路则不同，它主要要求获得一定的不失真(或失真较小)的输出功率，通常是在大信号状态下工作，因此，功率放大电路包含着一系列在电压放大电路中没有出现过的特殊问题，这些问题是：

1）要求输出功率(Output Power)尽可能大

为了获得大的输出功率，要求功放管的电压和电流都有足够大的输出幅度，因此管子往往在接近极限运用状态下工作。

2）效率(Efficiency)要高

由于输出功率大，因此直流电源消耗的功率也大，这就存在着一个效率问题。所谓效率就是负载得到的有用信号功率和电源提供的直流功率的比值，这个比值越大，意味着效率越高。

3）非线性失真(Non-linear Distortion) 要小

功率放大电路是在大信号下工作，所以不可避免地产生非线性失真，而且同一功放管输出功率越大，非线性失真往往越严重，这就使输出功率和非线性失真成为一对主要矛盾。但是，在不同场合下，对非线性失真的要求不同，例如，在测量系统和电声设备中，这个问题显得重要，而在工业控制系统等场合中，则以输出功率为主要目的，对非线性失真的要求就降为次要问题了。

4）晶体管的散热(Heat Dissipation)问题

在功率放大电路中，有相当大的功率消耗在管子上，使结温和管壳温度升高。为了充分利用允许的管耗而使管子输出足够大的功率，放大器件的散热就成为一个重要问题。

此外，在功率放大电路中，为了输出较大的信号功率，管子承受的电压要高，通过的电流大，功率管损坏的可能性也就比较大，所以功率管的损坏与保护问题也不容忽视。

4.1.2 功率放大电路提高效率的主要途径

［**电路仿真演示**］ BJT 基本放大电路效率的测量

从前面的讨论中可知，在电压放大电路中，输入信号在整个周期内都有电流流过放大器件，这种工作方式通常称为甲类(Class A)放大。甲类放大的典型工作状态如图 4.1.1(a)所示，此时 $i_C \geqslant 0$。在甲类放大电路中，电源始终不断地输送功率，在没有信号输入时，这些功率全部消耗在管子(和电阻)上，并转化为热量的形式耗散出去。当有信号输入时，其中一部分转化为有用的输出功率，信号愈大，输送给负载的功率愈多。可以证明，即使在理想情况下，甲类放大电路的效率最高也只能达到50%。

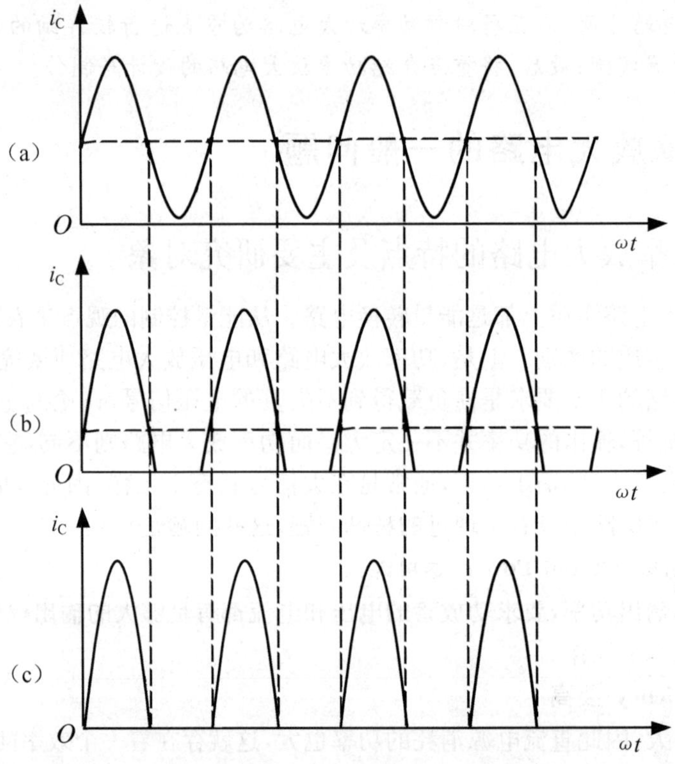

图 4.1.1 功率放大电路的三种工作状态

(a) 甲类；(b) 甲乙类；(c) 乙类

怎样才能使电源供给的功率大部分转化为有用的信号输出功率呢？从甲类放大电路中知道，静态电流是造成管耗的主要因素。如果把静态工作点 Q 向下移动，使信号等于零时电源输出的功率也等于零(或很小)，信号增大时电源供给的功率也随之增大，这样电源提供给功率及管耗都随着输出功率的大小而变，也就改变了甲类放大时效率低的状况。利用图 4.1.1(b)、(c)所示工作情况，就可实现上述设想。在图 4.1.1(b)中，有半个周期以上 $i_C > 0$；图 4.1.1(c)中，一周期内只有半个周期 $i_C > 0$，它们分别称为甲乙类(Class AB)和乙类(Class B)

放大。甲乙类和乙类放大主要用于功率放大电路中。

甲乙类和乙类放大虽然减小了静态功耗，提高了效率，但都出现了严重的波形失真，因此，既要保持静态时管耗小，又要使失真不太严重，这就需要在电路结构上采取措施。

4.2 乙类双电源互补对称功率放大电路

4.2.1 电路组成

工作在乙类的放大电路，虽然管耗小，有利于提高效率，但存在严重的失真，使得输入信号的半个波形被削掉了。如果用两个管子，使之都工作在乙类放大状态，但一个在正半周工作，而另一个在负半周工作，同时使这两个输出波形都能加到负载上，从而在负载上得到一个完整的波形，这样就能解决效率与失真的矛盾。

怎样实现上述设想呢？下面来研究一下图 4.2.1(a)所示的互补对称电路。

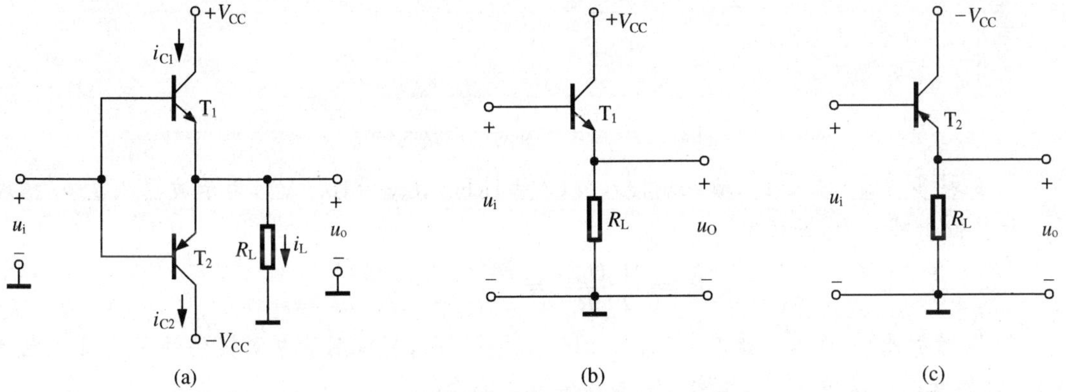

图 4.2.1 两射极输出器组成的基本互补对称电路

(a) 基本互补对称电路；(b) 由 NPN 管组成的射极输出器；(c) 由 PNP 管组成的射极输出器

[**仿真 4.2.1**] 基本互补对称电路的测量

仿真线路：图 4.2.2 所示基本互补对称电路。图中，R_L(Rl)为 1kΩ，T_1(Q3)为 2N2923，T_2(Q2)为 2N3906。

① 不接 u_i(V1)，接入 V_{CC}(V4) = +10V，$-V_{CC}$(V3) = -10V。

② 测量两管集电极静态工作电流，并记录：

$$I_{C1}=\_\_\_\_\_\_,I_{C2}=\_\_\_\_\_\_;$$

结果表明，互补对称电路的静态功耗______(基本为 0/仍较大)。

③ 保持步骤②，输入端接入 u_i(f_i=1kHz，U_{im}=10.5V)，用示波器(DC 输入)同时观察 u_i、u_o 波形，并记录波形。

结果表明，互补对称电路的输出波形______(基本不失真/严重失真)。

④ 保持步骤③，不接 T_2，用示波器(DC 输入)同时观察 u_i、u_o 波形，并记录波形。

结果表明，晶体管 T_1 基本工作在______(甲类状态/乙类状态)。

⑤ 保持步骤④，不接 T_1，接入 T_2，用示波器(DC 输入)同时观察 u_i、u_o 波形，并记录波形。

结果表明，晶体管 T_2 基本工作在______(甲类状态/乙类状态)。

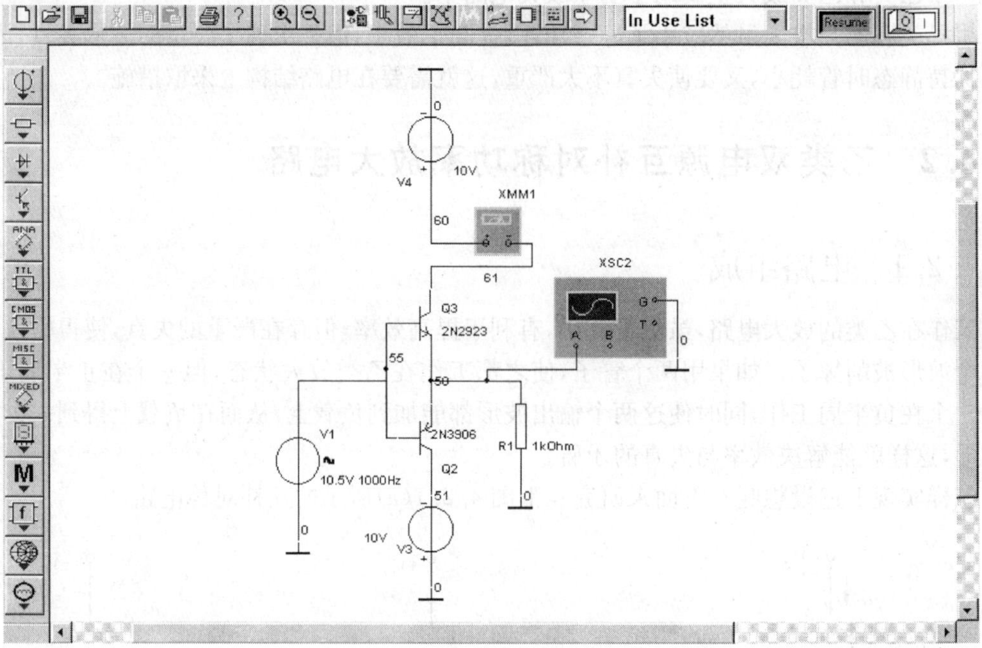

图 4.2.2　基本互补对称电路的仿真

⑥ 保持步骤⑤，接入 T_1，输入端接入 u_i(f_i=1kHz，U_{im}=10.5V)，用示波器测量 u_o 幅度 U_{om}，计算输出功率 P_o 并记录：

$$P_o=\frac{1}{2}\frac{U_{om}{}^2}{R_L}=\_\_\_\_\_\_\_\_\_\_。$$

⑦ 保持步骤⑥，输入端接入 u_i(f_i=1kHz，U_{im}=10.5V)，测量电源提供的平均直流电流 I_0 值，计算电源提供功率 P_V、管耗 P_T 和效率 η 并记录：

$$I_0=\_\_\_\_\_\_\_\_，P_V=2V_{CC}I_0=\_\_\_\_\_\_\_\_，P_T=P_V-P_o=\_\_\_\_\_\_\_\_，\eta=\frac{P_o}{P_V}=\_\_\_\_\_\_\_\_\%。$$

结果表明，互补对称电路相对于甲类放大电路，其效率__________(较高/较低)。

图 4.2.1(a)所示的互补对称电路中，T_1 和 T_2 分别为 NPN 型管和 PNP 型管，两管的基极和发射极相互连接在一起，信号从基极输入，从射极输出，R_L 为负载。这个电路可以看成是由图 4.2.1(b)、(c)两个射极输出器组合而成。考虑到 BJT 发射结处于正向偏置时才导电，因此当信号处于正半周时，T_2 截止，T_1 承担放大任务，有电流通过负载 R_L；而当信号处于负半周时，T_1 截止，由 T_2 承担放大任务，仍有电流通过负载 R_L；这样，图 4.2.1(a)所示基本互补对称电路实现了在静态时管子不取电流，而在有信号时，T_1 和 T_2 轮流导电，组成推挽式电路(Push Pull Amplifier)。由于两个管子互补对方的不足，工作性能对称，所以这种电路通常称为互补对称电路(Complementary Symmetry Amplifier，也称为 OCL 电路，即无输出电容器 Output Capacitorless 的缩写)。

4.2.2　分析计算

参见图 4.2.1(a)，为分析方便起见，假定三极管是理想的，即只要 $u_i>0$(正半周)，T_1 就开始导电，则在一周期内 T_1 导电时间约为半周期。T_2 的工作情况和 T_1 相似，只是在信号的负半周导电。显然，允许的 i_C 的最大变化范围为 $2I_{cm}$，u_{CE}的变化范围为 $2(V_{CC}-U_{CES})=2U_{cem}=$

$2I_{cm}R_L$。如果忽略管子的饱和压降 U_{CES}，则 $U_{cem}=I_{cm}R_L\approx V_{CC}$。

根据以上分析，不难求出工作在乙类的互补对称电路的输出功率、管耗、直流电源供给的功率和效率。

1）输出功率（Output Power）P_o

［**电路仿真演示**］ 基本互补对称电路 P_o 的测量

输出功率用输出电压有效值 U_o 和输出电流有效值 I_o 的乘积来表示（也常用管子中变化电压、变化电流有效值的乘积表示）。设输出电压的幅值为 U_{om}，则

$$P_o = U_o I_o = \frac{U_{om}}{\sqrt{2}}\frac{U_{om}}{\sqrt{2}R_L} = \frac{1}{2}\frac{U_{om}^2}{R_L} \tag{4.2.1}$$

图 4.2.1 中的 T_1、T_2 可以看成工作在射极输出器状态，$A_u\approx 1$。当输入信号足够大，使 $U_{im}=U_{om}=U_{cem}=V_{CC}-U_{CES}\approx V_{CC}$ 和 $I_{om}=I_{cm}$ 时，可获得最大输出功率为

$$P_o = U_o I_o = \frac{1}{2}\frac{U_{om}^2}{R_L} = \frac{1}{2}\frac{U_{cem}^2}{R_L} \approx \frac{1}{2}\frac{V_{CC}^2}{R_L} \tag{4.2.2}$$

2）管耗 P_T

［**电路仿真演示**］ 基本互补对称电路 P_T 的测量

考虑到 T_1 和 T_2 在一个信号周期内各导电约 180°，且通过两管的电流和电压在数值上都分别相等（只是在时间上错开了半个周期）。因此，为求出总管耗，只需先求出单管的损耗就行了。设输出电压为 $u_o=U_{om}\sin\omega t$，则 T_1 的管耗为

$$\begin{aligned} P_{T1} &= \frac{1}{2\pi}\int_0^{\pi}(V_{CC}-u_o)\frac{u_o}{R_L}\mathrm{d}(\omega t) \\ &= \frac{1}{2\pi}\int_0^{\pi}\left[(V_{CC}-U_{om}\sin\omega t)\frac{U_{om}\sin\omega t}{R_L}\mathrm{d}(\omega t)\right] \\ &= \frac{1}{2\pi}\int_0^{\pi}\left[\frac{V_{CC}U_{om}}{R_L}\sin\omega t-\frac{U_{om}^2}{R_L}\sin^2\omega t\right]\mathrm{d}(\omega t) \\ &= \frac{1}{R_L}\left(\frac{V_{CC}U_{om}}{\pi}-\frac{U_{om}^2}{4}\right) \end{aligned} \tag{4.2.3}$$

而两管的管耗为

$$\begin{aligned} P_T &= P_{T1}+P_{T2} \\ &= \frac{2}{R_L}\left(\frac{V_{CC}U_{om}}{\pi}-\frac{U_{om}^2}{4}\right) \end{aligned} \tag{4.2.4}$$

3）直流电源供给的功率 P_V

［**电路仿真演示**］ 基本互补对称电路 P_V 的测量

直流电源供给的功率 P_V 包括负载得到的信号功率和 T_1、T_2 消耗的功率两部分。

当 $U_i=0$，$P_V=0$；当 $U_i\neq 0$，由式(4.2.1)和式(4.2.4)得

$$P_V = P_o + P_T = \frac{2V_{CC}U_{om}}{\pi R_L} \tag{4.2.5}$$

当输出电压幅值达到最大，即 $U_{om}\approx V_{CC}$ 时，则得电源供给的最大功率为

$$P_{Vm} = \frac{2V_{CC}^2}{\pi R_L} \tag{4.2.6}$$

4）效率（Efficiency）η

［**电路仿真演示**］ 基本互补对称电路 η 的测量

一般情况下效率为

$$\eta = \frac{P_o}{P_V} = \frac{\pi}{4}\frac{U_{om}}{V_{CC}} \tag{4.2.7}$$

当 $U_{om} \approx V_{CC}$ 时，则

$$\eta = \frac{P_o}{P_V} = \frac{\pi}{4} \approx 78.5\% \tag{4.2.8}$$

这个结论是假定互补对称电路工作在乙类，负载电阻为理想值，忽略管子的饱和压降 U_{CES} 和输入信号足够大（$U_{im} \approx U_{om} \approx V_{CC}$）情况下得来的，实际效率比这个数值要低些。

4.2.3 功率 BJT 的选择(Power BJT Selected)

1）最大管耗和最大输出功率的关系

［**仿真 4.2.2**］ 基本互补对称电路最大管耗的测量

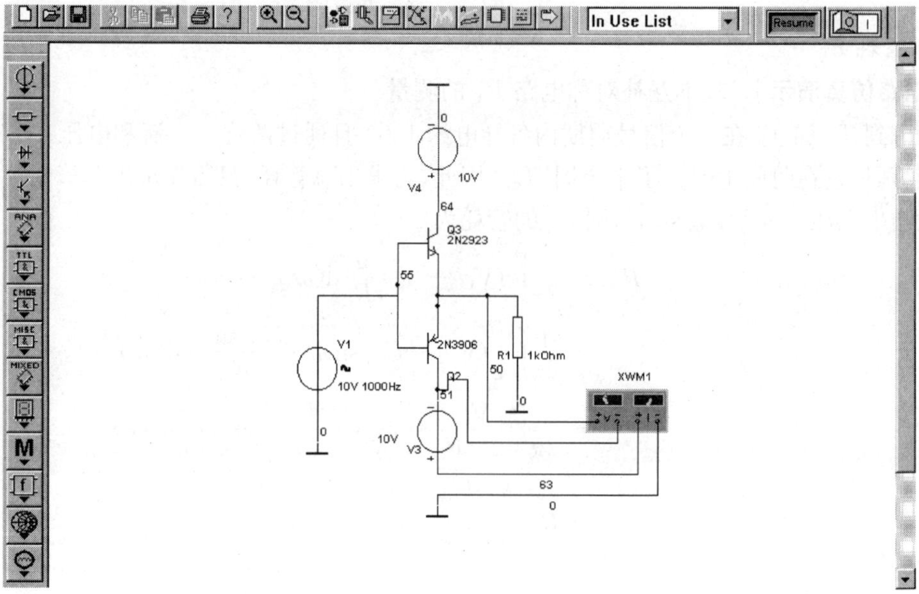

图 4.2.3 基本互补对称电路最大管耗的测量

仿真线路：图 4.2.3 所示基本互补对称电路。图中，R_L（R_1）为 1kΩ，T_1（Q3）为 2N2923，T_2（Q2）为 2N3906。

① 接入 $V_{CC}=+10V$，$-V_{CC}=-10V$。

② 保持步骤①，输入端接入 u_i（$f_i=1kHz$），其幅值分别如表 4-2-1 所示，用功率计测量三极管 T_2 的管耗 P_{T2}（或 P_{T1}），并记录于表 4-2-1 中。

表 4-2-1 管耗 P_{T2} 的测量结果

U_{im}/V	2	4	6	8	10
P_{T2}/mW					

结果表明，互补对称电路的三极管管耗________（是/不是）发生在输出最大时，________（是/也不是）发生在输出最小时。

工作在乙类的基本互补对称电路，在静态时管子几乎不取电流，管耗接近于零。因此，当输入信号较小时，输出功率较小，管耗也小，这是容易理解的；但能否认为，当输入信号愈大，输出功率也愈大，管耗就愈大呢？由式(4.2.3)知，管耗 P_{T1} 是输出电压幅值 U_{om} 的函数，因此，可以用求极值的方法来求解。由式(4.2.3)得

$$dP_{T1}/dU_{om} = \frac{1}{R_L}(\frac{V_{CC}}{\pi} - \frac{U_{om}}{2})$$

令 $dP_{T1}/dU_{om}=0$，则 $\frac{V_{CC}}{\pi}-\frac{U_{om}}{2}=0$

故

$$U_{om} = \frac{2V_{CC}}{\pi} \tag{4.2.9}$$

上式表明，当 $U_{om}=\frac{2}{\pi}V_{CC}\approx 0.6V_{CC}$ 时具有最大管耗，所以

$$P_{T1m} = \frac{1}{R_L}\left[\frac{\frac{2}{\pi}V_{CC}^2}{\pi} - \frac{(\frac{2V_{CC}}{\pi})^2}{4}\right]$$

$$= \frac{1}{R_L}\left[\frac{2V_{CC}^2}{\pi^2} - \frac{V_{CC}^2}{\pi^2}\right] = \frac{1}{\pi^2}\frac{V_{CC}^2}{R_L} \tag{4.2.10}$$

考虑到最大输出功率 $P_o=V_{CC}^2/2R_L$，则每管的最大管耗和电路的最大输出功率具有如下的关系：

$$P_{T1m} = \frac{1}{\pi^2}\frac{V_{CC}^2}{R_L} \approx 0.2P_o \tag{4.2.11}$$

式(4.2.11)常用来作为乙类互补对称电路选择管子的依据，它说明，如果要求输出功率为10W，则只要用两个额定管耗大于2W的管子就可以了。

诚然，上面的计算是在理想情况下进行的，实际上在选管子的额定功耗时，还要留有充分的余地。

2）功率 BJT 的选择

由上述分析可知，若想得到最大输出功率，BJT 的参数必须满足下列条件：

(1) 每只 BJT 的最大允许管耗 P_{CM} 必须大于 $P_{T1m}\approx 0.2P_{om}$；

(2) 考虑到当 T_2 导通时，$-u_{CE2}\approx 0$，此时 u_{CE1} 具有最大值，且等于 $2V_{CC}$。因此，应选用 $|U_{(BR)CEO}|>2V_{CC}$ 的管子；

(3) 通过 BJT 的最大集电极电流为 V_{CC}/R_L，选择 BJT 的 I_{CM} 一般不宜低于此值。

［**例 4.2.1**］ 功放电路如图 4.2.1(a)所示，设 $V_{CC}=12V$，$R_L=8\Omega$，BJT 的极限参数 $I_{CM}=2A$，$|U_{(BR)CEO}|=30V$，$P_{CM}=5W$。试求：(1) 最大输出功率 P_{om} 值，并检验所给 BJT 是否能安全工作。(2) 放大电路在 $\eta=0.6$ 时的输出功率 P_o 值。

解：(1) 求 P_{om}，并检验 BJT 的安全工作情况

由式(4.2.2)可求出：

$$P_{om} = \frac{1}{2}\frac{V_{CC}^2}{R_L} = \frac{12^2}{2\times 8} = 9(W)$$

通过 BJT 的最大集电极电流、BJT c、e 极间的最大压降和它的最大管耗分别为

$$i_{cm} = \frac{V_{CC}}{R_L} = \frac{12}{8} = 1.5(A)$$

$$u_{CEm} = 2V_{CC} = 24(V)$$

$$P_{T1m} \approx 0.2P_{om} = 0.2 \times 9 = 1.8(\mathrm{W})$$

所求 i_{Cm}、u_{CEm}和 P_{T1m}均分别小于极限参数 I_{CM}、$|U_{(BR)CEO}|$和 P_{CM}，故 BJT 能安全工作。

(2) 求 η=0.6 时的 P_o 值

由式(4.2.7)可求出：

$$U_{om} = 4\eta \frac{V_{CC}}{\pi} = \frac{0.6 \times 4 \times 12}{\pi} = 9.2(\mathrm{V})$$

将 U_{om}代入式(4.2.1)得

$$P_o = \frac{1}{2}\frac{U_{om}^2}{R_L} = \frac{1}{2} \times \frac{9.2^2}{8} = 5.3(\mathrm{W})$$

4.3 甲乙类互补对称功率放大电路

［**仿真 4.2.1**］ 乙类互补对称电路失真的测量

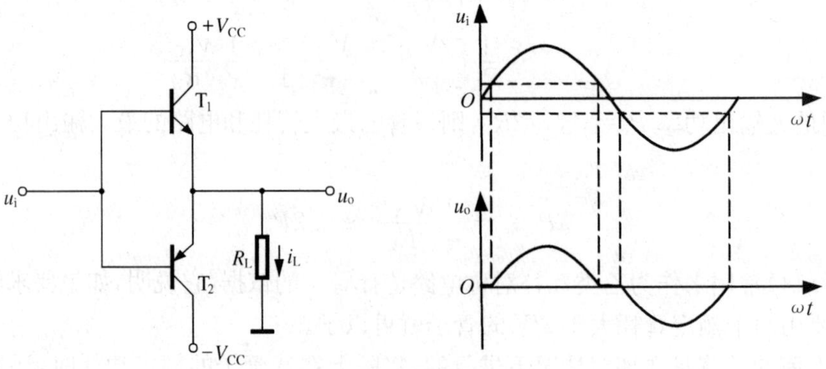

图 4.3.1 工作在乙类的双电源互补对称电路

(a) 电路；(b) 形成交越失真的波形

仿真线路：图 4.3.1(a)所示乙类互补对称电路。图中，R_L 为 1kΩ，T_1 为 2N2923，T_2 为 2N3906，并组成 4.3.2 所示仿真电路。

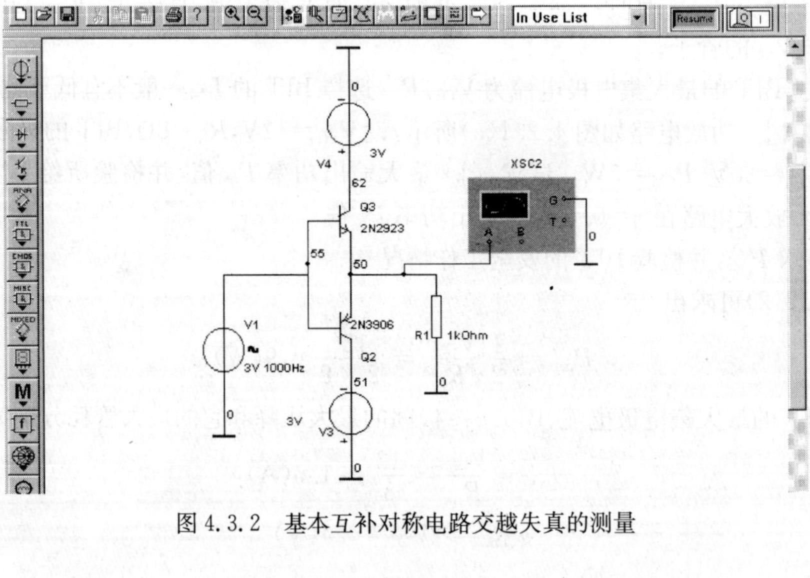

图 4.3.2 基本互补对称电路交越失真的测量

① 接入 $V_{CC}=+3V, -V_{CC}=-3V$。

② 保持步骤①，输入端接入 u_i（$f_i=1kHz$，$U_{im}=3V$），用示波器（DC 输入）同时观察 u_i、u_o 波形，并记录波形。

结果表明，基本互补对称电路的输出波形在过零点处____________（无失真/有明显失真）。

前面讨论了由两个射极输出器组成的乙类互补对称电路（图 4.3.1a），实际上这种电路并不能使输出波形很好地反映输入的变化，由于没有直流偏置，管子的 i_B 必须在 $|u_{BE}|$ 大于某一个数值（即门坎电压，NPN 硅管约为 0.6V，PNP 锗管约为 0.2V）时才有显著变化。当输入信号 u_i 低于这个数值时，T_1 和 T_2 都截止，i_{C1} 和 i_{C2} 基本为零，负载 R_L 上无电流通过，出现一段死区，如图 4.3.1(b)所示。这种现象称为交越失真（Cross Over Distortion）。

4.3.1 甲乙类双电源互补对称电路

［**电路仿真演示**］ 甲乙类互补对称电路失真的测量

利用图 4.3.3 所示的偏置电路是克服交越失真的一种方法。由图可见，T_3 组成前置放大级（注意，图中未画出 T_3 的偏置电路），T_1 和 T_2 组成互补输出级。静态时，在 D_1、D_2 上产生的压降为 T_1、T_2 提供了一个适当的偏压，使之处于微导通状态，即甲乙类状态。由于电路对称，静态时 $i_{C1}=i_{C2}$，$i_L=0$，$u_o=0$。有信号时，由于电路工作在甲乙类，即使 u_i 很小（D_1 和 D_2 的交流电阻也小），基本上可线性地进行放大。

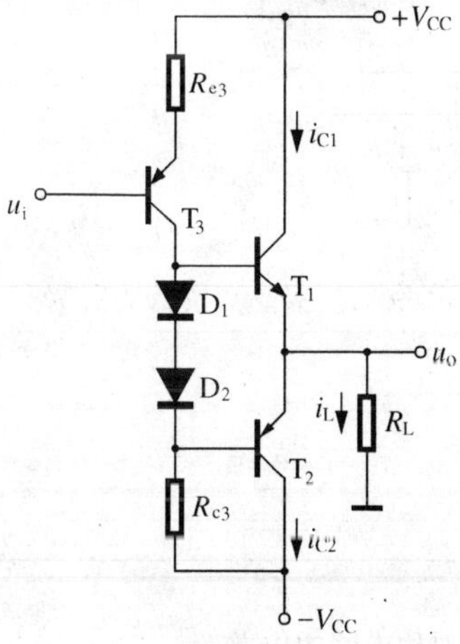

图 4.3.3 利用二极管进行偏置的互补对称电路

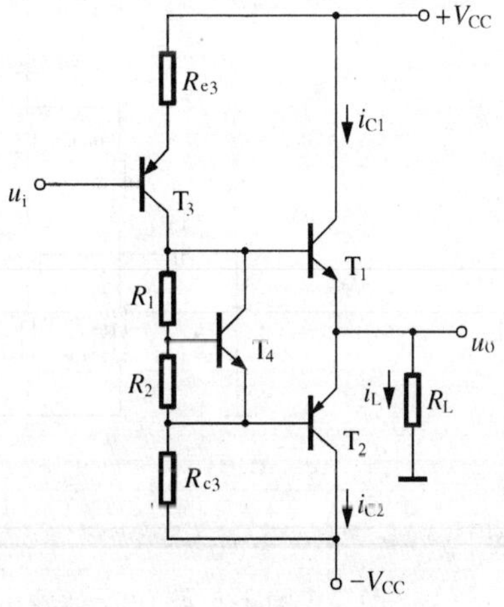

图 4.3.4 利用恒压源电路进行偏置的互补对称电路

上述偏置方法的缺点是，其偏置电压不易调整。而在图 4.3.4 中，流入 T_4 的基极电流远小于流过 R_1、R_2 的电流，则由图可求出 $U_{CE4}=U_{BE4}(R_1+R_2)/R_2$，因此，利用 T_1 管的 U_{BE4} 基本为一固定值（硅管约为 0.6～0.7V），只要适当调节 R_1、R_2 的比值，就可改变 T_1、T_2 的偏压值。这种方法在集成电路中经常用到。

4.3.2 甲乙类单电源互补对称电路

图 4.3.5 是采用一个电源的互补对称原理电路，图中由 T_3 组成前置放大级，T_2 和 T_1 组成互补对称电路输出级。在输入信号 $u_i=0$ 时，一般只要 R_1、R_2 有适当的数值，就可使 I_{C3}、

U_{B2}和U_{B1}达到所需大小，给T_2和T_1提供一个合适的偏置，从而使K点电位$U_K=U_C=V_{CC}/2$。

［**仿真4.3.2**］ 甲乙类单电源互补对称电路的测量

仿真线路：图4.3.5所示甲乙类单电源互补对称电路。图中，R_L为1kΩ，T_1为2N2923，T_2为2N3906，并组成图4.3.6所示仿真电路。

① 接入$V_{CC}=+20V$。

② 保持步骤①，输入端接入u_i（$f_i=1kHz$，$U_{im}=0V$），用示波器（DC输入）测量K点直流电压值，并使$U_K=10V$。

③ 保持步骤②，输入端接入u_i（$f_i=1kHz$），并使U_{im}分别为1V、2V和3V，用示波器同时观察u_K、u_o波形，并记录波形。

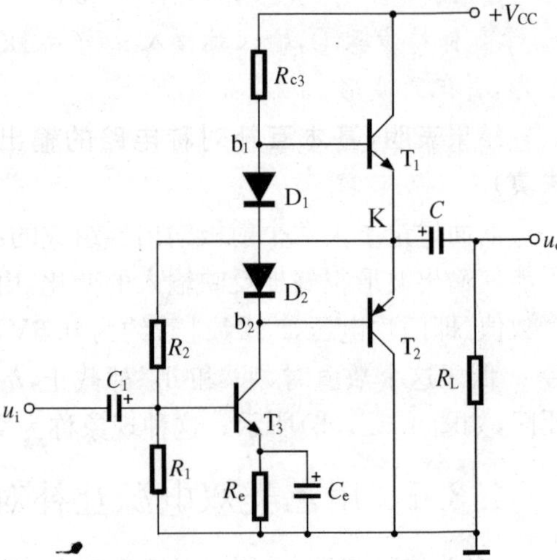

图4.3.5 采用一个电源的互补对称电路

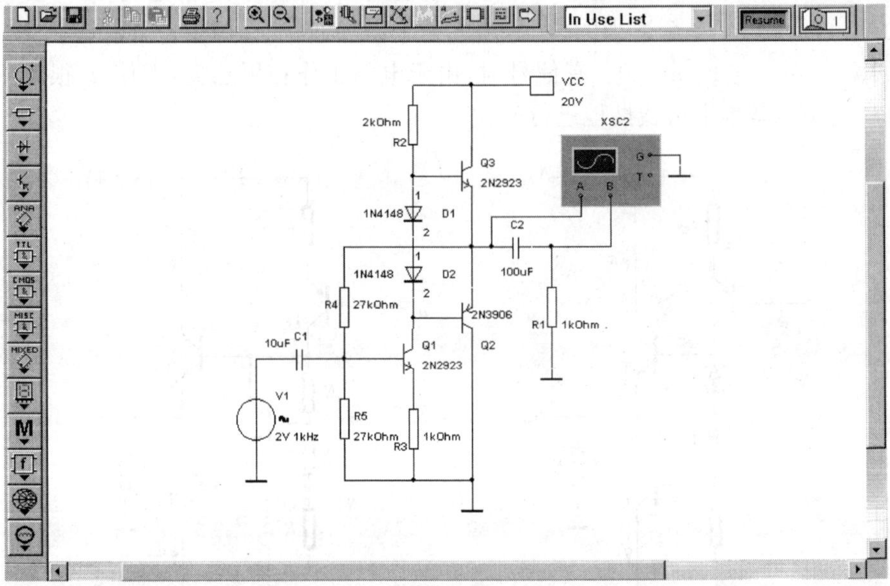

图4.3.6 甲乙类单电源互补对称电路的仿真

结果表明，甲乙类单电源互补对称电路________（可以/不可以）实现正常放大，但其不失真输出动态范围与甲乙类双电源互补对称电路相比________（要小/基本接近/要大）。

参见图4.3.5，当有信号u_i时，在信号的负半周，T_1导电，有电流通过负载R_L，同时向C充电；在信号的正半周，T_2导电，则已充电的电容C起着图4.3.2中电源$-V_{CC}$的作用，通过负载R_L放电。只要选择时间常数R_LC足够大（比信号的最长周期还大得多），就可以认为用电容C和一个电源V_{CC}可代替原来的$+V_{CC}$和$-V_{CC}$两个电源的作用。

必须指出的是，采用一个电源的互补对称电路，由于每个管子的工作电压不是原来的V_{CC}，而是$V_{CC}/2$（输出电压最大也只能达到约$V_{CC}/2$），所以前面导出的计算P_o、P_T、P_V和P_{Tm}的公式，必须加以修正才能使用。修正的方法也很简单，只要以$V_{CC}/2$代替原来的公式

(4.2.11)、(4.2.2)、(4.2.3)和式(4.2.5)中的V_{CC}即可。

在图4.3.5中,静态时,通常K点电位$U_K=U_C=V_{CC}/2$。为了提高电路工作点的稳定性能,常将K点通过电阻分压器(R_1、R_2)与前置放大电路的输入端相连,以引入负反馈。引入负反馈的结果,最后使U_K趋于稳定。值得指出的是,R_1、R_2还引入了交流负反馈,使放大电路的动态性能指标得到了改善。

还应指出的是,采用一个电源的互补对称电路的输出动态范围较小,可采用自举电路加以改进,限于篇幅,这里不再赘述,读者可参阅有关资料。

4.4 集成功率放大器

随着线性集成电路的发展,集成功率放大器(Integrated Power Amplifier)的应用已日益广泛,现对SHM1150Ⅱ型集成功率放大器作一简单介绍。

由图4.4.1(a)可见,SHM1150Ⅱ型集成功率放大器由T_1、T_2组成输入级。其中T_1组成共射电路,由其集电极输出的u_{o1}与u_i成反相关系,而从发射极输出的u_{e1}与u_i同相;而T_2组

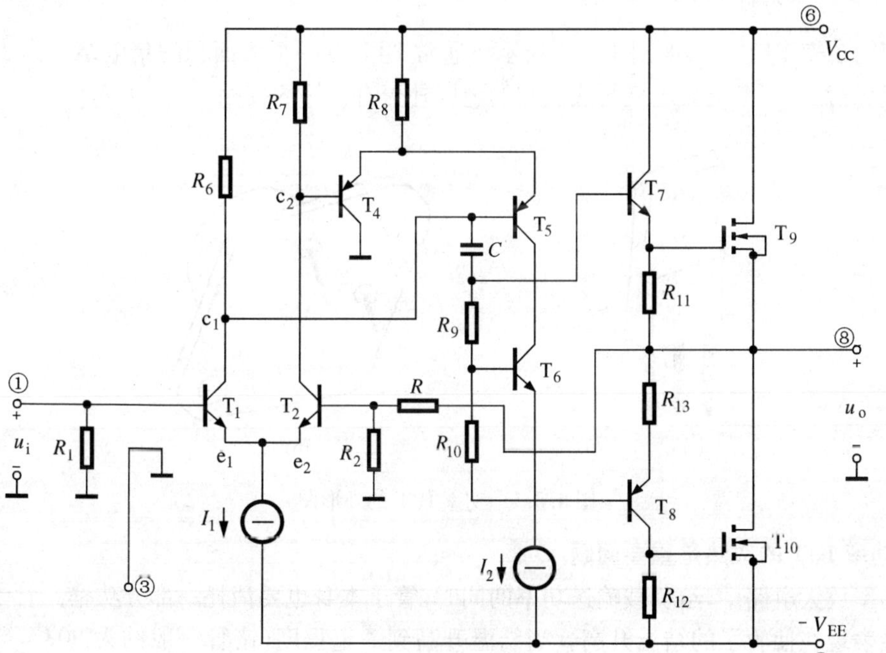

(a)

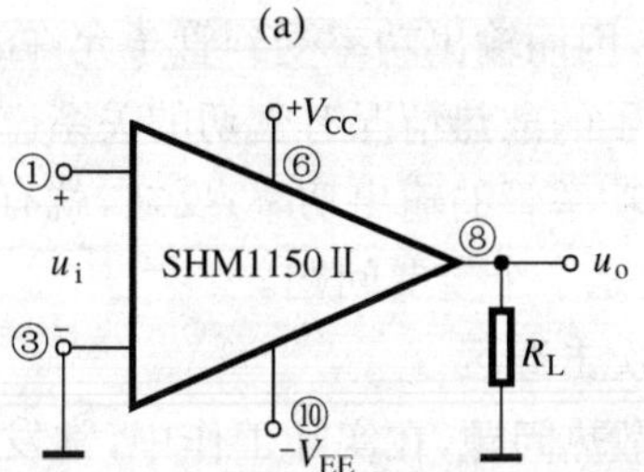

(b)

图4.4.1 SHM1150Ⅱ型BiMOS集成功率放大器

(a) 内部电路;(b) 外部接线图

成共基电路，其集电极输出信号 u_{o2} 与发射极输入信号 $u_{e2}=u_{e1}$ 同相。因此，u_{o2} 与 u_{o1} 反相。T_4、R_8 组成电压跟随器，使 $u_{e4}\approx u_{o2}$，这样加在发射结的输入信号 $u_{be5}=u_{o1}-u_{e4}\approx u_{o1}-u_{o2}$，由于 u_{o2} 与 u_{o1} 反相，则有 $|u_{be5}|=|u_{o1}|+|u_{o2}|$，$T_5$ 完成了将输入级 T_1、T_2 上的双端输出信号转换为单端输出信号。T_5 以电流源 I_2 作源负载构成高增益的中间放大级。T_7、T_8 为互补对称电路，用于驱动 VMOS 管 T_9 和 T_{10}（它的工作原理在 4.5 节讨论）。T_6、R_9、R_{10} 组成 U_{BE} 扩大电路，其作用是为 T_7、T_8 提供适当的直流偏置，以防止 T_9、T_{10} 产生交越失真。整个电路依靠 R_f 和 R_2 引入的电压串联负反馈来稳定增益和静态工作点。

SHM1150Ⅱ型电路由于输出级采用了 VMOS 管，使输出功率得到很大提高，其特点是应用十分方便，接上电源即可作为双电源互补对称电路直接使用，如图 4.4.1(b)所示。该电路可在 12～50V 电压下正常工作，电路的最大输出功率可达 150W。

4.5 功率器件

4.5.1 功率 BJT

典型的功率 BJT 外形如图 4.5.1 所示。通常 BJT 有一个大面积的集电结。为了使热传导达到理想情况，BJT 的集电极衬底与它的金属外壳有良好的接触。

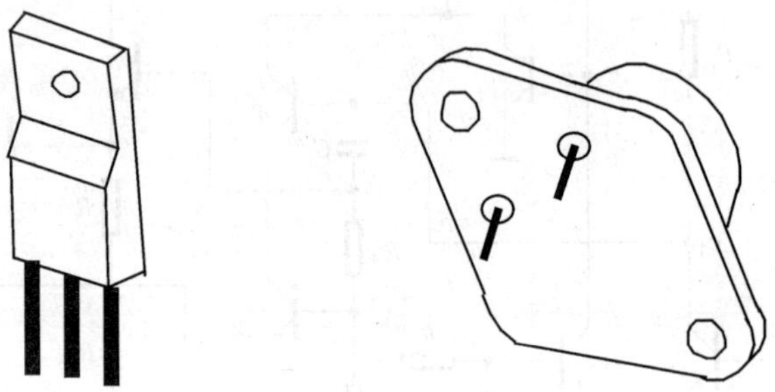

(a)　　　　(b)

图 4.5.1　功率 BJT 的外形图

1）功率 BJT 的散热是重要问题

在功率放大电路中，给负载输送功率的同时，管子本身也要消耗一部分功率。管子消耗的功率直接表现在使管子的结温升高。当结温升高到一定程度（锗管一般约为 90℃，硅管约为 150℃）以后，就会使管子损坏，因而输出功率受到管子允许的最大集电极损耗的限制。值得注意的是，管子允许的功耗与管子的散热情况有密切的关系。如果采取适当的散热措施，就有可能充分发挥管子的潜力，增加功率管的输出功率；反之，就有可能使 BJT 由于结温升高而被损坏，所以功率 BJT 的散热问题是一个重要问题。

2）器件工作不应进入二次击穿区

前面讨论了功率 BJT 的散热问题，在实际工作中，常发现功率 BJT 的功耗并未超过允许的 P_{CM} 值，管身也并不烫，但功率 BJT 却突然失效或者性能显著下降。这种损坏的原因，不少是由于二次击穿所造成的。那么什么叫二次击穿呢？它产生的原因又是什么呢？应当如何防止呢？这些问题很值得研究和讨论。

（1）二次击穿现象　二次击穿现象可以用图 4.5.2 来说明。当集电极电压 u_{CE} 逐渐增加时，首先出现一次击穿现象，如图 4.5.2 中 AB 段所示，这种击穿就是正常的雪崩击穿。当击穿出现时，只要适当限制功率 BJT 的电流(或功耗)，且进入击穿的时间不长，功率 BJT 并不会损坏。所以一次击穿(雪崩击穿)具有可逆性。一次击穿出现后，如果继续增大 i_C 到某数值，BJT 的工作状态将以毫秒级甚至微秒级的速度移向低电压大电流区，如图 4.5.2 中 BC 段所示，BC 段相当于二次击穿。

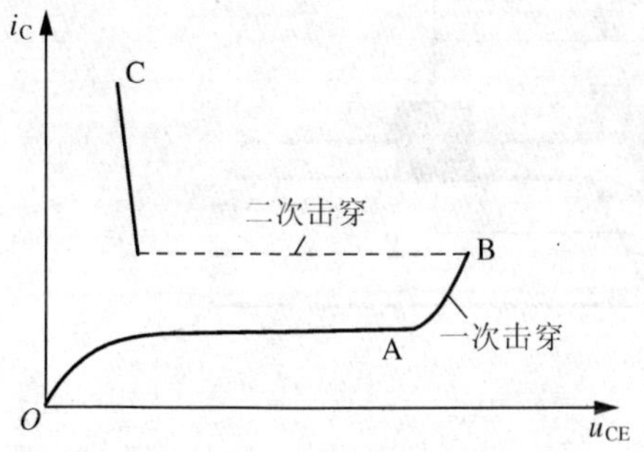

图 4.5.2　BJT 的二次击穿现象图

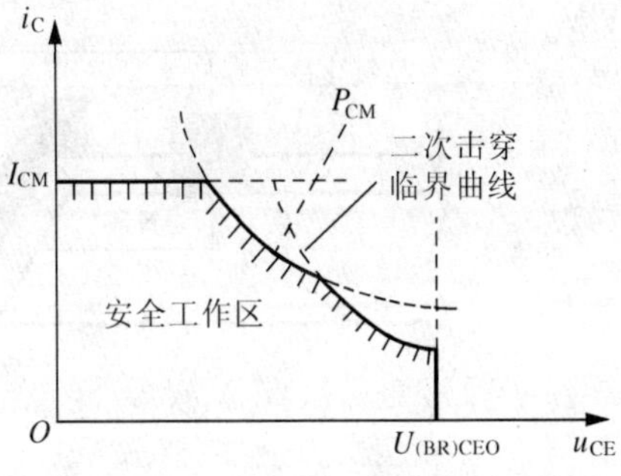

图 4.5.3　功率 BJT 的安全工作区

(2) 二次击穿的产生原因　产生二次击穿的原因至今尚不完全清楚。一般来说，二次击穿是一种与电流、电压、功率和结温都有关系的效应。它的物理过程多数认为是由于流过 BJT 结面的电流不均匀，造成结面局部高温(称为热斑)，因而产生热击穿所致。这与 BJT 的制造工艺有关。

(3) 功率 BJT 的安全工作区　BJT 的二次击穿特性对功率管，特别是外延型功率管，在运用性能的恶化和损坏方面起着重要影响。为了保证功率管安全工作，必须考虑二次击穿的因素。因此，功率管的安全工作区不仅受集电极允许的最大电流 I_{CM}、最大电压 $U_{(BR)CEO}$ 和最大功耗 P_{CM} 所限制，而且还受二次击穿临界曲线所限制，其安全工作区如图 4.5.3 虚线内所示。显然，考虑了二次击穿以后，功率 BJT 的安全工作范围变小了。

3) 提高功率 BJT 可靠性的主要途径是使用时要降低额定值

从可靠性和节约的角度来看，推荐使用下面几种方法来降低额定值：

(1) 在最坏的条件下(包括冲击电压在内)，工作电压不应超过极限值的 80%；

(2) 在最坏的条件下(包括冲击电流在内)，工作电流不应超过极限值的 80%；

(3) 在最坏的条件下(包括冲击功耗在内)，工作功耗不应超过器件最大工作环境温度下的最大允许功耗的 50%；

(4) 工作时，器件的结温不应超过器件允许的最大结温的 70%～80%。

4) 为保证器件正常运行，可采取适当保护措施

例如，为了防止由于感性负载而使管子产生过压或过流，可在负载两端并联二极管(或二极管和电容)；此外，也可对 BJT 加以保护。保护的方法很多，例如，可以用 U_Z 值适当的稳压管并联在功率管的 c、e 两端，以吸收瞬时的过电压等等。

4.5.2　功率 MOSFET

这里介绍的是功率 VMOSFET。VMOSFET 的结构剖面图如图 4.5.4 所示。它以 N^+ 型衬底作漏极，在其上生长一层 N^- 型外延层，然后在外延层上掺杂形成一个 P 型层和一个 N^+ 型层源极区，最后利用光刻的方法沿垂直方向刻出一个 V 形槽，并在 V 形槽表面生长一层二氧化硅和覆盖一层金属铝，形成栅极。当栅极加正电压时，靠近栅极V形槽下面的P型半导体将形成一个N型反型层导电沟道（图中未画出）。可见，自由电子沿导电沟道由源极到漏极的运动是纵向的，它与载流子是横向从源极流到漏极的小功率MOSFET不同。因此，这种器件被命名为VMOS。

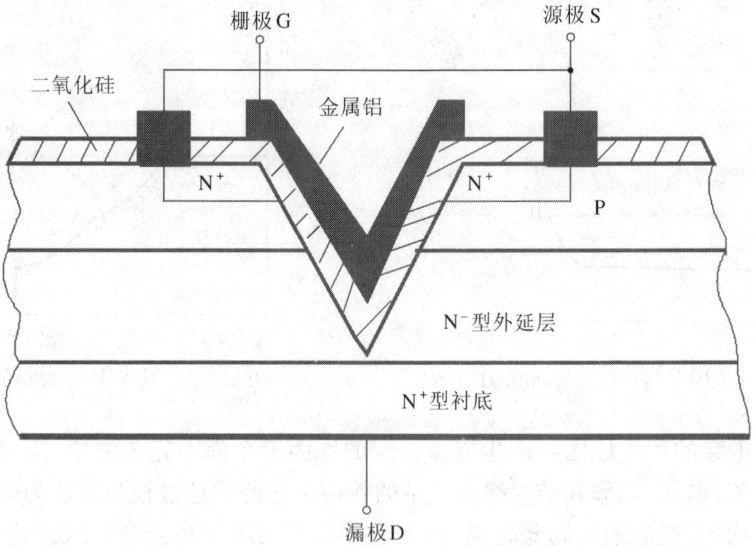

图 4.5.4　VMOSFET 结构剖面图

由图4.5.4可见，VMOS管的漏区面积大，有利于利用散热片散去器件内部耗散的功率。沟道长度（当栅极加正电压时在V形槽下P型层部分形成）可以做得很短（如1.5μm），且沟道间又呈并联关系（根据需要可并联多个），故允许流过的电流 I_D 很大。此外，利用现代工艺，使它靠近栅极形成一个低浓度的 N^- 外延层，当漏极与栅极间的反向电压形成耗尽区时，这一耗尽区主要出现在 N^- 外延区，N^- 区的正离子密度低，电场强度低，因而有较高的击穿电压。这些都有利于VMOS制成大功率器件。目前制成的VMOS产品，耐压能力达1 000V以上，最大连续电流值高达200A。

与BJT相比，VMOS器件有许多优点：

(1) 与MOS器件一样是电压控制电路器件，输入电阻极高，因此所需驱动电流极小，功率增益高。

(2) 在放大区，其转移特性几乎是线性的，g_m 为常数。

(3) 因为漏源电阻温度系数为正，当器件温度上升时，电流受到限制，所以VMOS不可能有热击穿，因而不会出现二次击穿，温度稳定性高。

(4) 因无少子存储问题，加上极间电容小，VMOS的开关速度快，工作频率高，可用于高频电路（其 $f_T \approx 600$MHz）或开关式稳压电源等。

VMOS器件还有其它一些优点，例如导通电阻 $r_{DS(ON)} \approx 3\Omega$。目前在VMOSFET的基础上已研制出双扩散VMOSFET，或称DMOS器件，这是新的发展方向之一。

4.5.3　功率模块

这里所讨论的功率模块是指由若干BJT、MOSFET或BiFET组合而成的功率部件。这种功率模块近年来发展很快，成为半导体器件的一支生力军。它的突出特点是大电流、低功耗，电压、电流范围宽（电压高达1 200V，电流高达400A）。现在已广泛用于不间断电源（UPS）、各种类型的电机控制驱动、大功率开关、医疗设备、换能器、音频功放等。

功率模块包括BJT达林顿模块、功率MOSFET模块、IGBT（绝缘栅双极型三极管）模块等；按速度和功耗又可分为高速型和低饱和压降型。这里以IGBT模块为例，介绍功率模块的结构。

IGBT是由具有高输入阻抗、高速的MOSFET和低饱和压降的BJT组成的。图4.5.5是这种IGBT结构的简化等效电路和器件符号。

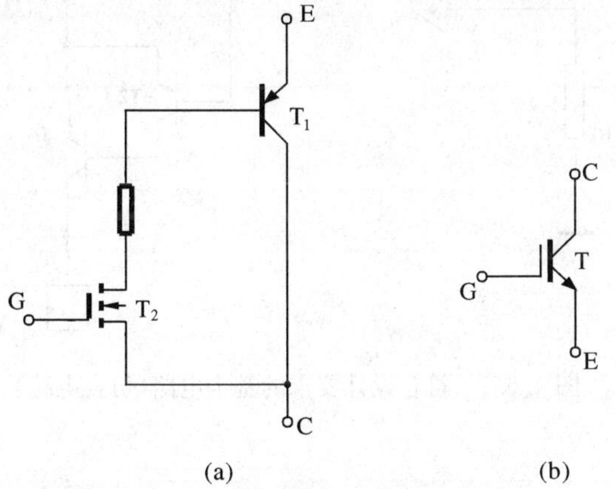

图 4.5.5　IGBT的等效电路及符号

(a) 等效电路；(b) 符号

图4.5.5(a)中 T_2 为增强型MOS管，工作时，首先在施加在栅极电压之后形成导电沟道，出现PNP管 T_1 的基极电流，IGBT导电；当FET沟道消失，基极电流切断，IGBT截止。

功率模块将许多独立的大功率BJT、MOSFET等集合在一起封装在一个外壳中，其电极与散热片相隔离，型号不同，电路多样化，便于应用。

4.6　低频功率放大器的设计与制作

从有利于学生学习的立场来考虑，这里主要讨论以集成运放和功率管为核心组成的低频功率放大器的设计与制作，至于专用集成功率放大器则不予讨论。

［**例4.6.1**］　试用集成运放和功率BJT设计并制作低频功率放大器，指标要求如下：

(1) 最大输出功率 $P_{om} \geqslant 8W$（正弦输入 $U_i = 10mV$ 时）；

(2) 负载电阻 $R_L = 8\Omega$；

(3) 失真度 THD $\leqslant 5\%$；

(4) 效率 $\eta \geqslant 50\%$；

(5) 输入阻抗 $R_i \geqslant 100k\Omega$。

设计与制作步骤如下：

(1)根据要求，选择基本电路（原理电路）如图4.6.1所示。

图4.6.1中，T_1、T_2 为小功率三极管，T_3、T_4 为大功率三极管，运算放大器作为前置放大级和中间放大级。现确定所需运算放大器的级数：

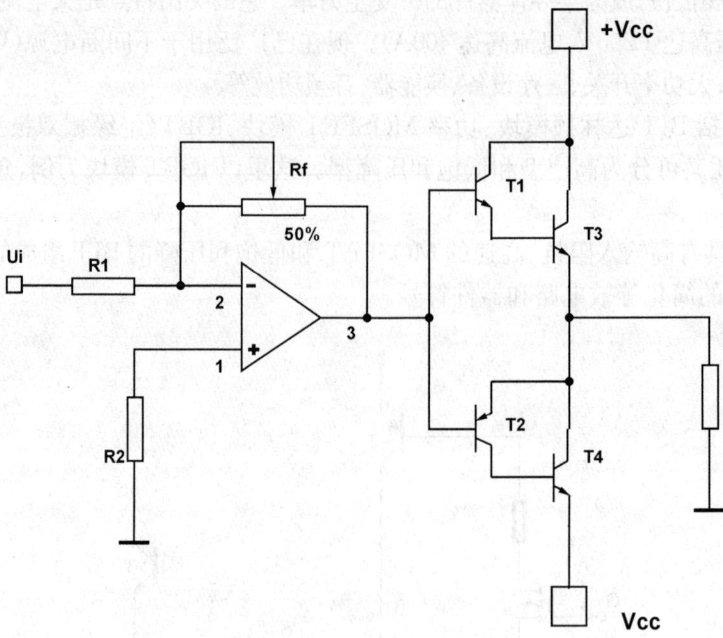

图 4.6.1 符合设计要求的基本电路(仿真电路)

由 $P_o=5W$ 可得

$$U_o=\sqrt{P_oR_L}=\sqrt{5\times8}\approx6.3(V)$$

则

$$A_{u\Sigma}=\frac{U_o}{U_i}=\frac{6.3\times10^3}{10}=630$$

由于运放作放大器时的闭环放大倍数一般宜在几十倍左右,而输出级几乎没有电压增益,因此需要两级运放。考虑到前级需要高输入阻抗,因此,第一级运放可设置为同相放大,放大倍数可固定为 10;第二级可设置为反相放大,放大倍数为 0~63 可调。

(2) 根据上述设计思路,并考虑交越失真问题,可画出实用电路图或直接画仿真电路图,如图 4.6.2 所示。

(3) 元器件及参数选择

① 运算放大器及外接元件:运放可选择 MC4558。一片 MC4558 含 2 个独立的放大器,且无需调零(闭环增益较小时),使用方便。由于输出级为复合管,因此其输出电流完全可以满足推动级的要求。

R_1、R_2 可选择 1kΩ(不宜过大,否则 R_3 太大;也不宜过小,否则外围电路电流过大),则 R_3 可选择 10 kΩ(R_2 与 R_3 并联值应接近于 R_1);R_4、R_6 可选择 1kΩ,则 R_5 最大值应为 63 kΩ,可选择 100 kΩ 的电位器。

② 电源电压:前已求得,当 $P_o=5W$ 时,$U_o=6.3V$,则 $U_{om}\approx6.3\times1.414\approx8.9(V)$,考虑到运算放大器的线性动态范围和输出级的非线性失真,可选电源电压为±12V。

③ 功率管 T_3 和 T_4:功率 BJT 的极限参数应满足以下条件(考虑一定的安全系数):

● 每只 BJT 的最大允许管耗 $P_{CM}\geqslant1.2P_{T1m}\approx1.2\times0.2P_{om}=0.24\times(V_{CC}^2/2)/R_L=0.24\times(12^2/2)/8\approx2.2(W)$;

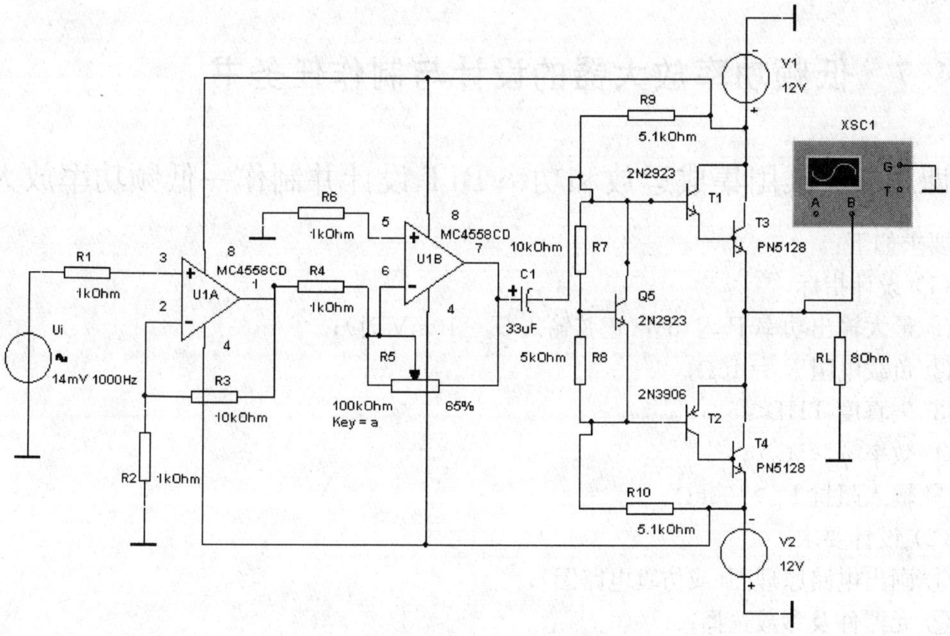

图 4.6.2　符合设计要求的实际电路(仿真电路)

- $|U_{(BR)CEO}| \geqslant 1.2\times 2V_{CC}=1.2\times 2\times 12=28.8(V)$;
- $I_{CM}\geqslant V_{CC}/R_L=12/8=1.5(A)$。

根据上述条件,通过查阅手册或查阅 Workbench 软件中的实元器件参数,可选为 2N3016,其极限参数为 $P_{CM}=3.3W$,$|U_{(BR)CEO}|=100V$,$I_{CM}=2.5A$。

④ 功率管 T_1 和 T_2:可选(读者可自行估算)$P_{CM}\geqslant 0.5W$,$|U_{(BR)CEO}|\geqslant 30V$,$I_{CM}\geqslant 300mA$,$\beta\geqslant 100$ 的三极管,如选 T_1 和 T_2 分别为 S9013、S9012 等。

⑤ 输出级偏置电路:选 T_5 为 S9013 等;选 R_9、R_{10} 均为 5.1 kΩ;选 R_7 和 R_8 分别为5.1 kΩ 和 10 kΩ,可使偏置电压约为 2.1V 左右。

(4) 电路仿真调试　在完成电路的初步设计后,再对电路进行仿真调试,目的是为了观察和测量电路的性能指标并调整部分元器件参数,从而达到各项指标的要求。

(5) PCB 图设计与生成

① 由仿真电路直接生成网络表;

② 调用 Protel-PCB,并进行元器件合理布局;

③ 调用网络表,并自动布线;

④ PCB 图的人工调整;

⑤ 打印输出。

PCB 板一般由生产厂商根据图纸进行生产,电路设计者无须介入。

(6) 电路焊接与装配

① 元器件老化与抽样检测;

② 元器件预处理;

③ 基于 PCB 板的元器件焊接与电路装配。

(7) 实际电路测试与改进　选择测量仪表与仪器,对电路进行实际测量与调试,参数调整同仿真 5.4.1。

4.7 低频功率放大器的设计与制作任务书

课题 1 试用集成运放和功率 BJT 设计并制作一低频功率放大器

要求如下：

(1) 设计指标

① 最大输出功率 $P_{om} \geqslant 5W$（正弦输入 $U_i = 10mV$ 时）；

② 负载电阻 $R_L = 16\Omega$；

③ 失真度 THD$\leqslant 5\%$；

④ 效率 $\eta \geqslant 50\%$；

⑤ 输入阻抗 $R_i \geqslant 100k\Omega$。

(2) 设计要求

① 画出电路原理图（或仿真电路图）；

② 元器件及参数选择；

③ 电路仿真与调试；

④ PCB 文件生成与打印输出。

(3) 制作要求　自行装配和调试，并能发现问题和解决问题。

(4) 编写设计报告　写出设计与制作的全过程，附上有关资料和图纸，有心得体会。

(5) 答辩　在规定的时间内，完成叙述并回答提问。

课题 2 试用集成运放和 VMOSFET 设计并制作一低频功率放大器

要求如下：

(1) 设计指标

① 最大输出功率 $P_{om} \geqslant 8W$（正弦输入 $U_i = 10mV$ 时）；

② 负载电阻 $R_L = 8\Omega$；

③ 失真度 THD$\leqslant 2\%$；

④ 效率 $\eta \geqslant 50\%$；

⑤ 输入阻抗 $R_i \geqslant 100k\Omega$。

(2) 设计要求

① 画出电路原理图（或仿真电路图）；

② 元器件及参数选择；

③ 电路仿真与调试；

④ PCB 文件生成与打印输出。

(3) 制作要求　自行装配和调试，并能发现问题和解决问题。

(4) 编写设计报告　写出设计与制作的全过程，附上有关资料和图纸，有心得体会。

(5) 答辩　在规定的时间内，完成叙述并回答提问。

5　直流稳压电源的设计与制作

直流稳压电源作为直流能量的提供者，在各种电子设备中，有着极其重要的地位，它的性能良好与否直接影响整个电子产品的精度、稳定性和可靠性。随着电子技术的日益发展，电源技术也得到了很大的发展，它从过去一个不太复杂的电子线路变为今天具有较强功能的模块。实现电源稳定的方式，由传统的线性稳压发展到今天的开关式稳压，电源技术正从过去附属于其它电子设备状态，逐渐演变为一个电子学科的独立的分支。

5.1　直流稳压电源的基本组成及工作原理

5.1.1　直流稳压电源的组成

直流稳压电源由电源变压器、整流器、滤波器、稳压器等几部分组成，其组成框图如图 5.1.1 所示。

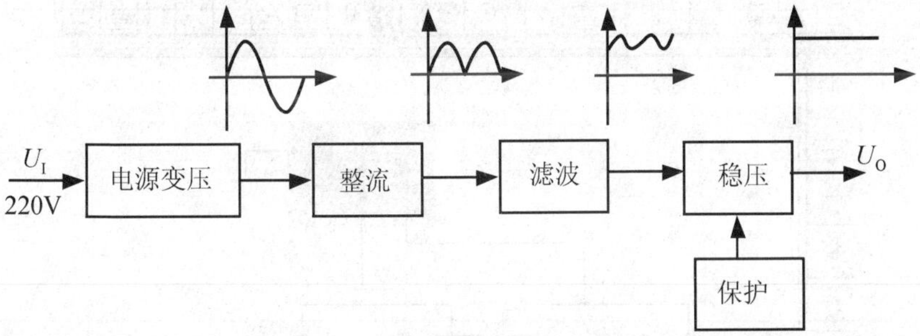

图 5.1.1　直流稳压电源的组成框图

(1) 交流电压变换部分　一般的电子设备所需的直流电压较之交流电网提供的 220V 电压相差较大，为了得到输出电压的额定范围，就需要将电网电压转换到合适的数值。所以，电压变换部分的主要任务是将电网电压变为所需的交流电压，同时还可以起到直流电源与电网的隔离作用。

(2) 整流部分　整流电路的作用，是将变换后的交流电压转换为单方向的脉动电压。由于这种电压存在着很大的脉动成分(称为纹波)，因此一般还不能直接用来给负载供电，否则，纹波的变化会严重影响负载电路的性能指标。

(3) 滤波部分　滤波部分的作用是对整流部分输出的脉动直流电进行平滑，使之成为含交变成分很小的直流电压。也就是说，滤波部分实际上是一个性能较好的低通滤波器，且其截止频率一定低于整流输出电压的基波频率。

(4) 稳压部分　尽管经过整流滤波后电压接近于直流电压，但是其电压值的稳定性很差，它受温度、负载、电网电压波动等因素的影响很大，因此，还必须有稳压电路，以维持输出直流电压的基本稳定。

5.1.2　直流稳压电源各部分原理

1）电源变压器(Transformer)

电源变压器是将电网电压变换成电路实际所需的交流电压。其实物示意图和符号如图5.1.2所示;其电路图如图5.1.3所示。

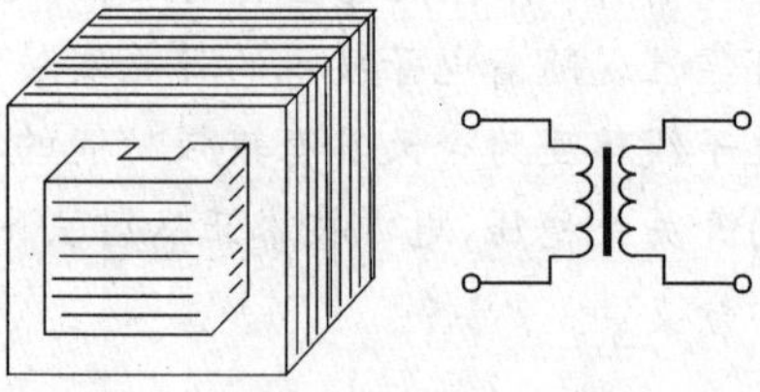

图5.1.2　变压器的实物示意图和符号

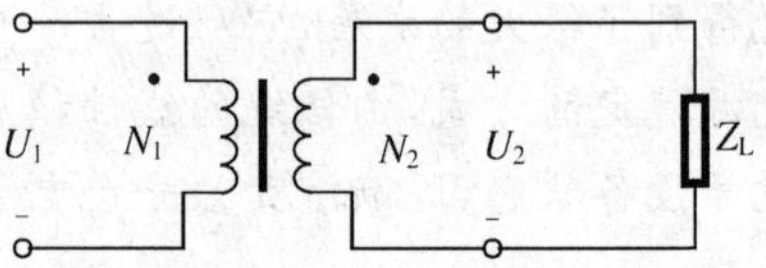

图5.1.3　变压器的电路图

[**仿真5.1.1**]　电源变压器的基本特性

调用Multisim,取电源变压器(10∶1),交流电源(200V/50Hz,其中200V应为电压幅值即峰值,而不是有效值),负载电阻(100Ω)以及示波器组成图如5.1.4所示仿真电路。

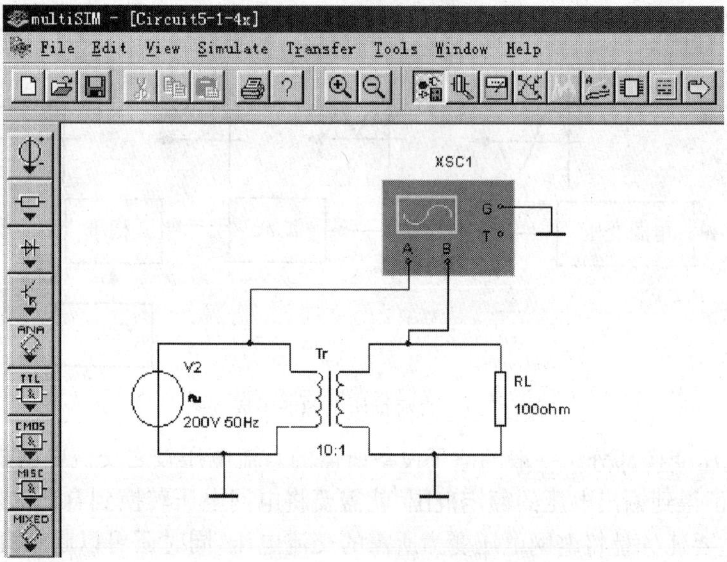

图5.1.4　电源变压器基本特性的仿真分析

从仿真分析结果中可以得到,变压器初级输出电压幅值(峰值)约为____V,变压器次级输出电压幅值(峰值)约为____V,因此,初级输入电压和次级输出电压之比约为____∶____。

实际上,理想变压器满足$I_1/I_2=U_2/U_1=N_2/N_1=1/n$,因此有$P_1=P_2=U_1I_1=U_2I_2$。这一结论是读者已经熟悉的。

2）整流(Rectifier)

整流是稳压电源的一个重要组成部分,它的主要作用是进行波形变换,即将交流信号变成直流信号。

(1) 半波整流(Half Wave Rectifier)　半波整流电路如图5.1.5所示。为分析方便起见,设二极管为理想的。

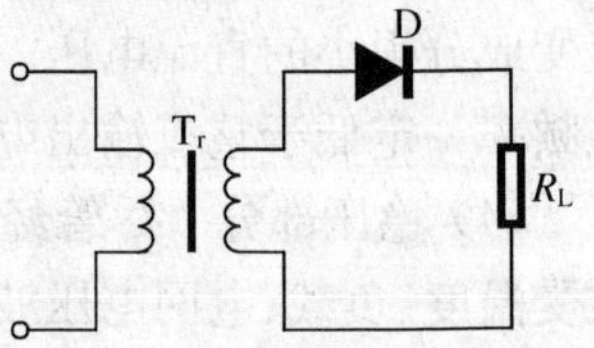

图5.1.5　半波整流电路

[**仿真 5.1.2**]　半波整流电路的分析

续[仿真 5.1.1]取二极管(理想)1 只并组成图 5.1.6 所示仿真电路。

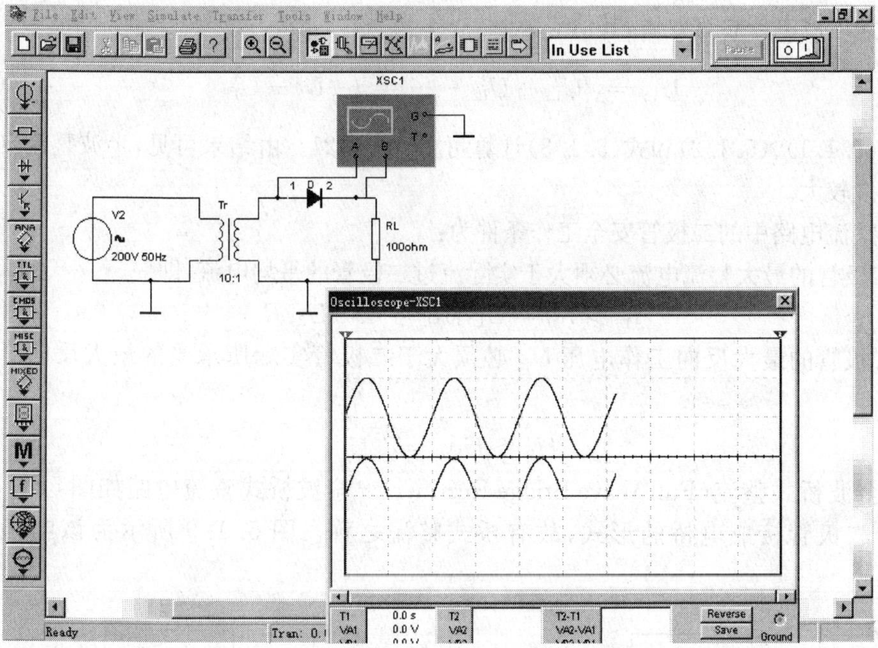

图 5.1.6　半波整流电路的仿真分析

① 同时观察半波整流电路的输入和输出电压波形,并记录(画在坐标纸上)。

② 观察该电路并记录:

输入电压(指二极管输入)是____(双极性/单极性),而输出电压是____(双极性/单极性),且是____(全波/半波)波形。

③ 观察该电路并记录:

输出电压与输入电压的幅值____(基本相等/相差很大)。

该电路工作原理:设变压器次级电压 $u_2 = U_{2m}\sin\omega t = \sqrt{2}U_2\sin\omega t$,其中 U_{2m} 为其幅值,U_2 为有效值。当 u_2 变化的正半周期时,二极管 D 受正向电压偏置而导通,$U_L = u_2$;当 u_2 变化的负半周期时,二极管 D 处于反向偏置状态而截止,$U_L = 0$。u_2 和 U_L 的波形如图 5.1.7 所示,显然,输入电压是双极性,而输出电压是单极性,且是半波波形,输出电压与输入电压的幅值基本相等。

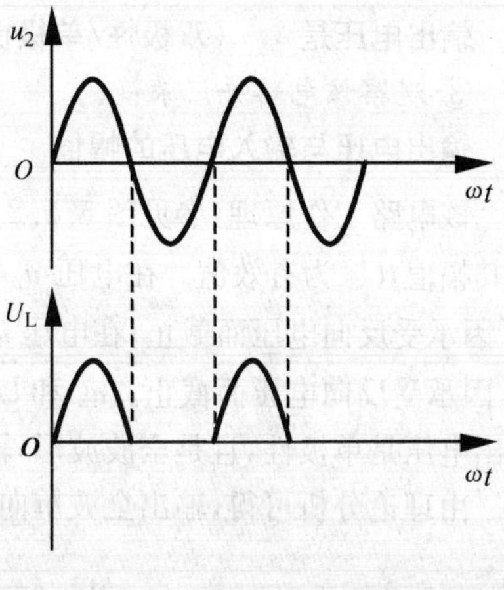

图 5.1.7　半波整流电路的波形

由理论分析可得,输出单向脉冲电压的平均值,即直流分量为

$$U_{L0} = U_{2m}/\pi = \frac{\sqrt{2}}{\pi}U_2 \approx 0.45U_2 \qquad (5.1.1)$$

显然,输出电压中除了直流成分外,还含有丰富的基波和谐波的交流成分(这里可通称为谐波),这些谐波的总和称为纹波,它叠加于直流分量之上。常用纹波系

数γ来表示直流输出电压中相对纹波电压的大小，即

$$\gamma=\frac{U_{L\gamma}}{U_{L0}} \tag{5.1.2}$$

式中，$U_{L\gamma}$为谐波电压总有效值，其值应为

$$U_{L\gamma}=\sqrt{U_{L1}^2+U_{L2}^2+\cdots}=\sqrt{\frac{1}{2}U_2^2-U_{L0}^2} \tag{5.1.3}$$

由式(5.1.1)、(5.1.2)和式(5.1.3)计算可得$\gamma\approx1.21$。由结果可见，半波整流电路的输出电压纹波较大。

半波整流电路中的二极管安全工作条件为：

① 二极管的最大整流电流必须大于实际流过二极管的平均电流，即

$$I_F>I_{D0}=U_{L0}/R_L=0.45U_2/R_L$$

② 二极管的最大反向工作电压U_R必须大于二极管实际所承受的最大反向峰值电压U_{RM}，即

$$U_R>U_{RM}=\sqrt{2}U_2$$

(2) 全波桥式整流(Full Wave Bridge Rectifier)　全波桥式整流电路如图5.1.8所示，图中4个二极管接成电桥的形式，故有桥式整流之称。图5.1.9所示为该电路的简化画法。

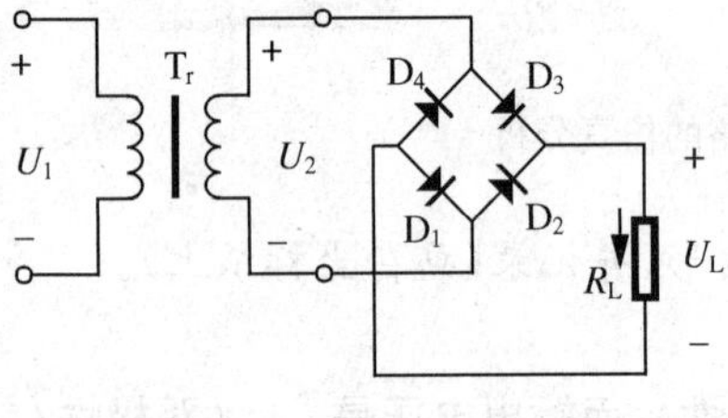

图5.1.8　全波桥式整流电路

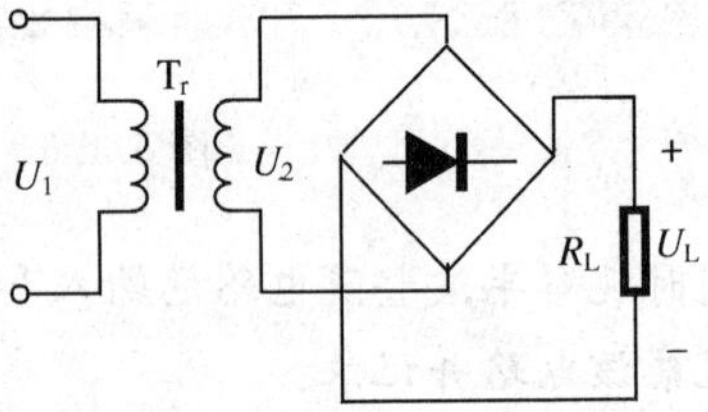

5.1.9　全波桥式整流电路简化画法

［**仿真5.1.3**］　全波整流电路的分析

续[仿真5.1.2]，取整流桥(理想)1只并组成图5.1.10所示仿真电路。

① 观察全波整流电路的输出电压波形，并记录(画在坐标纸上)。

② 观察该电路并记录：

输出电压是____(双极性/单极性)，且是____(全波/半波)波形。

③ 观察该电路并记录：

输出电压与输入电压的幅值____(基本相等/相差很大)。

该电路工作原理：参见图5.1.8，设变压器次级电压$u_2=U_{2m}\sin\omega t=\sqrt{2}U_2\sin\omega t$，其中$U_{2m}$为其幅值，$U_2$为有效值。在电压$u_2$的正半周期时，二极管$D_1$、$D_3$因受正向偏压而导通，$D_2$、$D_4$因承受反向电压而截止；在电压$u_2$的负半周期时，二极管因受$D_2$、$D_4$正向偏压而导通，$D_1$、$D_3$因承受反向电压而截止。$u_2$和$U_L$的波形如图5.1.11所示，显然，输入电压是双极性，而输出电压是单极性，且是全波波形，输出电压与输入电压的幅值基本相等。

由理论分析可得，输出全波单向脉冲电压的平均值即直流分量为

$$U_{L0}=2U_{2m}/\pi=\frac{2\sqrt{2}}{\pi}U_2\approx0.9U_2 \tag{5.1.4}$$

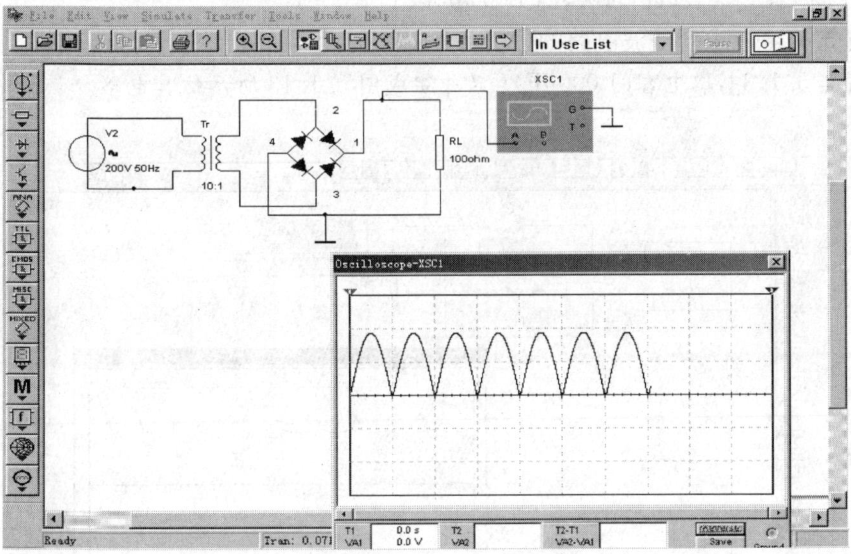

图 5.1.10　全波桥式整流电路仿真分析

其纹波系数 γ 为

$$\gamma = \frac{U_{L\gamma}}{U_{L0}} \qquad (5.1.5)$$

式中，$U_{L\gamma}$ 为谐波（只有偶次谐波）电压总有效值，其值应为

$$U_{L\gamma} = \sqrt{U_{L2}^2 + U_{L4}^2 + \cdots} = \sqrt{U_2^2 - U_{L0}^2} \qquad (5.1.6)$$

由式(5.1.4)、(5.1.5)和(5.1.6)计算可得 $\gamma \approx 0.48$。由结果可见，全波整流电路的输出电压纹波比半波整流电路小得多，但仍然较大，故需用滤波电路来滤除纹波电压。

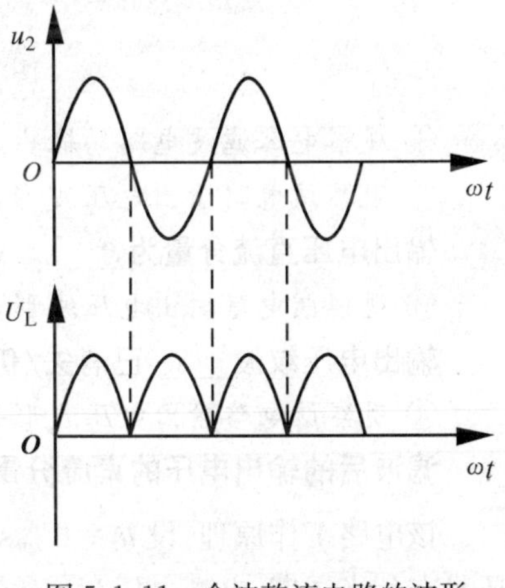

图 5.1.11　全波整流电路的波形

全波整流电路中的二极管安全工作条件为：

① 二极管的最大整流电流必须大于实际流过二极管的平均电流。由于 4 个二极管是两两轮流导通的，因此有

$$I_F > I_{D0} = 0.5U_{L0}/R_L = 0.45U_2/R_L$$

② 二极管的最大反向工作电压 U_R 必须大于二极管实际所承受的最大反向峰值电压 U_{RM}，即

$$U_R > U_{RM} = \sqrt{2}U_2$$

3）滤波电路（Filter Circuit）

尽管全波整流的纹波系数较之半波整流有很大改善，但还不能直接给负载供电，需采用滤波电路进一步减小纹波。滤波通常是利用电容或电感的能量存储作用来实现的。滤波电路种类很多，下面介绍几种常用的滤波电路。

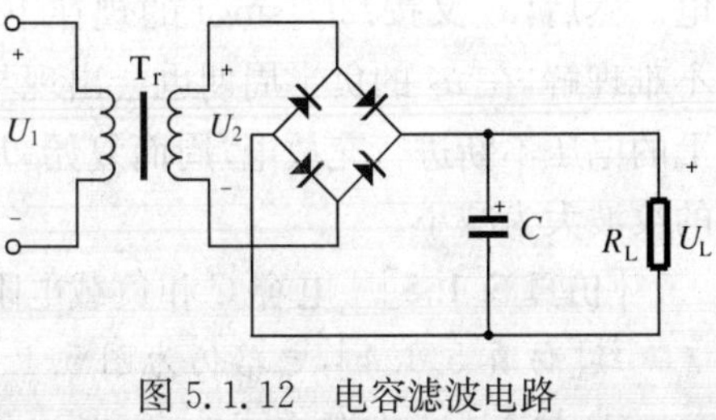

图 5.1.12　电容滤波电路

(1) 电容滤波（Capacitance Filter）　电容滤波电路如图 5.1.12 所示，由于市电交流电频率较低

(50Hz)，图中电容 C 一般取值较大，约 1 000μF 以上。

[仿真 5.1.4] 电容滤波电路的分析

续[仿真 5.1.3]，取电容(1 000μF)1 只并组成图 5.1.13 所示仿真电路。

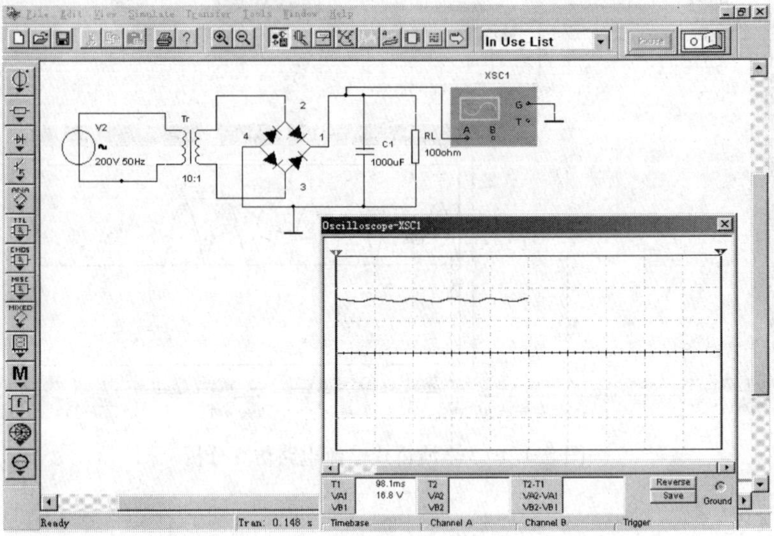

图 5.1.13 电容滤波电路仿真分析

① 观察电容滤波电路的输出电压波形，并记录(画在坐标纸上)。

② 观察该电路输出电压波形，并记录：

输出电压直流分量为______ V，纹波分量峰峰值(用 AC 输入档测量)为______ mV。

③ 观察该电路输出电压波形，并记录：

输出电压纹波____(已消失/仍存在)，滤波后的纹波要比滤波前____(大得多/小得多)。

④ 观察该电路输出电压波形并记录：

滤波后的输出电压的直流分量______(大于/等于/小于)滤波前的输出电压的直流分量。

该电路工作原理：设 $u_2=U_{2m}\sin\omega t=\sqrt{2}U_2\sin\omega t$，由于是全波整流，因此不管是在正半周期还是在负半周期，电源电压 U_2 一方面向 R_L 供电，另一方面对电容 C 进行充电。由于充电时间常数很小(二极管导通电阻和变压器内阻很小)，所以，很快充满电荷，使电容两端电压 U_C 基本接近 U_{2m}，而电容上的电压是不会突变的。现假设某一时刻 u_2 的正半周期由零开始上升，因为此时电容上电压 U_C 基本接近 U_{2m}，因此 $u_2<U_C$，D_1、D_2、D_3、D_4 管均截止，电容 C 通过 R_L 放电，由于放电时常数 $\tau_d=R_LC$ 很大(R_L 较大时)，因此放电速度很慢，U_C 下降很少。与此同时，u_2 仍按 $\sqrt{2}U_2\sin\omega t$ 的规律上升，一旦当 $u_2>U_C$ 时，D_1、D_3 导通，$u_2\to D_3\to C\to D_1$ 对 C 充电。然后，u_2 又按 $\sqrt{2}U_2\sin\omega t$ 的规律下降，当 $u_2<U_C$ 时，二极管均截止，故 C 又经 R_L 放电。不难理解，在 u_2 的负半周期也会出现与上述基本相同的结果。这样在 u_2 的不断作用下，电容上的电压不断进行充放电，周而复始，从而得到一近似于锯齿波的电压 $U_L=U_C$，使负载电压的纹波大为减小。

[仿真 5.1.5] 电容 C 和负载电阻 R_L 的变化对输出电压的影响

续[仿真 5.1.4]，电路仍为图 5.1.13 所示仿真电路。

① 按表 5-1-1 的要求改变电容，并记录仿真结果。

表 5-1-1 电容 C 变化对输出电压 U_L 的影响($R_L=100\Omega$)

U_L	$C=500\mu F$	$C=1\,000\mu F$	$C=2\,000\mu F$
直流分量/V			
纹波(峰峰值)/mV			

② 按表 5-1-2 的要求改变负载电阻,并记录仿真结果。

表 5-1-2 负载电阻 R_L 变化对输出电压 U_L 的影响($C=1\,000\mu F$)

U_L	$R_L=50\Omega$	$R_L=100\Omega$	$R_L=200\Omega$
直流分量/V			
纹波(峰峰值)/mV			

问题:以上仿真的结果说明了什么?

由以上分析可知,电容滤波电路有如下特点:

① R_LC 越大,电容放电速度越慢,负载电压中的纹波成分越小,负载平均电压越高。为了得到平滑的负载电压,一般取

$$R_LC\geqslant(3\sim5)\frac{T}{2} \tag{5.1.7}$$

式中,T 为交流电源电压的周期。

② R_L 越小输出电压越小。

若 C 值一定,当 $R_L\to\infty$,即空载时有

$$U_{L0}=\sqrt{2}U_2\approx1.4U_2$$

当 $C=0$,即无电容时有

$$U_{L0}\approx0.9U_2$$

当整流电路的内阻不太大(几欧)和电阻 R_L 电容 C 取值满足式(5.1.7)时,有

$$U_{L0}\approx(1.1\sim1.2)U_2 \tag{5.1.8}$$

总之,电容滤波适用于负载电压较高、负载变化不大的场合

(2) 电感滤波(Inductance Filter) 电感滤波电路如图 5.1.14 所示,由于市电交流电频率较低(50Hz),图中电感 L 一般取值较大,约几亨以上。

[**仿真 5.1.6**] 电感滤波电路的分析

续仿真[5.1.4],删除电容并取电感(4H)1 只组成图 5.1.15 所示仿真电路。

① 观察电容滤波电路的输出电压波形,并记录(画在坐标纸上)。

② 观察该电路输出电压波形,并记录:

输出电压直流分量为______V,纹波分量峰峰值(用 AC 输入档测量)为______mV。

③ 观察该电路输出电压波形,并记录;

输出电压纹波______(已消失/仍存在),滤波后的纹波要比滤波前______(大得多/小得多)。

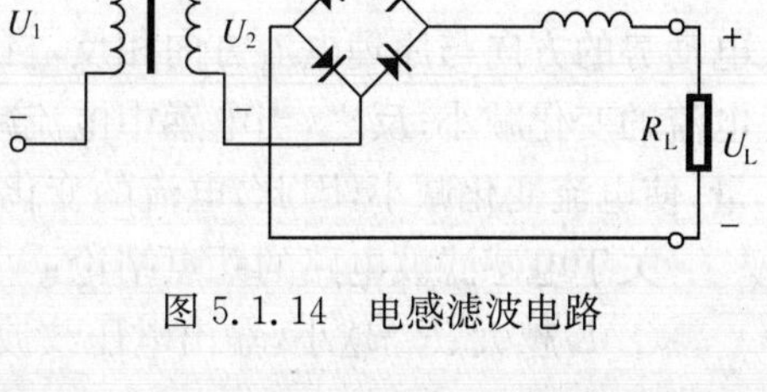

图 5.1.14 电感滤波电路

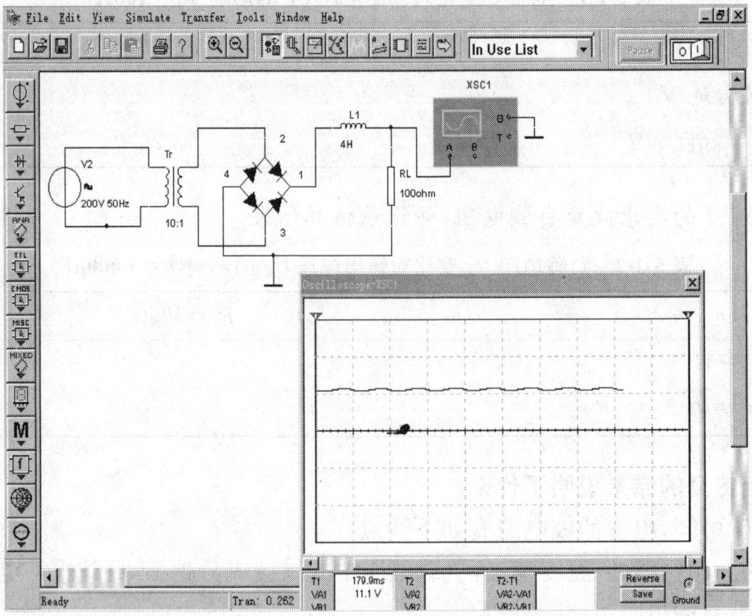

图 5.1.15　电感滤波电路的仿真分析

④ 观察该电路输出电压波形并记录：

滤波后的输出电压的直流分量______（大于/等于/小于）滤波前的输出电压的直流分量。

⑤ 按表 5-1-3 的要求改变电感，并记录仿真结果。

表 5-1-3　电感 L 变化对输出电压 U_L 的影响（$R_L=100\Omega$）

U_L	$L=2H$	$L=4H$	$L=8H$
直流分量/V			
纹波（峰峰值）/mV			

⑥ 按表 5-1-4 的要求改变负载电阻，并记录仿真结果。

表 5-1-4　负载电阻 R_L 变化对输出电压 U_L 的影响（$L=4H$）

U_L	$R_L=50\Omega$	$R_L=100\Omega$	$R_L=200\Omega$
直流分量/V			
纹波（峰峰值）/mV			

问题：以上仿真的结果说明了什么？

电感滤波电路是利用电感的储能来减小输出电压纹波的。当电感中电流增大时，自电感电动势的方向与原理电流方向相反，自感电动势阻碍了电位的增加同时也将能量储存起来，使电流的变化减小；反之，当电感中电流减少时，自感电动势的作用阻碍电流的减少，同时释放能量，使电流变化减小，因此，电流的变化小，电压的纹波得到抑制。

关于电感滤波电路的几点结论：

① L 越大、R_L 越小，输出电压纹波越小。

② 忽略电感内阻，$U_{L0}=0.9U_2$（理论值）。

③ 电感滤波适用于低电压、大电流的场合。

此外，为了进一步减小负载电压中的纹波，电感后面可再接一电容而构成倒 L 型滤波电路或采用 π 型滤波电路，分别如图 5.1.16 和 5.1.17 所示。

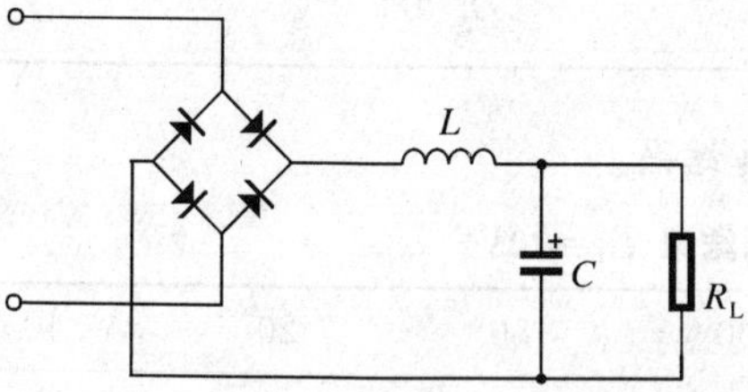

图 5.1.16　倒 L 型滤波电路

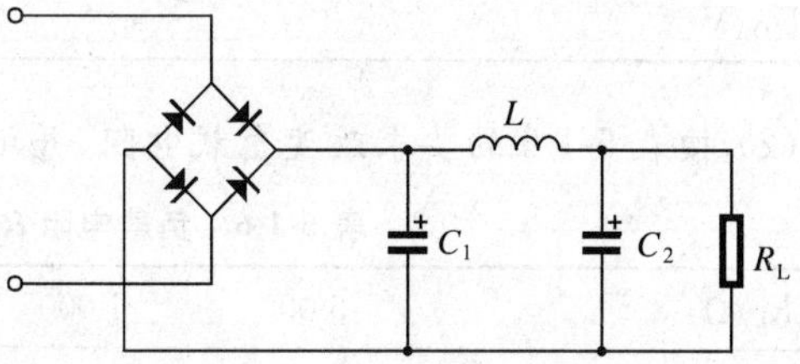

图 5.1.17　π 型滤波电路

4）稳压（Voltage Regulator）

滤波后的输出电压即使纹波很小，也仍然存在稳定性的问题。这是因为当负载 R_L 变化或电网电压波动时，输出电压的整体也要随之改变，因此，绝大多数直流电源都必须采用稳压电路进行稳压。

简单稳压管稳压电路如图 5.1.18 所示。电路中，R 为限流电阻，D_Z 为稳压二极管。图 5.1.19 所示为稳压二极管的伏安特性曲线。

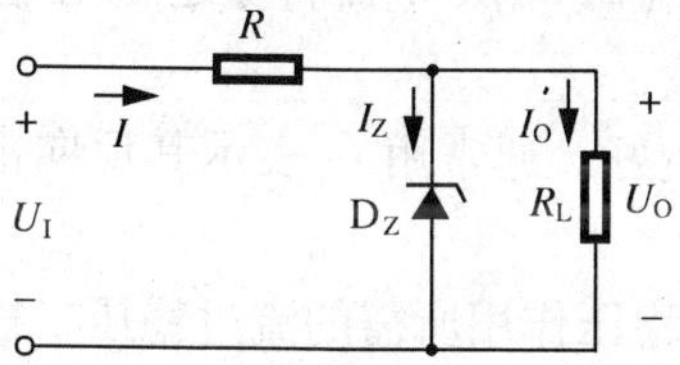

图 5.1.18　稳压管稳压电路

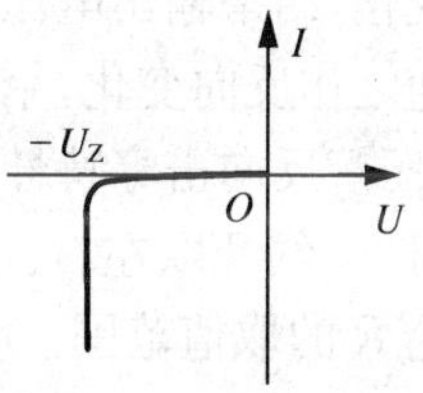

图 5.1.19　稳压管特性

［**仿真 5.1.7**］　稳压管稳压电路的分析

调用 Multisim 仿真，取稳压二极管（1N4740A，$U_Z = 10\text{V}$）1 只、电阻 R（100Ω）1 只和 R_L（1kΩ）1 只，并组成图 5.1.20 所示仿真电路。

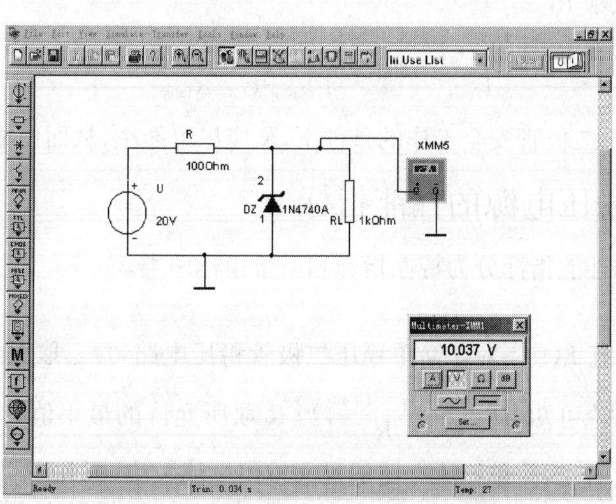

图 5.1.20　稳压管稳压电路的仿真分析

(1) 按表 5-1-5 的要求改变输入电压，并记录仿真结果。

表 5-1-5　输入电压变化的结果($R_L=1k\Omega$)

U_I/V	30	25	20	15	9	5	1
U_O/V							

(2) 按表 5-1-6 的要求改变负载电阻，并记录仿真结果。

表 5-1-6　负载电阻 R_L 变化的结果($U_I=20V$)

R_L/Ω	∞	5 000	1 000	200	50	20	10
U_O/V							

仿真结果表明，当输入电源电压和负载变化时，稳压二极管稳压电路________(可以/不可以)实现稳压作用。

仿真结果还表明，当稳压电路实现稳压作用时，对输入电源电压和负载变化的范围______(没有/有)限制。

稳压管稳压的原理实际上是利用稳压管在反向击穿时电流可在较大范围内变动但击穿电压却基本不变的特点而实现的。当输入电压变化时，输入电流将随之变化，稳压管中的电流也将随之同步变化，结果输出电压基本不变；当负载电阻变化时，输出电流将随之变化，但稳压管中的电流却随之作反向变化，结果仍是输出电压基本不变。

显然，稳压管反向击穿特性曲线越陡峭稳压特性就越好。通常用 r_Z 表示其反向击穿后的微变等效电阻，r_Z 约几欧左右。

下面讨论 R 的取值范围。参见图 5.1.18，设为保证稳压作用所需的流过稳压二极管的最小电流为 I_{Zmin}，为防止电流过大从而造成损坏所容许的流过稳压二极管的最大电流为 I_{Zmax}，即要求 $I_{Zmin}<I_Z<I_{Zmax}$。当 U_I 最大和 R_L 开路时，流过稳压二极管的电流最大，此时应有 $R\geqslant\frac{U_{Imax}-U_Z}{I_{Zmax}}$；当 U_I 最小(不小于 U_Z)和 R_L 最小(不允许短路)时，流过稳压二极管的电流最小，此时应有 $R\leqslant\frac{U_{Imin}-U_Z}{I_{Zmin}+U_Z/R_{Lmin}}$。即

$$\frac{U_{Imax}-U_Z}{I_{Zmax}}\leqslant R\leqslant\frac{U_{Imin}-U_Z}{I_{Zmin}+U_Z/R_{Lmin}} \tag{5.1.9}$$

一般来说，在稳压二极管安全工作的条件下，R 应尽可能小，从而使输出电流范围增大。

5.1.3 直流稳压电源的性能指标

直流稳压电源的性能指标分为特性指标和质量指标两类。

1) 特性指标

(1) 最大输出电流 I_{Omax}　对于简单稳压二极管稳压电路，I_{Omax} 取决于稳压管最大允许工作电流。由前面的讨论可知，$I_{Omax}=\frac{U_I-U_Z}{R}$，当 R 取所允许的最小值时，$I_{Omax}\approx I_{Zmax}$，其值约几百毫安左右。由此可见，简单稳压电路的最大输出电流较小，因此应用场合较少。

串联式稳压电路和开关式稳压电路的 I_{Omax} 取决于调整管的最大允许耗散功率和最大允许工作电流。

(2) 输出电压 U_O 和电压调节范围　对于简单稳压二极管稳压电路，$U_O=U_Z$ 且是不可调节的。

实际应用中，这一指标可按照使用对象的要求来给定。对于需要固定电源的设备，其稳定电压的调节范围要小一些，电压值一旦调好即可不再改变。对于通用电源，其输出范围一般从零起调，且连续可调。

(3) 保护特性　在直流稳压电源中，当负载电流过载或短路时，调整管会损坏。因此，必须采用快速响应的过流保护电路。此外，当稳压电路出现故障时，输出会出现电压过高的现象，这就会对负载产生危害，因此，还要求有过电压保护电路。

(4) 效率 η　稳压电源是个换能器，因此，也有能量转换效率的问题。提高效率主要是降低调整管的功耗，这样既能节能，又能提供电源的工作可靠性。

(5) 过冲幅度　由于交流供电电源和负载的瞬变而引起输出电压超出稳定区，称为过冲。输出电压偏高额定值的最大幅度称为过冲幅度。

2）质量指标

稳压电路的输出电压 U_O 会受到输入电压 U_I、负载电流 I_O 和环境温度 T 这三个因素的影响，即

$$U_O=f(U_I,\ I_O,T)$$

因此，稳定电源输出电压变化量的一般表达式可记为

$$\Delta U_O=\frac{\partial U_O}{\partial U_I}\Delta U_I+\frac{\partial U_O}{\partial I_O}\Delta I_O+\frac{\partial U_O}{\partial T}\Delta T$$

或

$$\Delta U_O=S_u\Delta U_I-R_O\Delta I_O+S_T\Delta T$$

由上式可知，直流稳压电源的三项质量指标分别为 S_u、R_O、S_T。

(1) 输入电压调整因数 S_u 和稳压系数 S_r　通常将整流滤波后输入电压的变化量与所引起的输出电压变化量之比称为输入电压调整因数，即

$$S_u=\left.\frac{\Delta U_O}{\Delta U_I}\right|_{\Delta T=0,\Delta I_O=0} \tag{5.1.10}$$

实际上常用输出电压和输入电压的相对变化量之比来表征电源的稳压性能，称之为稳压系数，即

$$S_r=\left.\frac{\Delta U_O/U_O}{\Delta U_I/U_I}\right|_{\Delta T=0,\Delta I_O=0} \tag{5.1.11}$$

或

$$S_r=S_u\frac{U_O}{U_I} \tag{5.1.12}$$

［**课堂练习**］　从表 5-1-5 中取两组数据计算 S_u 和 S_r。

(2) 输出电阻 R_O　在输入电压和温度系数不变的情况下，输出电压变化量和负载电流变化量之比，定义为输出电阻，记作：

$$R_O=\left.\frac{-\Delta U_O}{\Delta I_O}\right|_{\Delta T=0,\Delta U_I=0} \tag{5.1.13}$$

式中负号表示 ΔU_O 与 ΔI_O 变化方向相反。

［**课堂练习**］　从表 5-1-6 中取两组数据计算 R_O。

(3) 温度系数 S_T　在输入电压和负载电流均不变的情况下，单位温度变化所引起的输出电压变化就是稳压值的温度系数或称温度漂移。记作：

$$S_T = \frac{\Delta U_O}{\Delta T}\bigg|_{\Delta I_O=0,\Delta U_I=0} \tag{5.1.14}$$

(4) 纹波电压 U_γ　在额定工作电流的情况下，输出电压中交流分量总和的有效值称为纹波电压 U_γ。

对于一个高性能的稳压电路来说，上面所述的 4 项指标都是越小越好。

5.2　串联反馈式稳压电路

5.2.1　串联反馈式稳压电路的工作原理

稳压管稳压电路(Series Voltage Regulator)尽管线路简单、使用方便，但在使用时存在两方面的问题：一是电网电压和负载电流变化较大时，电路将失去稳压作用，适应范围小；二是稳压值只能由稳压管的型号决定，不能连续可调，稳压精度不高，输出电流也不大，很难满足对电压精度要求高的负载的需要。为解决这一问题，往往采用串联反馈式稳压电路。

图 5.2.1 是串联反馈式稳压电路的原理图。图中 U_I 是整流滤波电路的输出电压；T 为调整管；A 为比较放大电路；U_{REF} 为基准电压，它由稳压管 D_Z 与限流电阻 R 串联所构成的简单稳压电路获得；R_1 与 R_2 组成反馈网络，是用来反映输出电压变化的取样环节。这种稳压电路的主回路是起调整作用的三极管 T 与负载串联，故称为串联式稳压电路。

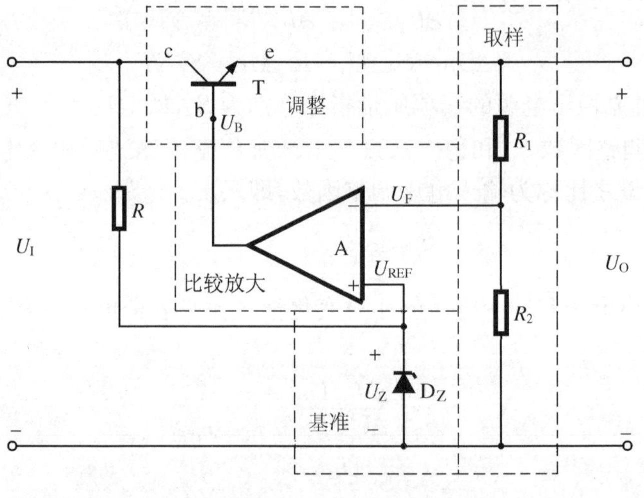

图 5.2.1　串联式稳压电路原理图

[**仿真 5.2.1**]　串联式稳压电路的分析

调用 Multisim 仿真，取稳压二极管(1N4370A，U_Z=2.4V)、电阻 R(1kΩ)、R_1(3.3kΩ)、R_2(1kΩ)、R_L(10Ω)、理想运放和三极管各 1 只并组成图 5.2.2 所示仿真电路。

① 按表 5-2-1 的要求改变输入电压，并记录仿真结果。

表 5-2-1　输入电压变化的结果(其它参数不变)

U_I/V	30	25	20	15	9	5	1
U_O/V							

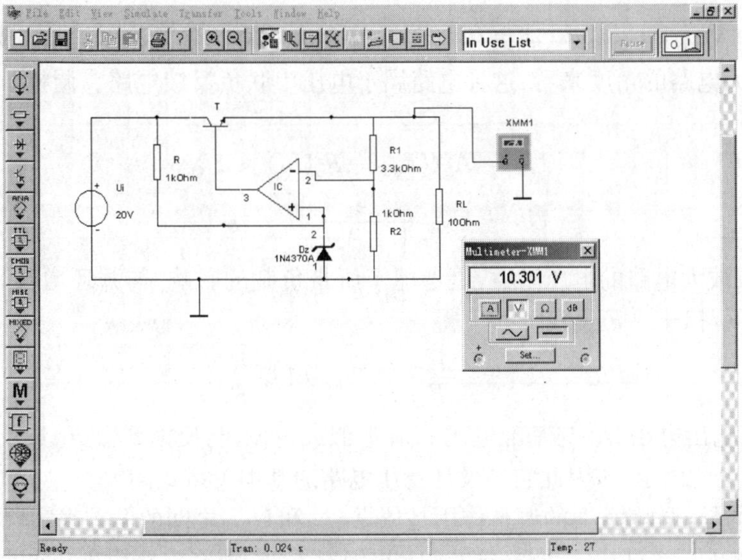

图 5.2.2　串联式稳压电路的仿真分析

结果表明，当输入电源电压变化时，串联式稳压电路______（可以/不可以）实现稳压作用。

② 按表 5-2-2 的要求改变负载电阻，并记录仿真结果。

表 5-2-2　负载电阻 R_L 变化的结果（其它参数不变）

R_L/Ω	∞	5 000	1 000	200	20	10	5
U_O/V							

结果表明，当负载电阻变化时串联式稳压电路______（可以/不可以）实现稳压作用，同时，其最大可能的输出电流______（远大于/基本等于/远小于）简单稳压管稳压电路。

③ 按表 5-2-3 的要求改变取样电阻，并记录仿真结果。

表 5-2-3　取样电阻 R_1 变化的结果（其它参数不变）

R_1/Ω	∞	10 000	6 200	3 300	1 000	100	0
U_O/V							

结果表明，当取样电阻变化时串联式稳压电路______（可以/不可以）实现输出电压的可调作用，且取样电阻 R_1 与 R_2 的比值越大，输出电压______（越大/基本不变/越小）；输出电压的最小值为______，______（基本等于 U_Z/与 U_Z 相差很大），此时 $R_1=$______；输出电压的最大值为______，当输出电压等于最大输入电压时，电路______（仍可以/不可以）实现稳压作用。

串联式稳压电路是利用输出电压的变化量由反馈网络取样经放大电路（A）放大后去控制调整管 T 的 c-e 极间的电压降，从而达到稳定输出电压 U_O 的目的。稳压原理可简述如下：当输入电压 U_I 增加（或负载电流 I_O 减小）时，导致输出电压 U_O 增加，随之反馈电压 $U_F=R_2U_O/(R_1+R_2)=F_uU_O$ 也增加（F_u 为反馈系数）。U_F 与基准电压 U_{REF} 相比较，其差值电压经比较

放大电路放大后使 U_B 和 I_C 减小，调整管 T 的 c-e 极间电压 U_{CE} 增大，使 U_O 下降，从而维持 U_O 基本恒定。

同理，当输入电压 U_I 减小(或负载电流 I_O 增加)时，亦将使输出电压基本保持不变。

从反馈放大电路的角度来看，这种电路属于电压串联负反馈电路。调整管 T 连接成电压跟随器，因此可得

$$U_B = A_u(U_{REF} - F_u U_O) \approx U_O$$

或

$$U_O = U_{REF} \frac{A_u}{1 + A_u F_u} \tag{5.2.1}$$

式中 A_u 是比较放大电路的电压增益，是考虑了所带负载的影响，与开环增益 A_{uO} 不同。在深度负反馈条件下，$|1+A_uF_u| \gg 1$ 时，可得

$$U_O \approx \frac{U_{REF}}{F_u} = U_{REF}(1 + \frac{R_1}{R_2}) \tag{5.2.2}$$

上式表明，输出电压 U_O 与基准电压 U_{REF} 近似成正比，与反馈系数 F_u 成反比。当 U_{REF} 及 F_u 已定时，U_O 也就确定了，因此它是设计稳压电路的基本关系式。

值得注意的是，调整管 T 的调整作用是依靠 U_F 和 U_{REF} 之间的偏差来实现的，必须有偏差才能调整。如果 U_O 绝对不变，调整管的 U_{CE} 也绝对不变，那么电路也就不能起调整作用。所以 U_O 不可能达到绝对稳定，只能是基本稳定。因此，图 5.2.1 所示的系统是一个闭环有差调整系统。

由以上分析可知，当反馈越深时，调整作用越强，输出电压 U_O 也越稳定，电路的稳压系数 S_r 和输出电阻 R_o 也越小。

应当指出的是，基准电压 U_{REF} 是稳压电路的一个重要组成部分，它直接影响稳压电路的性能。为此，要求基准电压输出电阻小，温度稳定性好，噪声低。目前用稳压管组成的基准电压源虽然电路简单，但它的输出电阻大，故常采用带隙基准电压源(电路介绍从略)。这种基准电压源的电压值较低，温度稳定性好，故适用于低电压的电源中。市场上已有这类集成组件可供使用，国产型号有 CJ336、CJ329，国外型号有 MC1403、AD580 等。

这类带隙基准电压源还能方便地转换成 1.2～10V 等多挡稳定性极高的基准电压，温度系数可达 $2\mu V/℃$，输出电阻极低，而且近似零温漂及微伏级的热噪声，它广泛用于集成稳压器、数据转换器(A/D、D/A)和集成传感器中。

5.2.2 三端集成稳压器

目前，电子设备中常使用输出电压固定的集成稳压器。由于它只有输入、输出和公共引出端，故称之为三端式稳压器(简称三端稳压器)。

1) 输出电压固定的三端集成稳压器

[**仿真 5.2.2**] 三端式稳压器电路的分析

调用 Multisim 仿真，画出图 5.2.3 所示仿真电路。

① 按表 5-2-4 的要求改变输入电压，并记录仿真结果。

表 5-2-4 输入电压变化的结果($R_L = 10\Omega$)

U_I/V	30	25	20	15	9	5	1
U_O/V							

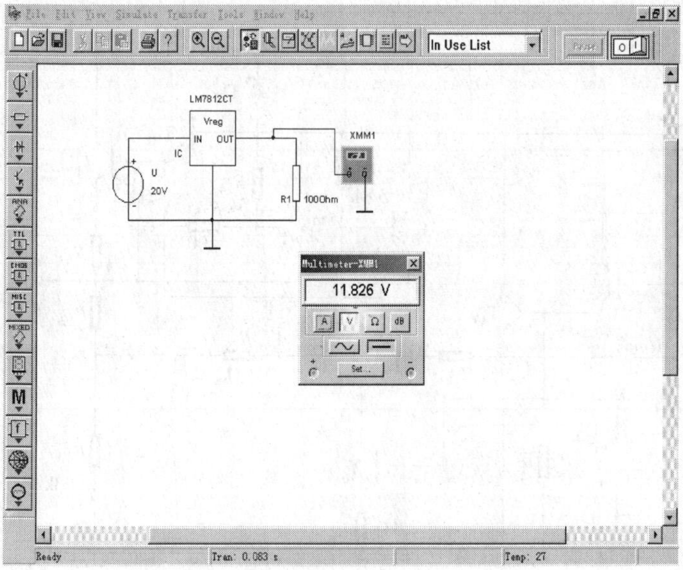

图 5.2.3　三端式稳压器电路的仿真分析

结果表明，当输入电源电压变化时，三端式稳压器____(可以/不可以)实现稳压作用。

② 按表 5-2-5 的要求改变负载电阻，并记录仿真结果。

表 5-2-5　负载电阻 R_L 变化的结果($U_I=20V$)

R_L/Ω	∞	5 000	1 000	200	20	10	5
U_O/V							

结果表明，当负载电阻变化时，串联式稳压电路________(可以/不可以)实现稳压作用。

结果还表明，实际的三端式稳压器的稳压作用______________(是完全理想的/不是完全理想的)。

现以具有正电压输出的 78L××系列为例介绍三端式稳压器的工作原理。

电路如图 5.2.4(a)所示，三端式稳压器由启动电路、基准电压电路、取样比较放大电路、调整电路和保护电路等部分组成。下面对各部分电路作简单介绍。

(1)启动电路　在集成稳压器中，常常采用许多恒流源，当输入电压 U_I 接通后，这些恒流源难以自行导通，以致输出电压较难建立。因此，必须用启动电路给恒流源的三极管 T_4、T_5 提供基极电流。启动电路由 T_1、T_2、D_{Z1} 组成。当输入电压 U_I 高于稳压管 D_{Z2} 的稳定电压时，有电流通过 T_1、T_2，使 T_3 基极电位上升而导通，同时恒流源 T_4、T_5 也工作。T_4 的集电极电流通过 D_{Z2} 以建立起正常工作电压，当 D_{Z2} 达到和 D_{Z1} 相等的稳压值，整个电路进入正常工作状态，电路启动完毕。与此同时，T_2 因发射结电压为零而截止，切断了启动电路与放大电路的联系，从而保证 T_2 左边出现的纹波与噪声不致影响基准电压源。

(2) 基准电压电路　基准电压电路由 T_4、D_{Z2}、T_3、R_1、R_2、R_3 及 D_1、D_2 组成，电路中的基准电压为

$$U_{REF}=\frac{U_{Z2}-3U_{BE}}{R_1+R_2+R_3}R_1+2U_{BE} \tag{5.2.3}$$

式中 U_{Z2} 为 D_{Z2} 的稳定电压，U_{BE} 为 T_3、D_1、D_2 发射结(D_1、D_2 为由发射结构成的二极管)的正

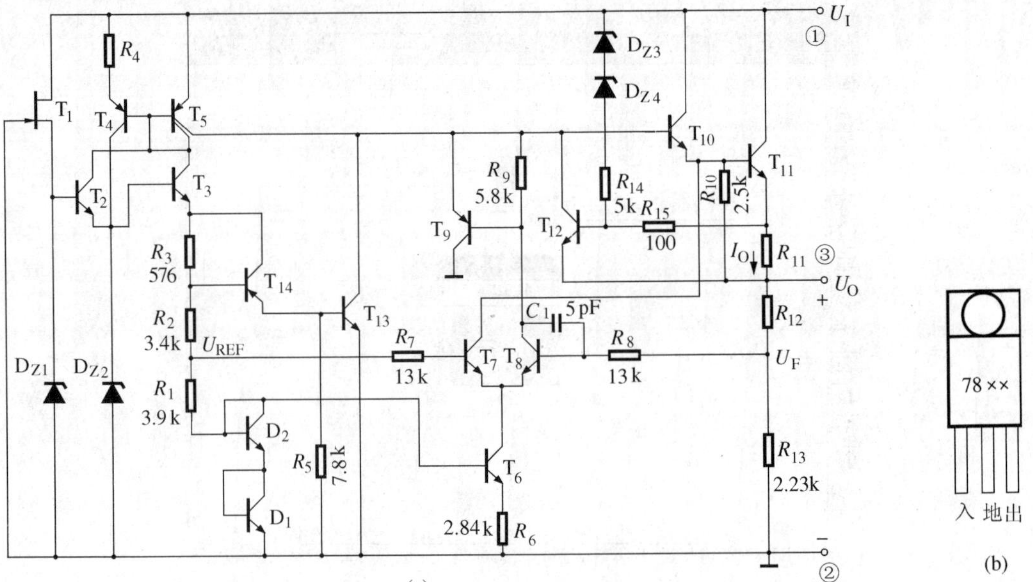

(a)　　(b)

图 5.2.4　78L××型三端式集成稳压器

(a) 原理图；(b) 外形图

向电压值。在电路设计和工艺上使具有正温度系数的 R_1、R_2、R_3、D_{Z2} 与具有负温度系数的 T_3、D_1、D_2 发射结互相补偿，可使基准电压 U_{REF} 基本上不随温度变化。同时，对稳压管 D_{Z2} 采用恒流源供电，从而保证基准电压不受输入电压波动的影响。

(3) 取样比较放大电路和调整电路　这部分电路由 T_4～T_{11} 组成，其中 T_{10}、T_{11} 组成复合调整管；R_{12}、R_{13} 组成取样电路；T_7、T_8 和 T_6 组成带恒流源的差分式放大电路；T_4、T_5 组成的电流源作为它的有源负载。

T_9、R_9 的作用说明如下：如果没有 T_9、R_9，恒流源管 T_5 的电流 $I_{C5}=I_{C8}+I_{B10}$，当调整管满载时 I_{B10} 最大，而 I_{C8} 最小；而当负载开路时 $I_O=0$，I_{BO} 也趋于零，这时 I_{C5} 几乎全部流入 T_8，使得 I_{C8} 的变化范围大，这对比较放大电路来说是不允许的，为此接入由 T_9、R_9 组成的缓冲电路。当 I_O 减小时，I_{B10} 减小，I_{C8} 增大，待 I_{C8} 增大到 $U_{R9}>0.6\text{V}$ 时，T_9 导通起分流作用。这样就减轻了 T_8 的过多负担，使 I_{C8} 的变化范围缩小。

(4) 保护电路

① 减流式保护电路：电路由 T_{12}、R_{11}、R_{15}、R_{14} 和 D_{Z3}、D_{Z4} 组成，R_{11} 为检流电阻。保护的目的主要是使调整管（主要是 T_{11}）能在安全区以内工作，特别要注意使它的功耗不超过额定值 P_{CM}。首先考虑一种简单的情况：假设图 5.2.4(a) 中的 D_{Z3}、D_{Z4} 和 R_{14} 不存在，R_{15} 两端短路，这时，如果稳压电路工作正常，即 $P_C<P_{CM}$ 并且输出电流 I_O 在额定值以内，流过 R_{11} 的电流使 $U_{R11}=I_OR_{11}<0.6\text{V}$，$T_{12}$ 截止。当输出电流急剧增加，例如输出端短路时，输出电流超过极限值（$I_{O(CL)}=P_{CM}/U_I=0.6\text{V}/R_{11}$）时，即当 $U_{R11}>0.6\text{V}$ 时，使 T_{12} 管导通。由于它的分流作用，减小了 T_{10} 的基极电流，从而限制了输出电流。这种简单限流保护电路的不足之处是只能将输出电流限制在额定值以内。由于调整管的耗散功率 $P_{CM}=I_CU_{CE}$，只有考虑通过调整它的管压降 U_{CE} 值，又使 $P_C<P_{CM}$，才能全面地进行保护。图 5.2.4(a) 中 D_{Z3}、D_{Z4} 和 R_{14}、R_{15} 所构成的支路就是为了实现上述保护目的而设置的。

若
$$(U_I - I_O R_{11} - U_O) > (U_{Z3} + U_{Z4})$$
则 D_{Z3}、D_{Z4} 击穿，导致 T_{12} 管发射结承受正向电压而导通。U_{BE12} 的值为
$$U_{BE12} = I_O R_{11} + \frac{U_I - U_{Z3} - U_{Z4} - I_O R_{11} - U_O}{R_{14} + R_{15}} R_{15} \tag{5.2.4}$$
经整理后得
$$I_O = U_{BE12} \frac{R_{14} + R_{15}}{R_{11} R_{14}} - [(U_I - U_O) - U_{Z3} - U_{Z4}] \frac{R_{15}}{R_{11} R_{14}} \tag{5.2.5}$$
显然，$(U_I - U_O)$ 越大，即调整管的 U_{CE} 值越大，则 I_O 越小，从而使调整管的功耗限制在允许范围内。由于 I_O 的减小，故上述保护称为减流式保护。

② 过热保护电路：电路由 D_{Z2}、T_3、T_{14} 和 T_{13} 组成。在常温时，R_3 上的压降仅为 0.4V 左右，T_{14}、T_{13} 是截止的，对电路工作没有影响。当某种原因（过载或环境升温）使芯片温度上升到某一极限值时，R_3 上的压降随 D_{Z2} 的工作电压升高而升高，而 T_{14} 的发射结电压 U_{BE14} 下降，导致 T_{14} 导通，T_{13} 也随之导通。调整管 T_{10} 的基极电流 I_{B10} 被 T_{13} 分流，输出电流 I_O 下降，从而达到过热保护的目的。

电路中 R_{10} 的作用是给 T_{10} 管的 I_{CEO10} 和 T_{11} 管的 I_{CBO11} 一条分流通路，以改善温度稳定性。

值得指出的是：当出现故障时，上述几种保护电路是互相关联的。

78××系列输出电压为正电压，输出电流可达 1A，如 78L××系列和 78M××系列的输出电流分别为 0.1A 和 0.5A；输出电压分别为 5V、6V、9V、12V、15V、18V 和 24V 等 7 档。和 78××系列对应的有 79××系列，输出为负电压，如 79M12 表示输出电压为 −12V 和输出电流为 0.5A。这类集成稳压器的外形图如图 5.2.4(b)所示。

2）输出电压可调的三端式集成稳压器

前述的 78××和 79××系列为输出电压固定的三端稳压器。但有些场合要求扩大输出电压的调节范围，故使用它很不方便。现介绍一种很少元件就能工作的三端可调式集成稳压器，它的三个接线分别称为输入端 U_I、输出端 U_O 和调整端(adj)。

［仿真 5.2.3］ 可调式三端稳压器电路的分析

调用 Workbench 仿真，画出图 5.2.5 所示仿真电路。

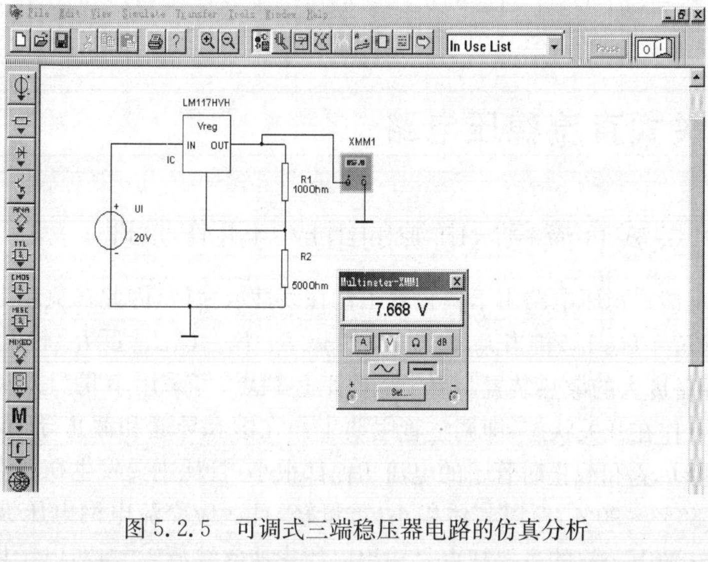

图 5.2.5　可调式三端稳压器电路的仿真分析

按表 5-2-6 的要求改变取样电阻，并记录仿真结果。

表 5-2-6　取样电阻 R_2 变化的结果（$R_1=100\Omega$）

R_2/Ω	∞	10 000	2 000	1 000	500	100	0
U_O/V							

结果表明，当取样电阻变化时，可调式三端稳压器________（可以/不可以）实现输出电压的调节作用，且取样电阻 R_2 与 R_1 的比值越大，输出电压________（越大/基本不变/越小）；输出电压的最小值为________，________（基本等于 1.2V/与 1.2V 相差很大），此时 $R_1=$________；输出电压的最大值为________。

以 LM317 为例，其电路结构和外接元件如图 5.2.6 所示。它的内部电路有比较放大器、偏置电路（图中未画出）、恒流源电路和带隙基准电压 U_{REF} 等。它的公共端改接到输出端，器件本身无接地端。所以消耗的电流都从输出端流出，内部的基准电压（约 1.2V）接至比较放大器的同相端和调整端之间。若接上外部的调整电阻 R_1、R_2 后，输出电压为

$$U_O=U_{REF}+\left(\frac{U_{REF}}{R_1}+I_{adj}\right)R_2$$
$$=U_{REF}\left(1+\frac{R_2}{R_1}\right)+I_{adj}R_2 \qquad (5.2.6)$$

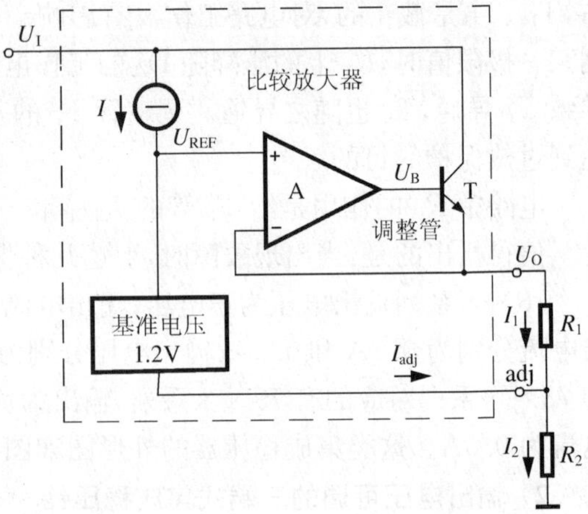

5.2.6　可调式三端集成稳压器结构图

LM317 的 $U_{REF}=1.2V$，$I_{adj}=50\mu A$，由于调整管电流 $I_{adj}\ll I_1$，故可以忽略，式（5.2.6）可简化为

$$U_O\approx U_{REF}\left(1+\frac{R_2}{R_1}\right) \qquad (5.2.7)$$

LM337 稳压器是与 LM317 对应的负压三端可调集成稳压器，它的工作原理和电路结构与 LM317 相似。

5.3　开关式直流稳压电路

5.3.1　开关式直流稳压电源的组成与工作原理

前述的串联反馈式稳压电路由于调整管工作在线性放大区，因此在负载电流较大时，调整管的集电极损耗（$P_C=U_{CE}I_O$）相当大，电源效率（$\eta=P_0/P_I=U_OI_O/U_II_O$）较低，一般为 40%～60%，有时还要配备庞大的散热装置。为了克服上述缺点，可采用串联开关式稳压电路，电路中的串联调整管工作在开关状态，即调整管主要工作在饱和导通和截止导通状态。由于管子饱和导通时管压降 U_{CES} 和截止时管子的电流 I_{CEO} 都很小，管耗主要发生在状态转换过程中，电源效率可提高到 80%～90%，所以其体积小、重量轻，且适应交流电网电压波动的性能好，适应范围可达 150～280V。它的主要缺点是输出电压中所含纹波较大，对电子设备的干扰较大，

而且电路比较复杂，对元器件要求较高。目前正寻求克服这些缺点的方法。但由于优点突出，已成为宇航、计算机、通信和功率较大电子设备中电源的主流，应用日趋广泛。

开关型稳压电路原理框图如图 5.3.1 所示。它与串联反馈式稳压电路相比，增加了 LC 滤波电路及产生固定频率的三角波电压(u_T)发生器和比较器 C 组成的控制电路。

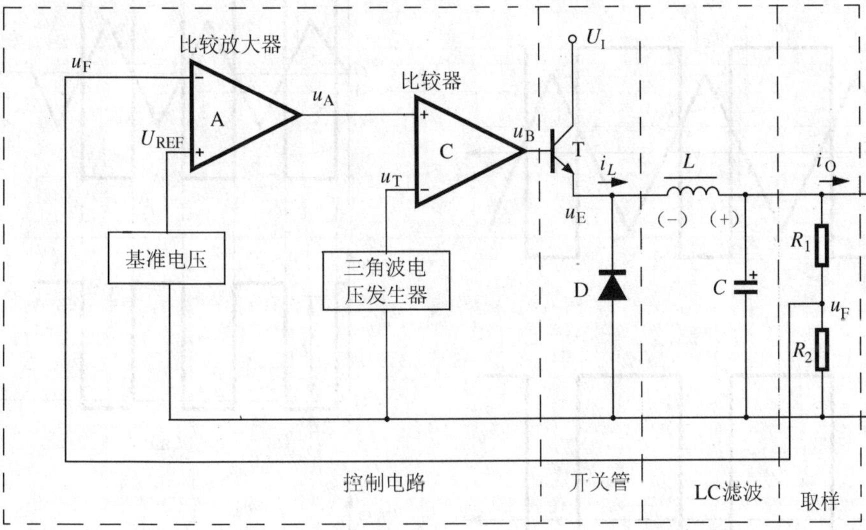

图 5.3.1　串联开关式稳压电路原理图

工作原理：电路中，U_I 是整流滤波电路的输出电压，u_B 是比较器的输出电压。该电路利用 u_B 控制调整管 T，将 u_I 变成断续的矩形波电压 u_E(u_D)。当比较放大器输出电压 $u_A>u_T$ 时，u_B 为高电平，T 饱和导通，输入电压 u_I 经 T 加到二极管 D 的两端，电压 u_E 等于 U_I(忽略管 T 和饱和压降)，此时二极管 D 承受反向电压而截止，负载中有电流 i_D 流过，电感 L 储存能量，同时向电容器 C 充电。输出电压 u_O 略有增加。当 $u_A<u_T$ 时，u_B 为低电平，T 由导通变为截止，滤波电感产生自感电势(极性如图所示)，使二极管 D 导通，于是电感中储存的能量通过 D 向负载 R_L 继续提供电流，因而常称 D 为续流二极管。此时电压 u_E 等于 $-U_D$(二极管正向压降)。由此可见，虽然调整管处于开关工作状态，但由于二极管 D 的续流作用和 LC 的滤波作用，输出电压是比较平稳的。图 5.3.2 画出了电流 i_L、电压 u_T、u_A、u_B、u_E(u_D)和 u_O 的波形。图中 t_{on} 是调整管 T 的导通时间，t_{off} 是调整管 T 的截止时间，$T=t_{on}+t_{off}$ 是开关转换周期。显然，在忽略滤波电感 L 的直流压降的情况下，输出电压的平均值为

$$U_O=\frac{t_{on}}{T}(U_I-U_{CES})+(-U_D)\frac{t_{off}}{T}\approx U_I\frac{t_{on}}{T}=qU_I \tag{5.3.1}$$

式中 $q=t_{on}/T$ 称为脉冲波形的占空比。由式(5.3.1)可见，对于一定的 U_I 值，通过调节占空比即可调节输出电压 U_O，故称脉宽调制(PWM)式开关稳压电源。

在闭环情况下，电路能自动地调整输出电压。设在某一正常工作状态时，输出电压为某一预定值 U_{set}，反馈电压 $U_F=F_uU_{set}=U_{REF}$，比较放大器输出电压 u_A 为零，比较器 C 输出脉冲电压 u_B 的占空比 $q=50\%$，u_T、u_B、u_E 的波形如图 5.3.3(a)所示。当输入电压 U_I 增加致使输出电压 U_O 增加时，$U_F>U_{REF}$，u_A 为负值，u_A 与固定频率三角波电压 u_T 相比较，得到 u_B 的波形，其占空比 $q<50\%$，使输出电压下降到预定的稳压值 U_{set}，此时，u_A、u_T、u_B、u_E 的波形如图 5.3.3(b)所示。同理，U_I 下降时，U_O 也下降，$U_F<U_{REF}$，u_A 为正值，u_B 的占空比 $q>50\%$，输出电

压 U_O 上升到预定值。总之，当 U_I 或负载 R_L 变化使 U_O 变化时，可自动调整脉冲波形的占空比，使输出电压维持恒定。

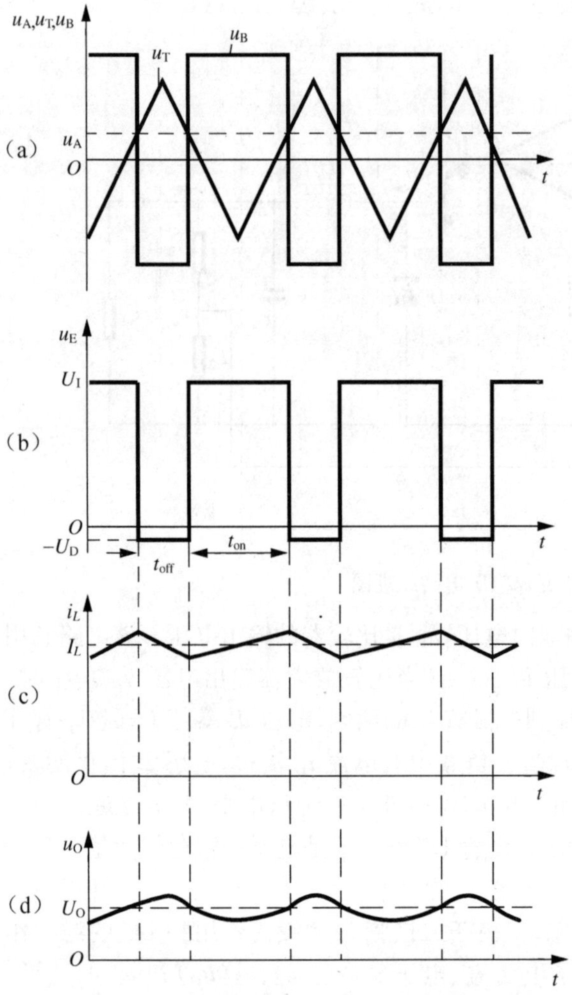

图 5.3.2 开关式稳压电路的电压电流波形
(a) u_A、u_T、u_B 波形；(b) u_E 波形；
(c) i_L 波形；(d) u_O 波形

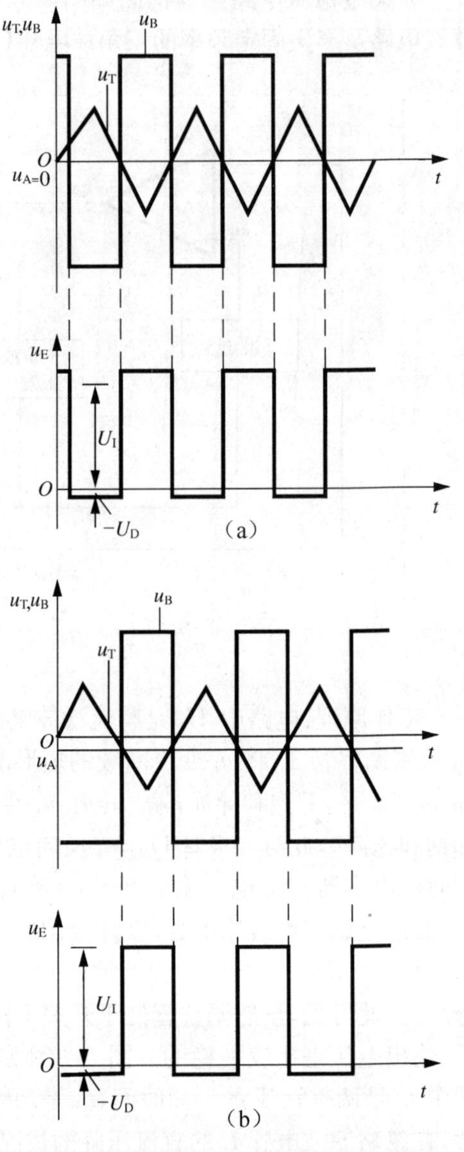

图 5.3.3 U_I、U_O 变化时各电压波形
(a) U_I 一定，$U_O=U_{set}$、$U_F=U_{REF}$、$u_A=0$ 时；
(b) U_I 增加，$U_O>U_{set}$、$U_F>U_{REF}$、$u_A<0$ 时

为了提高开关稳压电源的效率，开关调整管应选取饱和压降 U_{CES} 及穿透电流 I_{CEO} 均小的功率三极管，而且为减小管耗，通常要求开关转换时间 $t_S\leqslant 0.01T$，开关调整管一般选用 $f_T\geqslant 10\beta f_K$（$f_K=1/T$，称为开关频率）的高频功率三极管；续流二极管 D 的选择也要考虑导通、截止和转换三部分的损耗，所以选用正向压降小、反向电流小及存储时间短的开关二极管，一般选用肖特基二极管；输出端的滤波电容使用高频电解电容。

开关稳压电源的控制电路一般用“电压－脉冲宽度调制器（简称脉宽调制器）”。目前产品

种类很多，典型产品有 CW3420/CW3520、CW296 和 X63 等。

开关频率 f_K 的选择对开关稳压器的性能影响也很大。f_K 越高，需要使用的 L、C 值越小，这样，系统的尺寸和重量将会减小，成本将随之降低；另一方面，开关频率的增加将使开关调整管单位时间转换的次数增加，使开关调整管的功耗增加而效率将降低。目前，随着开关三极管、电容、电感材料及工艺性能的改进，f_K 可提高到(15～500)kHz。

实际的开关式稳压电源电路通常还有过流、过压等保护电路，并备辅助电源为控制电路提供低压电源等。

5.4 直流稳压电源的设计与制作

这里主要讨论以三端稳压器为核心组成的直流稳压电源的设计与制作。中小功率(一般指中小电流)直流稳压电源可直接利用三端稳压器来实现，因而电路较简单；大功率(一般指大电流)直流稳压电源仍以三端稳压器为基础并采用扩流技术来实现。

有些场合下，要求直流稳压电源具有高效、高压、大功率和宽的电网电压适应能力等性能，此时宜采用开关式直流稳压电源，但由于线路复杂，制作工艺要求高，限于篇幅，这里不再讨论，读者可参阅有关文献和资料。

[**例 5.4.1**] 试用三端式稳压器设计并制作一直流稳压电源，指标要求如下：

(1) 输出电压 $U_O=(9\pm0.5)$V；

(2) 最大输出电流 $I_{Omax}=1$A；

(3) 输出纹波(峰峰值)小于 4mV($I_{Omax}=1$A 时)；

(4) 其它指标要求同三端式稳压器。

设计与制作步骤如下：

1) 画电原理图(或直接画仿真电路图)

电路如图 5.4.1 所示。该电路是 78×× 系列作为输出电压 U_O 固定的典型电路，正常工作时，输入、输出电压差为 2～3V。电路中接电容 C_2、C_3 用来实现频率补偿，防止稳压器产生高频自激振荡和抑制电路引入的高频干扰；C_4 是电解电容，以减小稳压电源输出端由输入电源引入的低频干扰；D_5 是保护二极管，当输入端短路时，给输出电容器 C_3 一个放电通路，防止 C_3 两端电压作用于调整管的 b-e 结，造成调整管 b-e 结击穿而损坏。

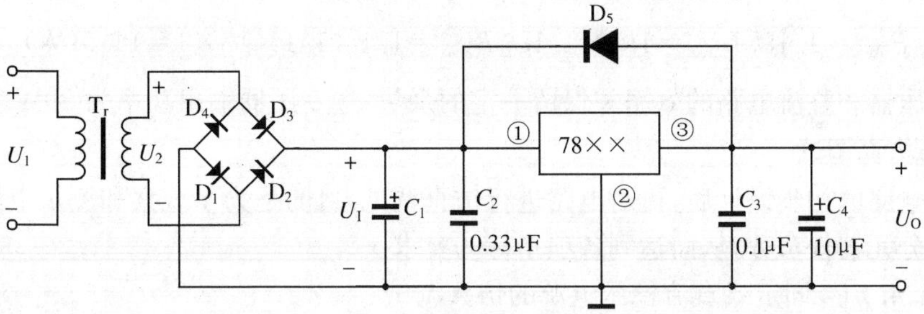

图 5.4.1 固定式直流稳压电源原理图

2) 元器件及参数选择

注意，这里的元器件应为实元器件，设计和计算的顺序一般为由后向前。

(1) 三端稳压器　选择 7809，其输出电压和输出电流均满足指标要求。

(2) D_5、C_2、C_3 和 C_4　D_5 可选小功率二极管 1N4001，C_2、C_3 和 C_4 取值如图 5.4.1 所示（主要根据工程经验而得到），其中，C_2、C_3 一般为瓷片电容，C_4 一般为电解电容，耐压可取 16V 或 25V（大于输出电压的 1.5 倍）。

(3) 电压 U_I 和 U_2　U_I 和 U_2 的取值决定了相关元器件及参数的选择。一般情况下，U_I 应比 U_O 高 3V 左右（太小影响稳压；太大稳压器功耗大，易受热损坏），所以可取 $U_I=12V$，考虑电网电压 10％的波动，最终取 $U_I=13.5V$。

由式(5.1.8)可取变压器次级电压有效值 U_2 为

$$U_2=\frac{U_I}{1.1}=\frac{13.5}{1.1}=12.3(V)$$

受变压器规格的限制，实际应选 $U_2=12V$。

(4) 滤波电容 C_1　由式(5.1.7)可暂定 $R_LC_1=5T/2$，则

$$C_1=\frac{5T}{2R_L} \tag{5.4.1}$$

式中，T 为市电交流电源的周期，$T=20ms$；R_L 为 C_1 右边的等效电阻，应取最小值，由于 $I_{Omax}=1A$，因此，$R_{Lmin}=\frac{U_I}{I_{Omax}}=\frac{1.1\times 12}{1}=13.2(\Omega)$。所以取

$$C_1=\frac{5T}{2R_{Lmin}}=\frac{5\times 20\times 1\,000}{2\times 13.3}\approx 3\,760(\mu F)(暂定)$$

可见，C_1 容量较大，应选电解电容。受规格的限制，实际容量应选为 4 700 μF，其耐压值可取 25V（大于输入电压的 1.5 倍）。

C_1 的最后取值还需根据纹波电压的要求调整并确定。

(5) 整流二极管 D_1～D_4　整流二极管的参数应满足最大整流电流 $I_F>1.5I_{Omax}=1.5(A)$（暂定）；最大反向电压 $U_R>2\sqrt{2}U_2\approx 34(V)$。

特别应该指出的是，电容滤波使电路被接通的一瞬间整流管的实际电流远大于 I_{Omax}（称为浪涌电流），如果 I_F 较小，很可能在电路被接通时就已经损坏，因此，一般取

$$I_F>5I_{Omax}=5(A)$$

查手册可选定整流二极管 D_1～D_4，可能有多种选择，不过应充分考虑市场的供货情况。

(6) 变压器 T_r　由 U_2 值选变压器输出电压为 12V。

考虑电网电压 10％的波动，稳压电路的最大输入功率

$$P_{Imax}=1.1U_II_{Omax}=1.1\times 1.1U_2I_{Omax}=1.1\times 1.1\times 12\times 1=14.5(W)$$

考虑变压器和整流电路的效率并保留一定的余量，选变压器输出功率为 20W。

3）电路仿真调试

在完成电路的初步设计后，再对电路进行仿真调试，目的是为了观察和测量电路的性能指标并调整部分元器件参数，从而达到各项指标的要求。

［**仿真 5.4.1**］　固定式直流稳压电源的仿真调试

调用 Multisim 仿真，画出图 5.4.2 所示仿真电路。电路中各元器件应为实元器件。

① 测量输出电压和最大输出电流并判断是否满足指标要求，如不满足，则可能是输入电压 U_I、变压器输出功率 P_2 或整流二极管最大整流电流 I_F 过小而造成，应进行相应的调整。

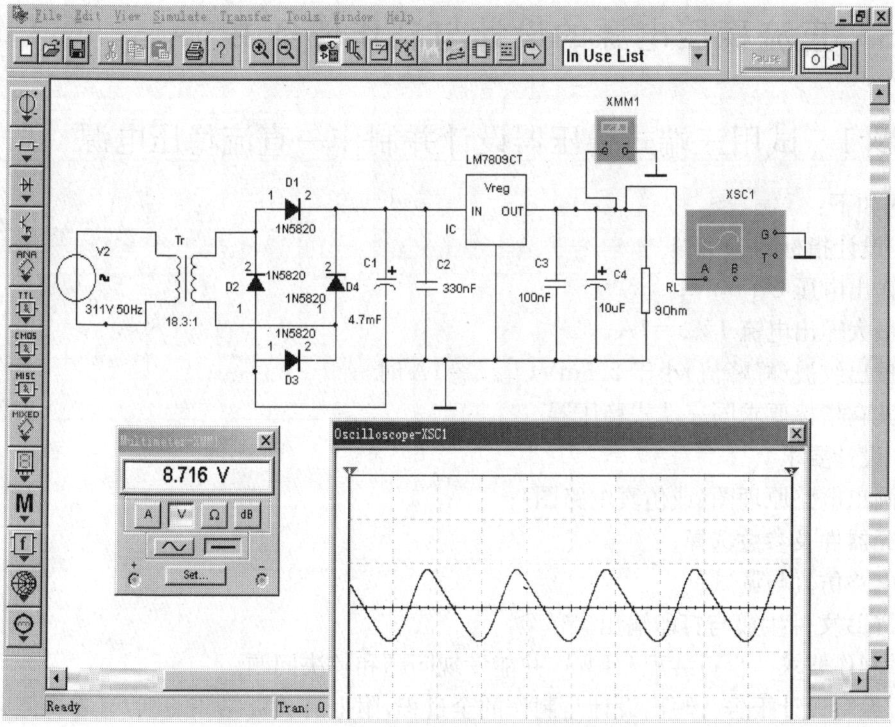

图 5.4.2 固定式直流稳压电源的仿真调试

② 测量输出纹波电压并判断是否满足指标要求，如不满足，则应加大滤波电容值（可采用参数扫描并确定数值）。

其它指标与三端稳压器相同，一般无须测量。

4）PCB 图设计与生成

（1）由仿真电路直接生成网络表；

（2）调用 Protel - PCB，并进行元器件合理布局；

（3）调用网络表，并自动布线；

（4）PCB 图的人工调整；

（5）打印输出。

PCB 板一般由生产厂商根据图纸进行生产，电路设计者无须介入。

5）电路焊接与装配

（1）元器件老化与抽样检测；

（2）元器件预处理；

（3）基于 PCB 板的元器件焊接与电路装配。

6）实际电路测试与改进

选择测量仪表与仪器，对电路进行实际测量与调试，参数调整同仿真 5.4.1。

5.5 直流稳压电源的设计与制作任务书

课题1 试用三端式稳压器设计并制作一直流稳压电源

要求如下：

(1) 设计指标

① 输出电压U_O=5V；

② 最大输出电流I_{Omax}=1A；

③ 输出纹波(峰峰值)小于2.5mV(I_{Omax}=1A时)；

④ 其它指标要求同三端式稳压器。

(2) 设计要求

① 画出电路原理图(或仿真电路图)；

② 元器件及参数选择；

③ 电路仿真与调试；

④ PCB文件生成与打印输出。

(3) 制作要求 自行装配和调试,并能发现问题和解决问题。

(4) 编写设计报告 写出设计与制作的全过程,附上有关资料和图纸,有心得体会。

(5) 答辩 在规定的时间内,完成叙述并回答提问。

课题2 试用三端式稳压器设计并制作一直流稳压电源

要求如下：

(1) 设计指标

① 输出电压U_O=12V；

② 最大输出电流I_{Omax}=1A；

③ 输出纹波(峰峰值)小于5mV(I_{Omax}=1A时)；

④ 其它指标要求同三端式稳压器。

(2) 设计要求

① 画出电路原理图(或仿真电路图)；

② 元器件及参数选择；

③ 电路仿真与调试；

④ PCB文件生成与打印输出。

(3) 制作要求 自行装配和调试,并能发现问题和解决问题。

(4) 编写设计报告 写出设计与制作的全过程,附上有关资料和图纸,有心得体会。

(5) 答辩 在规定的时间内,完成叙述并回答提问。

课题3 试用三端式稳压器设计并制作一直流稳压电源

要求如下：

(1) 设计指标

① 输出电压U_O=±15V；

② 最大输出电流 $I_{Omax}=1A$；

③ 输出纹波(峰峰值)小于 6mV($I_{Omax}=1A$ 时)；

④ 其它指标要求同三端式稳压器。

(2) 设计要求

① 画出电路原理图(或仿真电路图)；

② 元器件及参数选择；

③ 电路仿真与调试；

④ PCB 文件生成与打印输出。

(3) 制作要求　自行装配和调试,并能发现问题和解决问题。

(4) 编写设计报告　写出设计与制作的全过程,附上有关资料和图纸,有心得体会。

(5) 答辩　在规定的时间内,完成叙述并回答提问。

6 ASK 调制器与解调器的设计与制作

在数字通信系统中,由于数字信号具有丰富的低频成分,不宜进行无线传输或长距离电缆传输,因而同模拟调制一样,需要将基带信号进行高频正弦调制,即数字调制(Digital Modulation)。数字调制同时也是数字信号频分复用的基本技术。

数字调制与模拟调制在本质上无多大区别,都属于正弦波调制。但是,数字调制是调制信号为数字型的正弦波调制,而模拟调制是调制信号为模拟型的正弦波调制,因而数字调制具有自身的特点,并且对数字调制系统的技术要求也与模拟调制系统不同。一般说来,数字调制技术可分为两种类型:一是利用模拟方法实现数字调制,即把数字基带信号当作模拟信号的特殊情况来处理;二是利用数字信号的离散取值特点去键控载波,从而实现数字调制。后一种方法通常称为键控法。比如对载波的振幅、频率及相位进行键控,便可获得振幅键控(ASK)、移频键控(FSK)及移相键控(PSK)等调制方式。这里主要讨论 ASK 调制方式。

6.1 2 进制 ASK 调制器与解调器的组成及工作原理

6.1.1 ASK 信号波形

图 6.1.1 所示是一个 ASK 信号波形的例子,输出端高频载波的有无受信码 1 和 0 的控制。当信码为 1 时,ASK 的波形是若干个周期的高频等幅波(该图中为两个周期);当信码为 0 时,ASK 的波形是 0 电平。

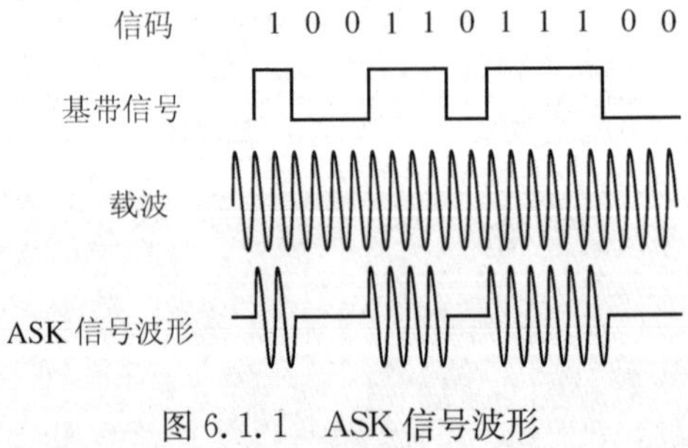

图 6.1.1 ASK 信号波形

6.1.2 ASK 信号的产生与解调

1) ASK 信号的产生

2 进制 ASK 信号的产生方法(调制方法)有两种,如图 6.1.2 所示。图 6.1.2(a)是采用模拟调制方式的 ASK 调制方法,相乘器将数字基带信号和高频载波相乘,得到 ASK 信号,图 6.1.2(b)则采用数字键控方法,由数字基带信号去控制一个开关电路。当出现 1 码时开关闭合,有高频载波输出;当出现 0 码时开关断开,无高频载波输出。这里只讨论数字键控方法,如图 6.1.2(b)所示。

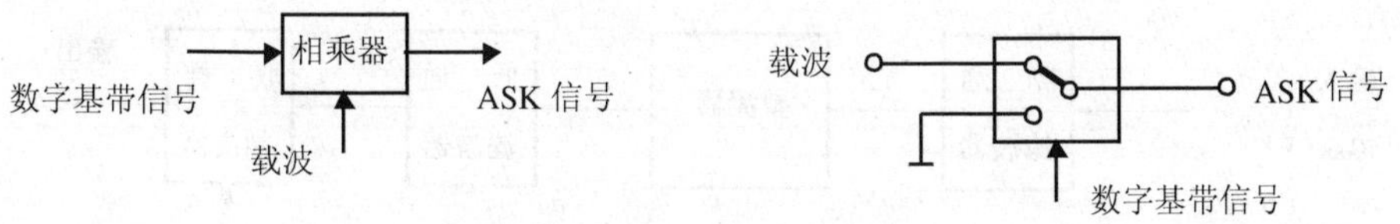

(a)　　　　　　　　　　(b)

图 6.1.2　ASK 信号产生器构成框图

(a)相乘器产生 ASK 信号方案;(b)开关电路产生 ASK 信号方案

图 6.1.3 所示为一种实用 ASK 信号产生电路,图中 CD4066 为四重双向开关,可控制模拟或数字信号的通断。

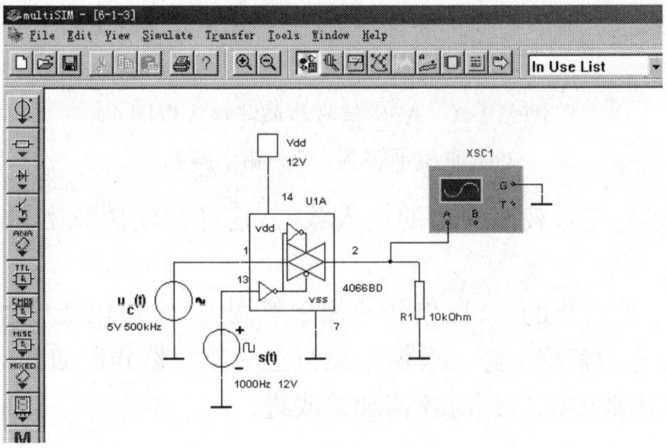

图 6.1.3　ASK 信号产生电路

[**仿真 6.1.1**]　ASK 信号产生电路的测量

仿真线路:图 6.1.3 所示 ASK 信号产生电路。

① 接入电源电压 $V_{dd}=+12V$,载波电压 $u_c(t)$ 为 5V 500kHz(Voltage Offset=6V)的正弦信号。

② 保持步骤①,在 $s(t)$ 端口接入开关控制电压为+12V(直流),用示波器观察输出电压波形并记录。

结果表明,该电路在当前条件下,________(可以/不可以)实现载波输出,且输出幅度与载波输入幅度________(基本相同/不相同/为 0),此时开关电压为________(低电平/高电平)。

③ 保持步骤②,在 $s(t)$ 端口接入开关控制电压为 0V(直流),用示波器观察输出电压波形并记录。

结果表明,该电路在当前条件下,________(可以/不可以)实现载波输出,且输出幅度________(不为 0/为 0),此时开关电压为________(低电平/高电平)。

④ 保持步骤③,在 $s(t)$ 端口接入数字信号电压为 12V 1kHz 的方波信号,用示波器观察输出电压波形并记录。

结果表明,该电路________(可以/不可以)实现 ASK 信号输出。

2) ASK 信号的解调

2 进制振幅键控信号的基本解调方法有两种,即相干解调(同步检波)和非相干解调(非同步检波或包络检波)。图 6.1.4 所示为两种解调方式的组成框图。图中的取样判决器与基带信号传输系统中的取样判决器一样,它对于提高数字信号的接收性能是十分必要的。

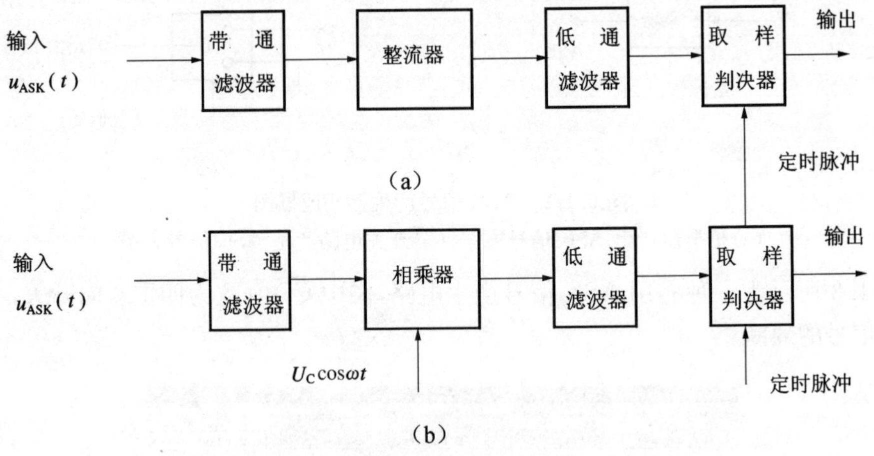

图 6.1.4　ASK 信号解调器构成框图

(a) 非相干解调；(b) 相干解调

由于相干检波需要与信号载波同步的插入载波，这样会使接收电路复杂化，因此在 ASK 信号解调中用得较少。

图 6.1.5 所示为一种简单的 ASK 信号非相干解调(二极管包络检波)电路。图中左半部分为调制电路，右半部分为解调电路。解调电路只包含整流器和低通滤波器两部分，缺少带通滤波和取样判决电路，因此实际应用时还需加以改进。

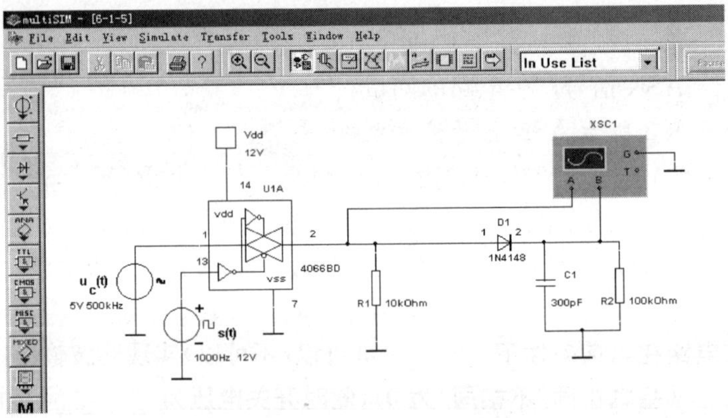

图 6.1.5　ASK 信号解调电路

［**仿真 6.1.2**］　ASK 信号解调电路的测量

仿真线路：图 6.1.5 所示 ASK 信号解调电路。

① 接入电源电压 $V_{dd}=+12V$，载波电压 $u_c(t)$ 为 5V 500kHz(Voltage Offset＝6V)的正弦信号，数字信号 $s(t)$ 电压为 12V 1kHz 的方波信号。

② 保持步骤①，用示波器观察输出电压波形并记录。

结果表明，该电路________(可以/不可以)实现 ASK 信号解调，且输出波形与原调制信号波形________(相同/有一定的差别)。

6.1.3　ASK 信号的频谱

分析图 6.1.1 所示的 ASK 信号波形与信码之间的关系可以发现，ASK 信号实际上是信码的单极性非归零(NRZ)波形与高频载波的相乘。已知一个 2 进制非归零波形频谱如图 6.1.6(a)所示,相乘器可以使调制信号的频谱搬移到载波的两边,因此可得到 ASK 信号的频谱,如图 6.1.6(b)所示。显然,ASK 信号的频带宽度是基带信号的两倍。

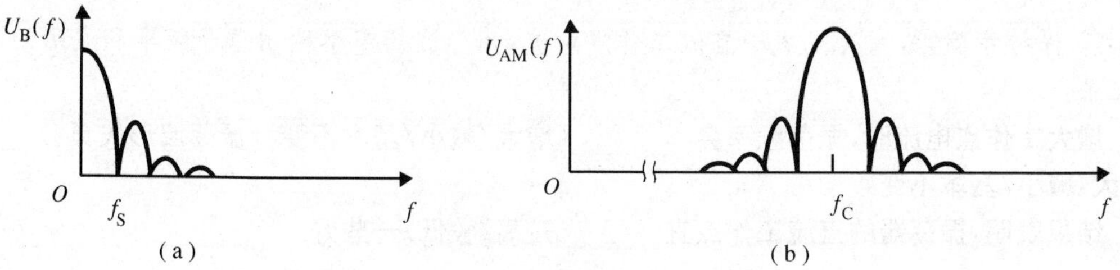

图 6.1.6 基带信号频谱与 ASK 信号频谱
(a) 基带信号频谱;(b) ASK 信号频谱

6.1.4 ASK 调制器中载波信号的产生

ASK 调制器中的载波信号一般为高频正弦信号,因此可用 LC 振荡器或晶体振荡器来产生。由于此载波信号实际是副载波,频率并不是很高,频率稳定度要求也不高,因此可采用 LC 振荡器作为载波信号产生器。

考虑到副载波频率固定和频率稳定度尽可能相对较高的要求,一般采用串联改进型 LC 振荡器(Clapp 电路)来实现。图 6.1.7 所示为一典型的串联改进型 LC 正弦波振荡器仿真电路。

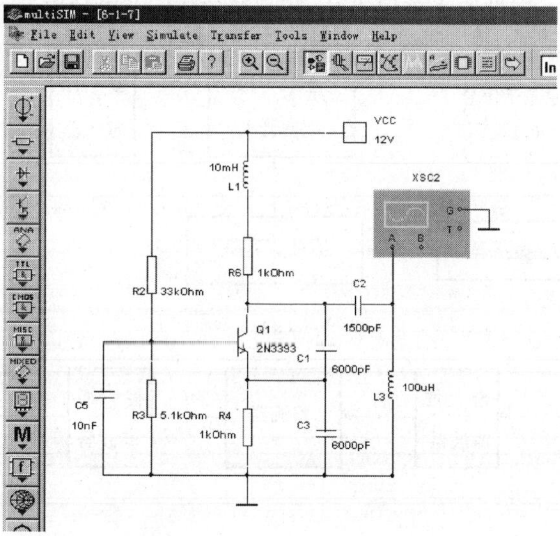

图 6.1.7 LC 正弦波振荡器

[**仿真 6.1.3**] LC 正弦波振荡器的测量

仿真线路:图 6.1.7 所示 LC 正弦波振荡器。

① 按图 6.1.7 画出该电路。

② 保持步骤①,用示波器观察输出电压波形并记录。

结果表明,该电路________(可以/不可以)实现正弦波振荡。

③ 保持步骤②,用示波器观察输出信号频率并记录:

$$f_o = \_\_\_\_\_\_ \text{kHz}$$

④ 保持步骤③，增大或减小电感和电容，用示波器观察输出信号频率的变化并记录：

增大电感时，振荡频率会______（增大/减小）；增大电容时，振荡频率会______（增大/减小）。

⑤ 保持步骤④，增大或减小直流工作点电流，用示波器观察输出信号频率和波形的变化并记录：

增大工作点电流时，振荡频率会______（增大/减小/基本不变），振荡波形失真会______（增大/减小/基本不变）。

结果表明，振荡器的直流工作点宜______（较高/较低）一些好。

6.2 ASK 调制器与解调器的设计与制作

［**例 6.2.1**］ 试设计并制作一 ASK 调制器与解调器，指标要求如下：

(1) 调制器输出载波频率：$f_c = 500\text{kHz}$，频率误差小于 1.5kHz，频率稳定度优于 10^{-3}；载波幅度：$U_{cm} \geqslant 1\text{V}$；

(2) 数字基带信号(测试信号)频率：$F = 1\text{kHz}$；

(3) 解调器在 $U_{im} \geqslant 1\text{V}$ 及无外部干扰的条件下，解调后误码率为 0。

设计与制作步骤如下：

(1) 总体方案设计 根据要求选择 ASK 调制器与解调器电路设计方案，如图 6.2.1 所示。

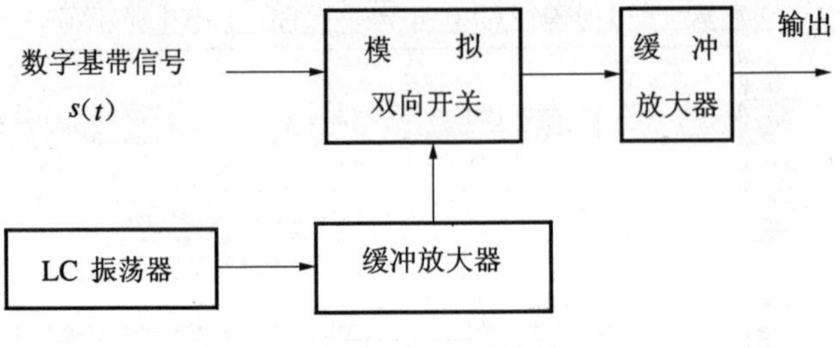

(a)

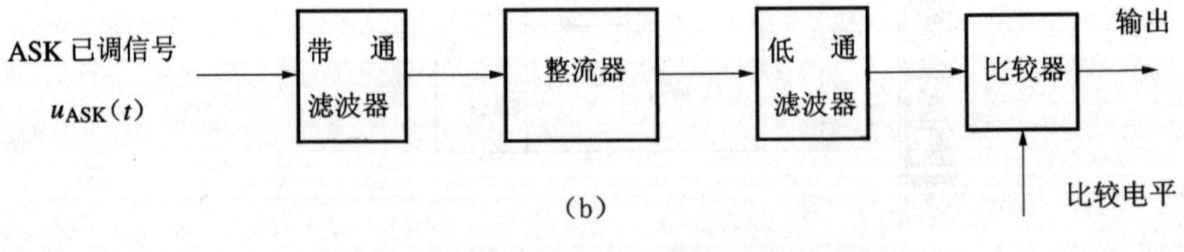

(b)

图 6.2.1 ASK 调制器与解调器设计方案

(a) ASK 调制器设计方案；(b) ASK 解调器设计方案

(2) 电路设计及元器件选择

① 调制器部分电路设计

- 模拟双向开关：选 CD4066 为模拟双向开关，实现 ASK 调制的电路如图 6.1.3 所示。
- LC 振荡器：选择 LC 振荡器电路如图 6.2.2 所示。图中，L_C 为扼流圈。

电源电压可选为 12V，三极管可选为 S9013，其特征频率为 300MHz。

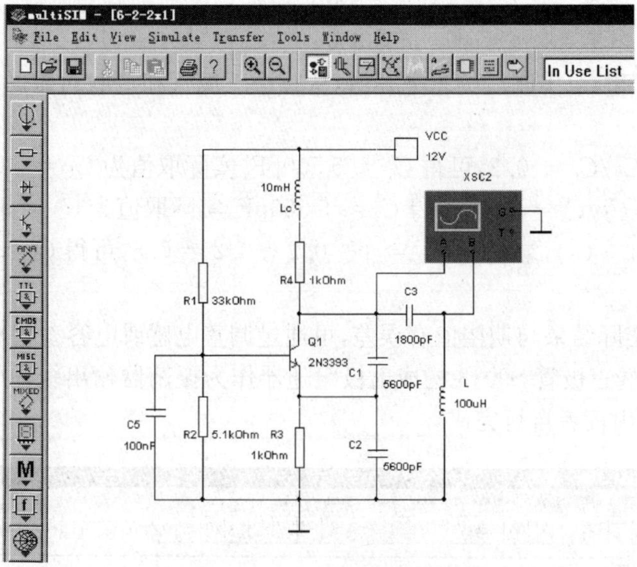

图 6.2.2 LC 正弦波振荡器电路

振荡器的工作点的选择原则为：在保证起振的条件下，静态工作点电流应尽量小。在本电路中，采用分压式偏置电路，上、下偏置电阻分别为 33kΩ 和 5.1kΩ，发射极偏置电阻为 1kΩ，$I_E \approx 0.9$mA，具体设计和计算方法请读者自行考虑。

扼流圈 L_C 选为 10mH，集电极电阻选为 1kΩ，其作用可防止扼流圈与电容形成振荡。

振荡回路的元件参数的计算较为复杂，下面给予详细讨论。

首先，振荡频率

$$f_o \approx \frac{1}{2\pi\sqrt{LC_\Sigma}} \tag{6.2.1}$$

式中，C_Σ 为 C_1、C_2 和 C_3 串联后的总电容值，满足式 $\frac{1}{C_\Sigma} = \frac{1}{C_1} + \frac{1}{C_2} + \frac{1}{C_3}$ 或 $C_\Sigma = \frac{C_1C_2C_3}{C_1C_2 + C_2C_3 + C_1C_3}$。

在本例中，$f_o = f_c = 500$kHz。

其次，振荡回路特性阻抗为

$$\rho = \sqrt{\frac{L}{C_\Sigma}} = 2\pi f_o L = \frac{1}{2\pi f_o C_\Sigma} \tag{6.2.2}$$

考虑到电感的自损耗电阻约为零点几至几欧姆，而回路空载品质因数不宜过低，可选 $\rho = 300\Omega$。当然，ρ 的取值也不能太大，否则，回路的有载品质因数太小，不利于振荡和提高频率稳定度。

由上述分析，可得下列二式：

$$f_o \approx \frac{1}{2\pi\sqrt{LC_\Sigma}} = 500 \times 10^3 \text{(Hz)}$$

$$\rho = \sqrt{\frac{L}{C_\Sigma}} = 2\pi f_o L = \frac{1}{2\pi f_o C_\Sigma} = 300(\Omega)$$

由上述二式可得

$L \approx \frac{\rho}{2\pi f_o} = \frac{300}{2\pi \times 500 \times 10^3} \approx 95.5(\mu\text{H})$，实际取值为 $L = 100\mu$H。

$$C_{\Sigma}=\frac{L}{\rho^{2}}=\frac{100}{300^{2}}\approx 1\,100(\mathrm{pF})$$

而 C_{Σ} 为 C_1、C_2 和 C_3 串联后的总电容值，从减小三极管和负载对振荡回路的影响的角度考虑，可选：

接入系数 $p=C_{\Sigma}/C_1=0.2$，可得 $C_1\approx 5\,500\mathrm{pF}$。实际取值为 $C_1=5\,600\ \mathrm{pF}$。

反馈系数 $F_u=C_{\Sigma}/C_2=0.2$，可得 $C_2\approx 5\,500\mathrm{pF}$。实际取值为 $C_2=5\,600\ \mathrm{pF}$。

则由 $C_{\Sigma}/C_3=1-C_{\Sigma}/C_1-C_{\Sigma}/C_2=1-0.2-0.2=0.6$，可得 $C_3\approx 1\,833\ \mathrm{pF}$。实际取值为 $C_3=1\,800\mathrm{pF}$。

若振荡频率的实际结果与期望值有误差，可通过调整电感或电容参数来消除。

- 缓冲放大器：选三极管 S9013 构成射极跟随器作为振荡器输出缓冲放大器，如图 6.2.3 所示，具体参数计算由读者自行完成。

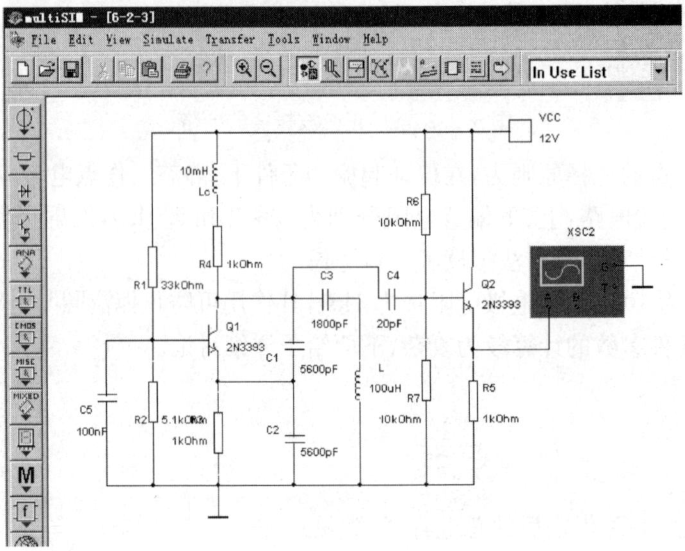

图 6.2.3　LC 正弦波振荡器与输出缓冲放大器

ASK 输出缓冲放大器与上述缓冲放大器类似，这里不再赘述。

- ASK 调制器总体电路：根据上述设计，可画出图 6.2.4 所示 ASK 调制器总体电路。

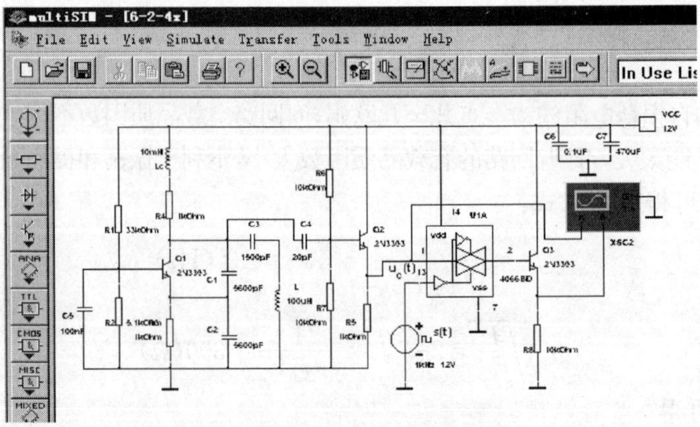

图 6.2.4　ASK 调制器总体电路

② 解调器部分电路设计

● 带通滤波器:可选简单 LC 谐振电路作为带通滤波器,如图 6.2.5 所示。该电路是带放大器的有源滤波电路。

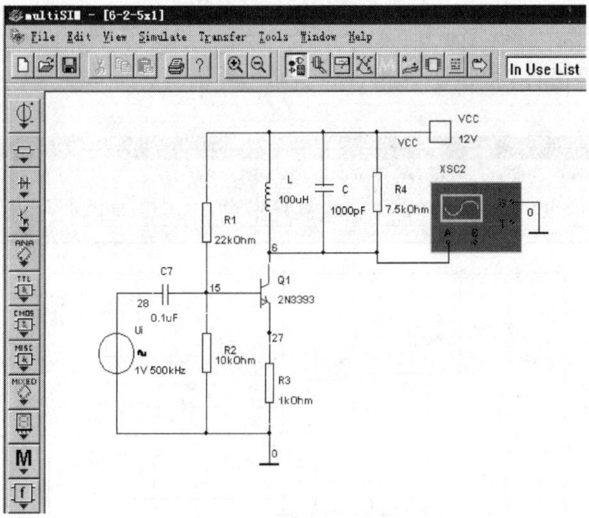

图 6.2.5 带通滤波器电路

参数同调制器中的振荡回路的参数设计相似,$f_o = f_c = 500\text{kHz}$,$\rho = 300\Omega$,$L = 100\mu\text{H}$,C=1 100pF(实际取 1 000pF)。

考虑到信号带宽的要求以及调制器频率稳定度不是非常高的特点,确定带通滤波器的通频带 $f_{bw} = 20\text{kHz}$,则回路的有载品质因数:

$$Q_e = f_o / f_{bw} = 500/20 = 25$$

可得

$$R_4 = Q_e \rho = 7.5(\text{k}\Omega)$$

● 整流器与低通滤波器:采用二极管包络检波电路,如图 6.2.6 所示。

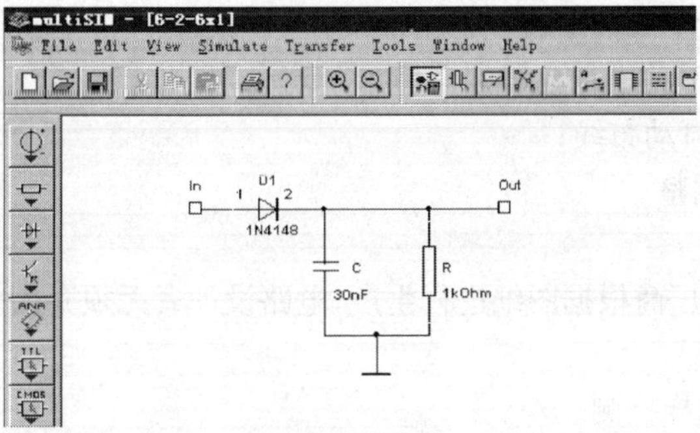

图 6.2.6 二极管包络检波电路

检波二极管(整流器)选用 1N4148,该管为高速开关二极管。

设 $R = 1\text{k}\Omega$,则 C 的选择应满足下述要求:

$$RC > 10/f_c = 0.02(\text{ms})$$

$$RC < 1/(10F) = 0.1(\text{ms})$$

取 $RC=0.03\text{ms}$,则 $C=30\text{nF}$。

● 比较器:采用单电源运算放大器 LM258 作比较器,比较电平可由 ASK 信号峰值检波(注意,并非包络检波)并分压而得到,显然分压系数应为 0.5。峰值检波器参数应满足:

$$RC > 10/F = 10(\text{ms})$$

具体参数计算请读者自行完成。

● 解调器总体电路设计:根据上述设计,可画出图 6.2.7 所示 ASK 解调器总体电路。

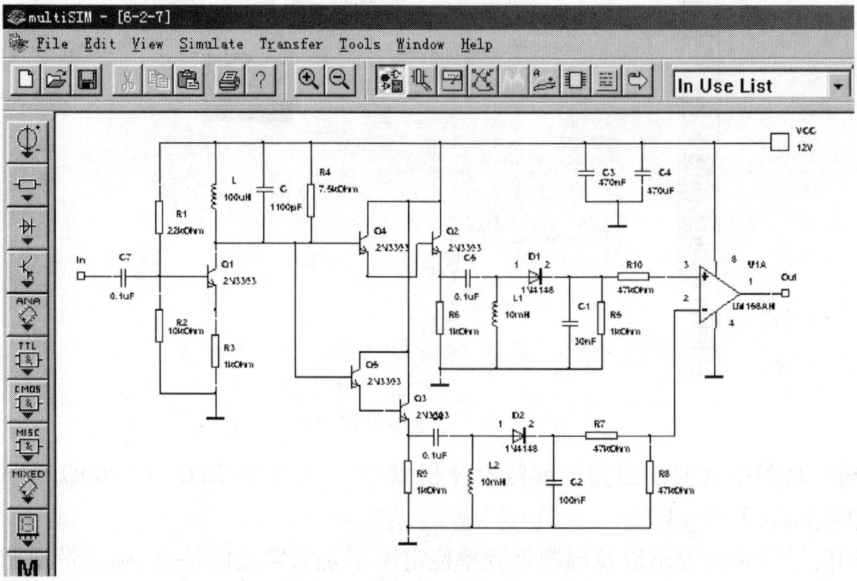

图 6.2.7 解调器总体电路

(3) 根据上述设计,可画出整个电路设计图(自行画出)。

(4) 电路仿真调试 在完成电路的初步设计后,再对电路进行仿真调试,目的是为了观察和测量电路的性能指标并调整部分元器件参数,从而达到各项指标的要求。

(5) PCB 图设计与生成

① 由仿真电路直接生成网络表;

② 调用 Protel-PCB,并进行元器件合理布局;

③ 调用网络表,并自动布线;

④ PCB 图的人工调整;

⑤ 打印输出。

PCB 板一般由生产厂商根据图纸进行生产,电路设计者无须介入。

(6) 电路焊接与装配

① 元器件老化与抽样检测;

② 元器件预处理;

③ 基于 PCB 板的元器件焊接与电路装配。

(7) 实际电路测试与改进 选择测量仪表与仪器,对电路进行实际测量与调试,调整参数,并解决电路中存在的问题。

6.3 ASK 调制器与解调器的设计与制作任务书

课题　试设计并制作一 ASK 调制器与解调器

要求如下：

(1) 设计指标

① 调制器输出载波频率：$f_c=600\text{kHz}$，频率误差小于 2kHz，频率稳定度优于 10^{-3}；载波幅度：$U_{cm}\geqslant 2\text{V}$；

② 数字基带信号(测试信号)频率：$F=2\text{kHz}$；

③ 解调器在 $U_{im}\geqslant 2\text{V}$ 及无外部干扰的条件下，解调后误码率为 0。

(2) 设计要求

① 画出电路原理图(或仿真电路图)；

② 元器件及参数选择；

③ 电路仿真与调试；

④ PCB 文件生成与打印输出。

(3) 制作要求　自行装配和调试，并能发现问题和解决问题。

(4) 编写设计报告　写出设计与制作的全过程，附上有关资料和图纸，有心得体会。

(5) 答辩　在规定的时间内，完成叙述并回答提问。

7 抢答器的设计与制作

抢答器是竞赛问答中一种常用的必备装置，从原理上讲，它是一种典型的数字电路，其中包括了组合逻辑电路和时序电路。

从有利于学习的角度考虑，这里主要介绍以中小规模集成电路和PLD器件设计抢答器的方法。

7.1 抢答器的基本组成及工作原理

7.1.1 抢答器的组成

抢答器的一般构成框图如图7.1.1所示。它主要由开关阵列电路、触发锁存电路、编码器、7段显示译码器和数码显示器几部分组成。下面逐一给予介绍。

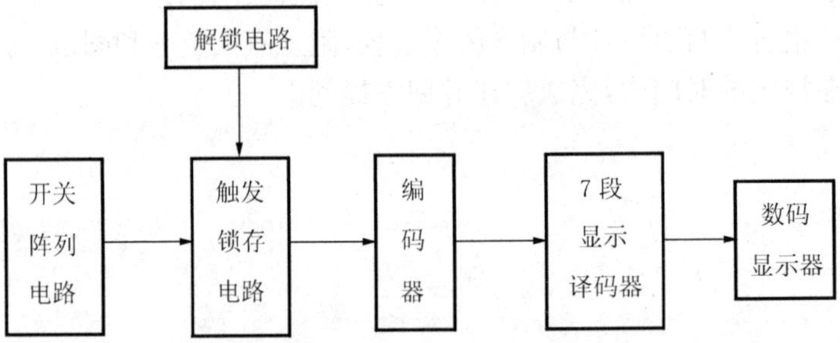

图7.1.1 抢答器组成框图

(1) 开关阵列电路 该电路由多路开关所组成，每一竞赛者与一组开关相对应。开关应为常开型，当按下开关时，开关闭合；当松开开关时，开关自动弹出断开。

(2) 触发锁存电路 当某一开关首先按下时，触发锁存电路被触发，在输出端产生相应的开关电平信息，同时为防止其它开关随后触发而产生紊乱，最先产生的输出电平变化又反过来将本触发电路锁定。若有多个开关同时按下时，则在它们之间存在着随机竞争的问题，结果可能是它们中的任一个产生有效输出。

(3) 编码器 编码器的作用是将某一开关信息转化为相应的8421BCD码，以提供数字显示电路所需要的编码输入。

(4) 7段显示译码器 译码驱动电路将编码器输出的8421BCD码转换为数码管需要的逻辑状态，并且为保证数码管正常工作提供足够的工作电流。

(5) 数码显示器 数码管通常有发光二极管(LED)数码管和液晶(LCD)数码管。本设计提供的为LED数码管。

7.1.2 抢答器的工作原理

1）开关阵列电路

图 7.1.2 所示为 8 路开关阵列电路，从图上可以看出其结构非常简单。电路中，$R_1 \sim R_8$ 为上拉和限流电阻。当任一开关按下时，相应的输出为低电平，否则为高电平。

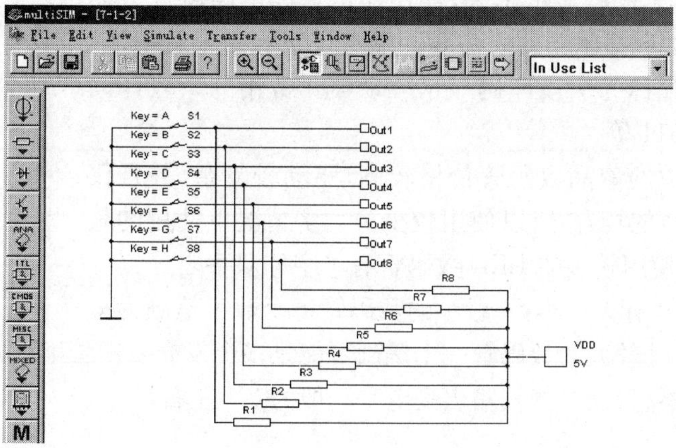

图 7.1.2 开关阵列电路

2）触发锁存电路

图 7.1.3 所示为 8 路触发锁存电路。图中，74HC373 为 8D 锁存器，一开始，当所有开关均未按下时，锁存器输出全为高电平，经 8 输入与非门和非门后的反馈信号仍为高电平，该信号作为锁存器使能端控制信号，使锁存器处于等待接收触发输入状态；当任一开关按下时，输出信号中必有一路为低电平，则反馈信号变为低电平，锁存器刚刚接收到的开关信息被锁存，这时其它开关信息的输入将被封锁。由此可见，触发锁存电路具有时序电路的特征，是实现抢答器功能的关键。

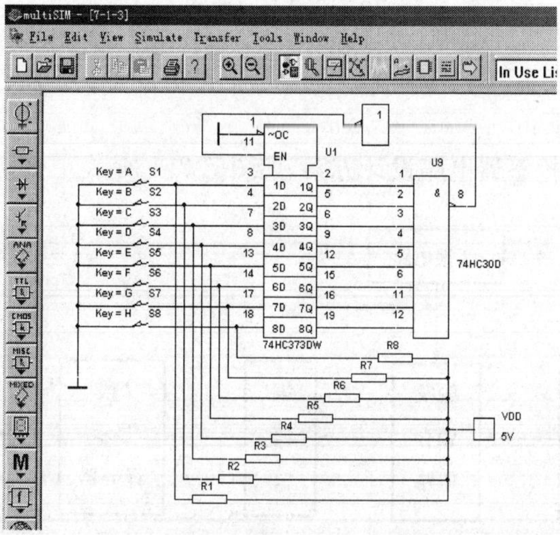

图 7.1.3 触发锁存电路

也可以采用 JK 触发器来实现触发锁存电路的功能，具体实现方法请读者考虑。

3）编码器

如图 7.1.4 所示，74HC147 为 10－4 线优先(高位优先)编码器，当任意输入为低电平时，输出为相应的输入编号的 8421 码(BCD 码)的反码。

4）译码驱动及显示单元

编码器实现了对开关信号的编码并以 BCD 码的形式输出。为了将编码器输出的 BCD 码显示出来，需用显示译码电路将计数器的输出数码转换为数码显示器件所需要的输出逻辑和一定的电流。一般这种译码器通常称为 7 段译码显示驱动器。常用的 7 段译码显示驱动器有 CD4511 等。

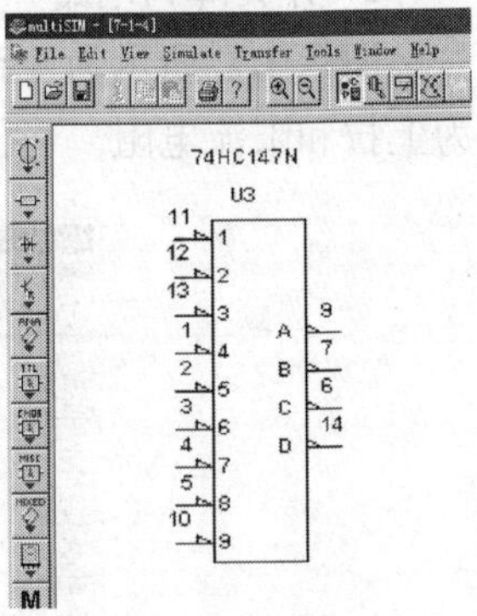

图 7.1.4　编码器

数码显示器件中的液晶数码管价格较高，驱动较复杂，并且仅能工作于有外界光线的场合，所以使用较少。大多情况下使用的是 LED 数码管。平时使用较多的 LED 数码管有单字和双字之分。

LED 数码管尺寸有大有小，一般小的数码管每个数字笔画为一个发光二极管，而尺寸较大的数码管一个笔画可能是多个发光二极管串接而成的，这时一般无法直接用译码驱动器直接驱动(其输出高电平一般为 3V 左右)。

5）解锁电路

当触发锁存电路被触发锁存后，若要进行下一轮的重新抢答，则需将锁存器解锁。可将使能端强迫置 1 或置 0(根据具体情况而定)，使锁存器处于等待接收状态即可。具体实现方法请读者考虑。

7.2　抢答器的设计与制作

［**例 7.2.1**］　试用中小规模集成电路设计并制作一抢答器，指标要求如下：

(1) 8 路开关输入；

(2) 稳定显示与输入开关编号相对应的数字 1～8；

(3) 输出具有唯一性和时序第一的特征。

设计与制作步骤如下：

(1) 根据要求，选择抢答器电路设计方案，如图 7.2.1 所示。

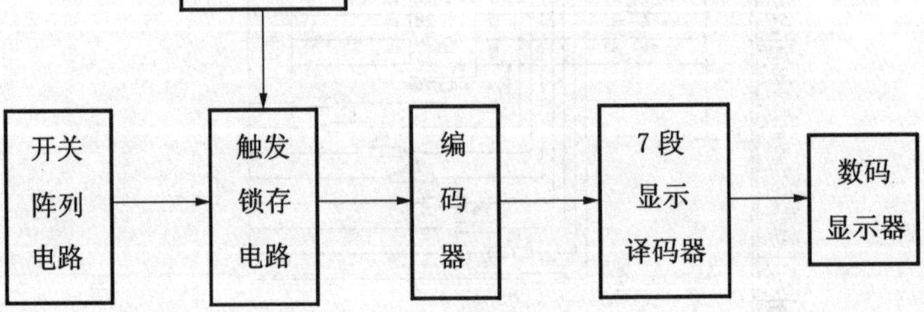

图 7.2.1　抢答器设计方案

(2) 电路设计及元器件选择

① 开关阵列电路:选择图 7.1.2 所示的 8 路开关阵列电路。由于本电路均采用 CMOS 集成电路组成,故上拉电阻 $R_1 \sim R_8$ 可取 1MΩ。

② 触发锁存电路:选择图 7.1.3 所示 8 路触发锁存电路。电路中,选 8D 锁存器为 74HC373,8 输入与非门为 74HC30。

也可以选用 4 片双 JK 触发器来实现触发锁存电路的功能,具体实现方法请读者考虑。

③ 编码器:选图 7.1.4 所示 74HC147 10-4 线优先(高位优先)编码器。当任意输入为低电平时,输出为相应的输入编号的 8421BCD 码的反码。该编码器多余的输入端应接高电平。

④ 译码驱动及显示单元电路:选择 CD4511 作为显示译码电路。选择 LED 数码管作为显示单元电路。

⑤ 解锁电路:选择 74HC32 或门构成解锁电路。将解锁开关信号与锁存器反馈信号相或后再加到锁存器的使能输入端,当解锁开关信号为 1 时,可将使能端强迫置 1,使锁存器重新处于等待接收状态。

⑥ 抢答器总体电路:根据上述设计,可画出抢答器总体电路,如图 7.2.2 所示。

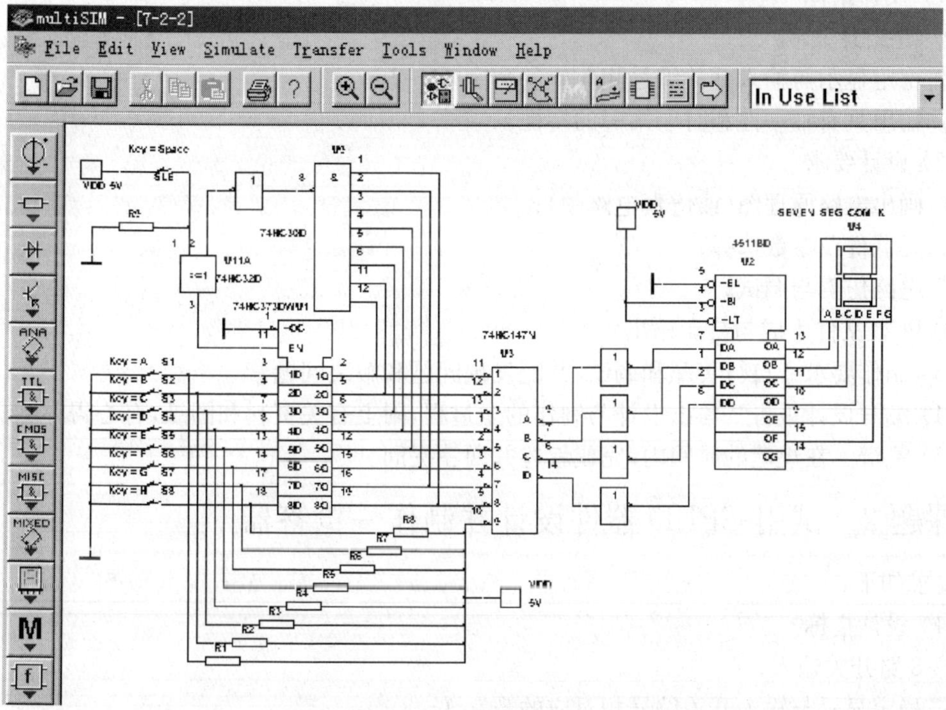

图 7.2.2　抢答器总体电路

(3) 根据上述设计思路,可画出实际电路图(或直接画仿真电路图,自行画出)。

(4) 电路仿真调试　在完成电路的初步设计后,再对电路进行仿真调试,目的是为了观察和测量电路的性能指标并调整部分元器件参数,从而达到各项指标的要求。

(5) PCB 图设计与生成

① 由仿真电路直接生成网络表;

② 调用 Protel-PCB,并进行元器件合理布局;

③ 调用网络表,并自动布线;

④ PCB 图的人工调整及打印输出。

PCB板一般由生产厂商根据图纸进行生产，电路设计者无须介入。

(6) 电路焊接与装配

① 元器件老化与抽样检测；

② 元器件预处理；

③ 基于PCB板的元器件焊接与电路装配。

(7) 实际电路测试与改进　选择测量仪表与仪器，对电路进行实际测量与调试，调整电路参数，并解决存在的问题或电路故障等。

7.3　抢答器的设计与制作任务书

课题1　试用中小规模集成电路设计并制作一抢答器

要求如下：

(1) 设计指标

① 16路开关输入；

② 稳定显示与输入开关编号相对应的数字01～16；

③ 输出具有唯一性和时序第一的特征。

(2) 设计要求

① 画出电路原理图(或仿真电路图)；

② 元器件及参数选择；

③ 电路仿真与调试；

④ PCB文件生成与打印输出。

(3) 制作要求　自行装配和调试，并能发现问题和解决问题。

(4) 编写设计报告　写出设计与制作的全过程，附上有关资料和图纸，有心得体会。

(5) 答辩　在规定的时间内，完成叙述并回答提问。

课题2　试用CPLD器件设计并制作一抢答器

要求如下：

(1) 设计指标

① 8路开关输入；

② 稳定显示与输入开关编号相对应的数字1～8；

③ 输出具有唯一性和时序第一的特征。

(2) 设计要求

① 画出电路原理图(或仿真电路图)；

② 元器件及参数选择；

③ 电路仿真与调试；

④ PCB文件生成与打印输出。

(3) 制作要求　自行装配和调试，并能发现问题和解决问题。

(4) 编写设计报告　写出设计与制作的全过程，附上有关资料和图纸，有心得体会。

(5) 答辩　在规定的时间内，完成叙述并回答提问。

8 数字钟的设计与制作

数字钟是一种用数字电路技术实现时、分、秒计时的装置，与机械式时钟相比具有更高的准确性和直观性，且无机械装置，具有更长的使用寿命，因此得到了广泛的使用。

数字钟从原理上讲是一种典型的数字电路，其中包括了组合逻辑电路和时序电路。目前，数字钟的功能越来越强，并且有多种专门的大规模集成电路可供选择。

从有利于学习的角度考虑，这里主要介绍以中小规模集成电路和 PLD 器件设计数字钟的方法。

8.1 数字钟的基本组成及工作原理

8.1.1 数字钟的构成

数字钟实际上是一个对标准频率(1Hz)进行计数的计数电路。由于计数的起始时间不可能与标准时间(如北京时间)一致，故需要在电路上加上一个校时电路，同时标准的 1Hz 时间信号必须做到准确稳定。通常使用石英晶体振荡器电路构成数字钟。图 8.1.1 所示为数字钟的一般构成框图。

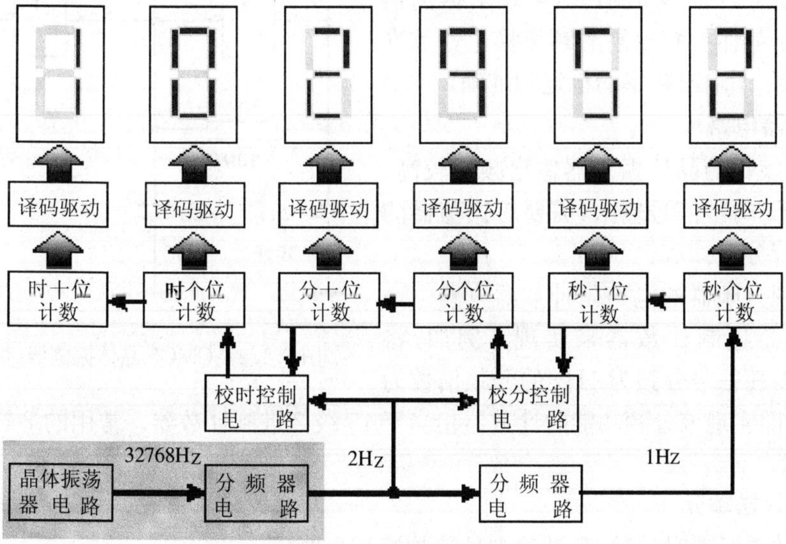

图 8.1.1　数字钟组成框图

(1) 晶体振荡器电路　晶体振荡器电路给数字钟提供一个频率稳定准确的 32 768Hz 的方波信号，可保证数字钟的走时准确及稳定。不管是指针式的电子钟还是数字显示的电子钟都使用了晶体振荡器电路。

(2) 分频器电路　分频器电路将 32 768Hz 的高频方波信号经 32 768(2^{15})次分频后得到 1Hz 的方波信号供秒计数器进行计数。分频器实际上也就是计数器。

(3) 时间计数器电路　时间计数电路由秒个位和秒十位计数器、分个位和分十位计数器及时个位和时十位计数器电路构成，其中秒个位和秒十位计数器、分个位和分十位计数器为60 进制计数器，而根据设计要求，时个位和时十位计数器为 12 进制计数器。

(4) 译码驱动电路　译码驱动电路将计数器输出的 8421BCD 码转换为数码管需要的逻辑状态，并且为保证数码管正常工作提供足够的工作电流。

(5) 数码管　数码管通常有发光二极管（LED）数码管和液晶（LCD）数码管，本设计提供的为 LED 数码管。

8.1.2　数字钟的工作原理

1）晶体振荡器电路

晶体振荡器是构成数字式时钟的核心，它保证了时钟的走时准确及稳定。

一般输出为方波的数字式晶体振荡器电路通常有两类，一类是用 TTL 门电路构成；另一类是通过 CMOS 非门构成的电路，如图 8.1.2 所示，从图上可以看出其结构非常简单。该电路广泛使用于各种需要频率稳定及准确的数字电路，如数字钟、电子计算机、数字通信电路等。

图 8.1.2 所示电路中，CMOS 非门 U1 与晶体、电容和电阻构成晶体振荡器电路，U2 实现整形功能，将振荡器输出的近似于正弦波的波形转换为较理想的方波。输出反馈电阻 R_1 为非门提供偏置，使电路工作于放大区域，即非门的功能近似于一个高增益的反相放大器。电容 C_1、C_2 与晶体构成一个谐振型网络，完成对振荡频率的控制功能，同时提供了一个 180°相移，从而和非门构成一个正反馈网络，实现了振荡器的功能。由于晶体具有较高的频率稳定性及准确性，从而保证了输出频率的稳定和准确。

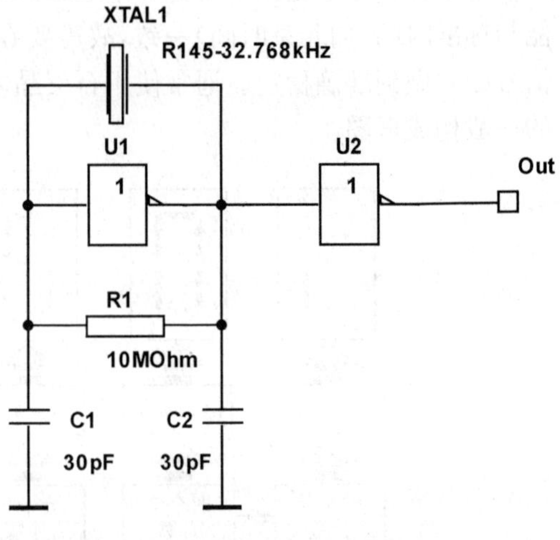

图 8.1.2　CMOS 晶体振荡器（仿真电路）

2）分频器电路

通常，数字钟的晶体振荡器输出频率较高，为了得到 1Hz 的秒信号输入，需要对振荡器的输出信号进行分频。

通常实现分频器的电路是计数器电路。一般采用多级 2 进制计数器来实现。例如，将32 768Hz的振荡信号分频为 1Hz 的分频倍数为32 768（2^{15}），即实现该分频功能的计数器相当于 15 级 2 进制计数器。常用的 2 进制计数器有74HC393 等。

3）时间计数单元

时间计数单元有时计数、分计数和秒计数等几个部分。

时计数单元一般为 12 进制计数器或 24 进制计数器，其输出为两位 8421BCD 码形式；分计数和秒计数单元为 60 进制计数器，其输出也为 8421BCD 码。

一般采用 10 进制计数器如 74HC290、74HC390 等来实现时间计数单元的计数功能。欲实现 12 进制和 60 进制计数还需进行计数模值转换。

4）译码驱动及显示单元

计数器实现了对时间的累计并以 8421BCD 码的形式输出，为了将计数器输出的

8421BCD码显示出来，需用显示译码电路将计数器的输出数码转换为数码显示器件所需要的输出逻辑和一定的电流。一般这种译码器通常称为7段译码显示驱动器。

常用的7段译码显示驱动器有CD4511。

5）校时单元电路

当重新接通电源或走时出现误差时都需要对时间进行校正。通常，校正时间的方法是：首先截断正常的计数通路，然后再进行人工触发计数或将频率较高的方波信号加到需要校正的计数单元的输入端，校正好后，再转入正常计时状态即可。

6）整点报时电路

一般时钟都应具备整点报时电路功能，即在时间出现整点前数秒内，数字钟会自动报时，以示提醒。其作用方式是发出连续的或有节奏的音频声波，较复杂的也可以是实时语音提示。

8.2 数字钟的设计与制作

［**例8.2.1**］ 试分别用中小规模集成电路设计并制作一数字钟，指标要求如下：

(1) 时间以12小时为一个周期；

(2) 显示时、分、秒；

(3) 具有校时功能，可以分别对时及分进行单独校时，使其校正到标准时间；

(4) 计时过程具有报时功能，当时间到达整点前10秒进行蜂鸣报时；

(5) 为了保证计时的稳定及准确须由晶体振荡器提供标准时间基准信号。

设计与制作步骤如下：

(1) 根据要求，选择数字钟电路设计方案如图8.1.1所示。

(2) 电路设计及元器件选择

① 振荡电路与分频电路：根据要求，振荡电路应选择晶体振荡电路，前已述及。振荡电路可以由图8.1.2所示非门来实现。为使电路具有更高的Q值以提高振荡频率的稳定性，这里选择CMOS非门，从减小电路功耗的角度来考虑，这也是一种较好的选择，因此，电路的其它部分也应尽量采用CMOS集成电路来实现。另外，若为适应低电压工作条件，还应考虑采用74HC系列(低压可达2V)的集成电路。

晶体XTAL的频率选为32 768Hz。该元件专为数字钟电路而设计，其频率较低，有利于减少分频器级数。

从有关手册中，可查得C_1、C_2均应为30pF。当要求频率准确度和稳定度更高时，还可接入校正电容并采取温度补偿措施。

由于CMOS电路的输入阻抗极高，因此反馈电阻R_1可选为10MΩ。较高的反馈电阻有利于提高振荡频率的稳定性。

非门电路可选74HC00或74HC04等。

由于晶体振荡器输出频率为32 768Hz，为了得到1Hz的秒信号输入，需要对振荡器的输出信号进行15级2进制分频。

实际上，从尽量减少元器件数量的角度来考虑，这里可选多级2进制计数电路CD4060和CD4040来构成分频电路。CD4060和CD4040在数字集成电路中可实现的分频次数最高，而且CD4060还包含振荡电路所需的非门，使用更为方便。

CD4060 计数为 14 级 2 进制计数器，可以将 32 768Hz 的方波信号分频为 2Hz，其内部框图如图 8.2.1 所示。从图中可以看出，CD4060 的时钟输入端有两个串接的非门，因此可以直接实现振荡和分频的功能。

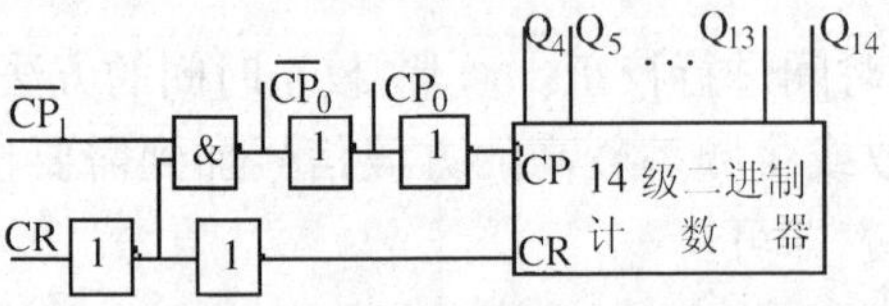

图 8.2.1 CD4060 内部框图

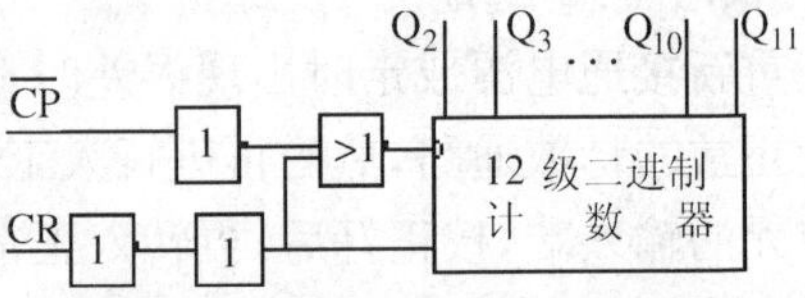

图 8.2.2 CD4040 内部框图

CD4040 计数器的计数模数为 4096(2^{12})，其逻辑框图如图 8.2.2 所示。如将 32 768Hz 信号分频为 1Hz，则需外加一个 8 分频计数器，故一般较少使用 CD4040 来实现分频。

综上所述，可选择 CD4060 同时构成振荡电路和分频电路。参照图 8.2.1，在 $\overline{CP_0}$ 和 CP_0 之间接入振荡器外接元件可实现振荡，并利用时计数电路中多出的一个 2 分频器（后述）可实现 15 级 2 分频，即可得 1Hz 信号。

② 时间计数电路：一般采用 10 进制计数器来实现时间计数单元的计数功能。为减少器件使用数量，可选 74HC390，其内部逻辑框图如图 8.2.3 所示。该器件为双 2-5-10 异步计数器，并且每一计数器均提供一个异步清零端（高电平有效）。

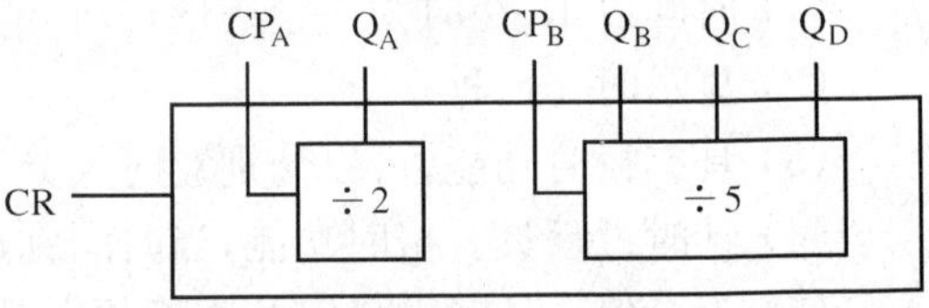

图 8.2.3 74HC390(1/2)内部逻辑框图

秒个位计数单元为 10 进制计数器，无需进制转换，只需将 Q_A 与 CP_B（下降沿有效）相连即可。CP_A（下降沿有效）与 1Hz 秒输入信号相连，Q_3 可作为向上的进位信号与秒十位计数单元的 CP_A 相连。

秒十位计数单元为 6 进制计数器，需要进制转换。将 10 进制计数器转换为 6 进制计数器的电路连接方法如图 8.2.4 所示，其中 Q_2 可作为向上的进位信号与分个位计数单元的 CP_A 相连。

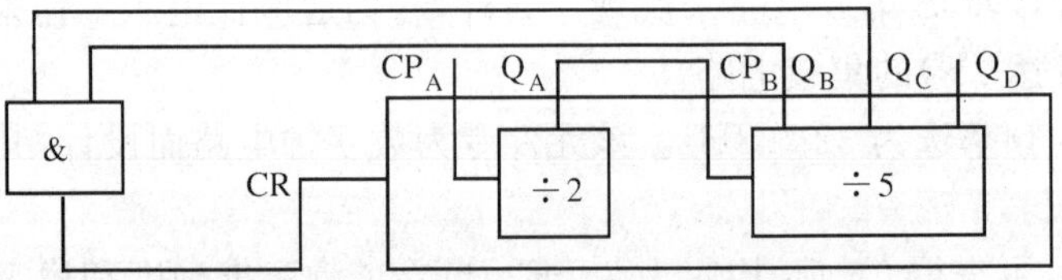

图 8.2.4 10 进制－6 进制计数器转换电路

分个位和分十位计数单元电路结构分别与秒个位和秒十位计数单元完全相同，只不过分个位计数单元的 Q_3 作为向上的进位信号应与分十位计数单元的 CP_A 相连，分十位计数单元的 Q_2 作为向上的进位信号应与时个位计数单元的 CP_A 相连。

时个位计数单元电路结构仍与秒或分个位计数单元相同，但根据要求，整个时计数单元应为 12 进制计数器，不是 10 的整数倍，因此需将个位和十位计数单元合并为一个整体才能进行 12 进制转换。利用 1 片 74HC390 实现 12 进制计数功能的电路如图 8.2.5 所示。

另外，图 8.2.5 所示电路中，尚余一 2 进制计数单元，正好可以作为分频器 2Hz 输出信号转化为 1Hz 信号之用。

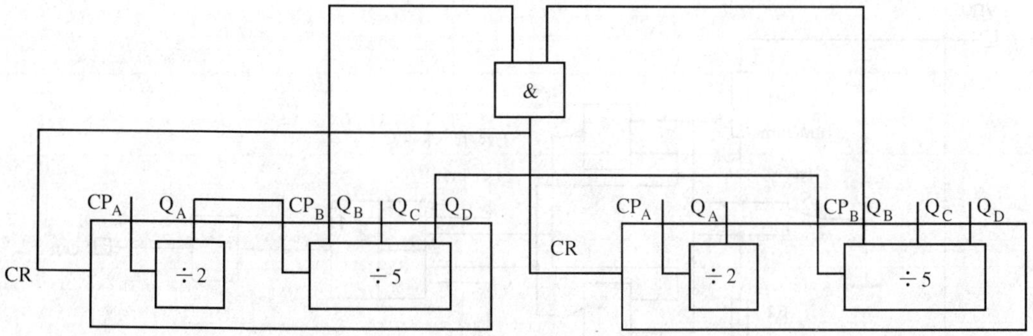

图 8.2.5　12 进制计数器电路

③ 译码驱动及显示单元电路:选择 CD4511 作为显示译码电路;选择 LED 数码管作为显示单元电路。

④ 校时电路:根据要求,数字钟应具有分校正和时校正功能,因此,应截断分个位和时个位的直接计数通路,并采用正常计时信号与校正信号可以随时切换的电路接入其中。图8.2.6 所示即为用 COMS 与或非门来实现的时或分校时电路,图中,In1 端与低位的进位信号相连;In2 端与校正信号相连,校正信号可直接取自分频器产生的 1Hz 或 2Hz(不可太高或太低)信号;输出端则与分或时个位计时输入端相连。

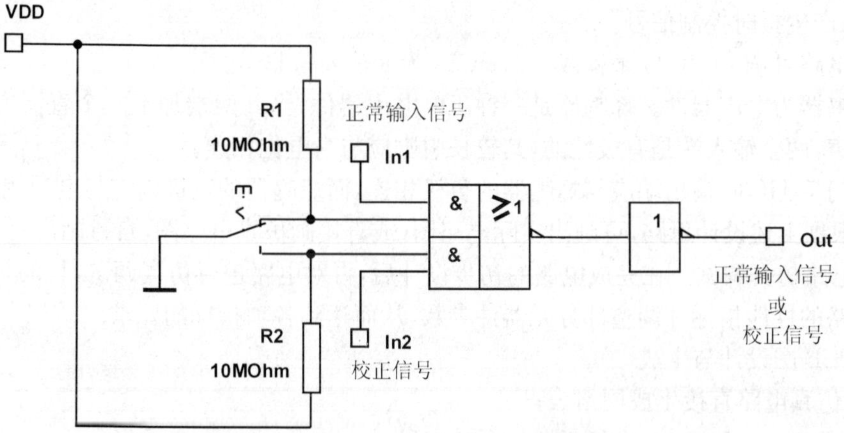

图 8.2.6　分或时校正电路(仿真电路)

如图 8.2.6 所示,当开关打向下时,因为校正信号和 0 相与的输出为 0,而开关的另一端接高电平,正常输入信号可以顺利通过与或门,故校时电路处于正常计时状态;当开关打向上时,情况正好与上述相反,这时校时电路处于校时状态。显然,这样的校时电路需要两个。

若门电路采用 TTL 型,则可省去电阻 R_1 和 R_2。

与或非门可选 74HC51,非门则可选 74HC00 或 74HC04 等。

图 8.2.6 所示校时电路存在开关抖动问题,使电路无法正常工作,因此实际使用时,须对开关的状态进行消除抖动处理。通常采用基本 RS 触发器构成开关消抖动电路,如图 8.2.7 所示即为带有该电路的校正电路,其中与非门可选为 74HC00 等。

另外,在对分进行校时时应不影响时计数器的现状态,即当分校时时,如果产生进位应该不影响时计数的计数或不产生进位作用,因此,可用分校时时 RS 触发器的 0 输出状态来封锁

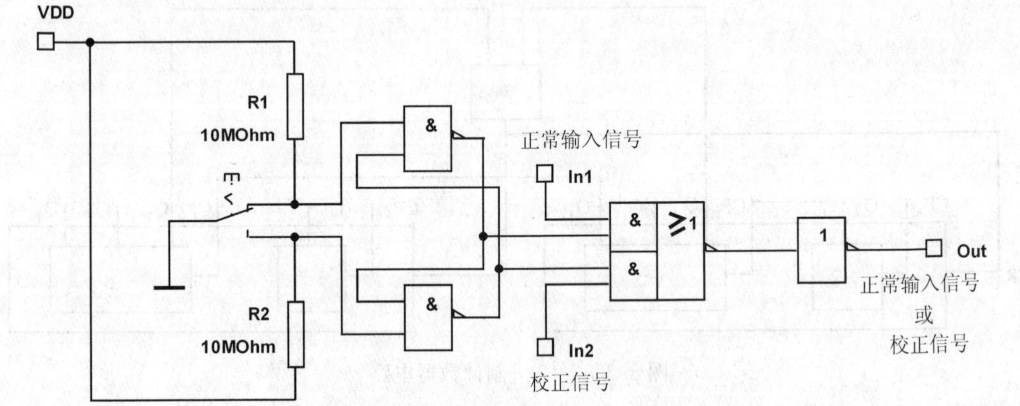

图 8.2.7　带有消抖动电路的校正电路(仿真电路)

进位输入信号。74HC51 正好为 3－3 输入的与或非门,多出的输入端可作为封锁信号输入之用。

⑤ 整点报时电路:根据要求,电路应在整点前 10 秒钟内开始整点报时,即当时间在 59 分 50 秒到 59 分 59 秒期间时,报时电路产生报时控制信号。

当时间在 59 分 50 秒到 59 分 59 秒期间时,分十位、分个位和秒十位均保持不变,分别为 5、9 和 5,因此可将分计数器十位的 Q_C 和 Q_A、个位的 Q_D 和 Q_A 及秒计数器十位的 Q_C 和 Q_A 相与,从而产生报时控制信号。

报时电路可选 74HC30 来构成。74HC30 为 8 输入与非门。

选蜂鸣器为电声器件。蜂鸣器是一种压电电声器件,当其两端加上一个直流电压时就会发出鸣叫声,两个输入端是有极性的,其较长引脚应与高电位相连。

与非门 74HC30 输出端应与蜂鸣器的负极相连,而蜂鸣器的正极则应与电源相连。

(3) 根据上述设计思路,可画出实际电路图(或直接画仿真电路图,自行画出)。

(4) 电路仿真调试　在完成电路的初步设计后,再对电路进行仿真调试,目的是为了观察和测量电路的性能指标并调整部分元器件参数,从而达到各项指标的要求。

(5) PCB 图设计与生成

① 由仿真电路直接生成网络表;

② 调用 Protel-PCB,并进行元器件合理布局;

③ 调用网络表,并自动布线;

④ PCB 图的人工调整;

⑤ 打印输出。

PCB 板一般由生产厂商根据图纸进行生产,电路设计者无须介入。

(6) 电路焊接与装配

① 元器件老化与抽样检测;

② 元器件预处理;

③ 基于 PCB 板的元器件焊接与电路装配。

(7) 实际电路测试与改进　选择测量仪表与仪器,对电路进行实际测量与调试,调整电路参数,并解决存在的问题或电路故障等。

8.3　数字钟的设计与制作任务书

课题1　试用中小规模集成电路设计并制作一数字钟

要求如下：

(1) 设计指标

① 时间以24小时为一个周期；

② 显示时、分、秒；

③ 具有校时功能，可以分别对时及分进行单独校时，使其校正到标准时间；

④ 计时过程具有报时功能，当时间到达整点前5秒进行蜂鸣报时；

⑤ 为了保证计时的稳定及准确须由晶体振荡器提供标准时间基准信号。

(2) 设计要求

① 画出电路原理图(或仿真电路图)；

② 元器件及参数选择；

③ 电路仿真与调试；

④ PCB文件生成与打印输出。

(3) 制作要求　自行装配和调试，并能发现问题和解决问题。

(4) 编写设计报告　写出设计与制作的全过程，附上有关资料和图纸，有心得体会。

(5) 答辩　在规定的时间内，完成叙述并回答提问。

课题2　试用CPLD器件设计并制作一数字钟

要求如下：

(1) 设计指标

① 时间以24小时为一个周期；

② 显示时、分、秒；

③ 具有校时功能，可以分别对时及分进行单独校时，使其校正到标准时间；

④ 计时过程具有报时功能，当时间到达整点前5秒进行蜂鸣报时；

⑤ 为了保证计时的稳定及准确须由晶体振荡器提供标准时间基准信号。

(2) 设计要求

① 画出电路原理图(或仿真电路图)；

② 元器件及参数选择；

③ CPLD器件逻辑设计与编程；

④ 电路仿真与调试；

⑤ PCB文件生成与打印输出。

(3) 制作要求　自行装配和调试，并能发现问题和解决问题。

(4) 编写设计报告　写出设计与制作的全过程，附上有关资料和图纸，有心得体会。

(5) 答辩　在规定的时间内，完成叙述并回答提问。

9　数字频率合成器的设计与制作

频率合成技术是现代通信对频率源的稳定度、准确度、频谱纯度及频带利用率提出愈来愈高要求的产物。它能够利用一个高稳标准(或参考)的频率源(如晶体振荡器)合成出大量具有同样性能的离散频率。

频率合成器的核心组成是锁相环路(PLL)。锁相环路是一种相位负反馈控制系统，它利用相位的稳定来实现频率锁定，即“锁相”。实现锁相的方法称为锁相技术。

9.1　锁相环路的基本组成及工作原理

锁相环路早在 20 世纪 30 年代就已提出，并被用在同步接受机中。20 世纪 50 年代锁相技术被用于提取彩色电视机的色同步信号。随后，锁相技术又被应用在空间技术中，采用锁相环路做成的窄带跟踪接受机接受微弱的卫星信号，达到了很好的效果。但由于分离元件的锁相环路过于复杂，且成本过高，受技术条件的限制，不可能在工业和民用电子设备中被广泛地采用。

到了 20 世纪 60 年代末，由于集成电路技术的发展，锁相环路也实现了集成化、单片化，一般只需外接少量阻容元件便能实现锁相功能，而且调整简单、成本低、性能可靠、使用方便，因此广泛应用于通信、电视、音响、雷达、自动控制、遥控遥测、精密仪器等方面。

9.1.1　锁相环路的基本组成

锁相环路的基本组成框图如图 9.1.1 所示。它由鉴相器(PD)、环路滤波器(LF)和压控振荡器(VCO)三部分组成，其中，PD 和 LF 构成反馈控制器，而 VCO 就是它的控制对象。

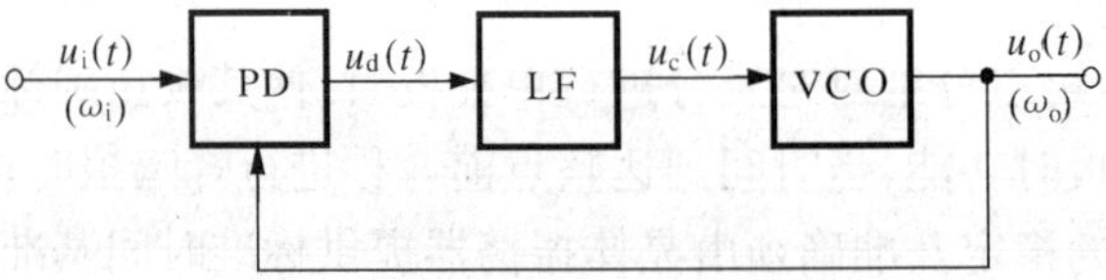

图 9.1.1　锁相环路的基本组成框图

如图 9.1.1 所示，若输入信号 $u_i(t)$的频率 ω_i 和 VCO 振荡信号(即输出信号)$u_o(t)$的频率 ω_o 不相等(此时称锁相环路处于失锁状态)，由于两信号的相位差是频差的积分，故两信号之间必然存在随时间变化的相位差。鉴相器对两信号的相位进行比较，输出一个与相位差成比例的误差电压 $u_d(t)$。该电压经 LF(实际就是低通滤波器 LPF)后，取出其中缓慢变化的直流或低频电压分量 $u_c(t)$作为控制电压。显然，$u_c(t)$将随着相位差的变化作相应的变化。而 $u_c(t)$加到 VCO 的控制输入端，从而控制 VCO 的振荡频率，使其随 $u_c(t)$变化而变化，于是 $u_o(t)$与 $u_i(t)$的相位差不断减小，最终可能等于某一较小的恒定值，即二者的相位被“锁定”。容易理解，当相位被锁定后，输入信号频率 ω_i 与输出信号频率 ω_o 必然相等。

下面通过电路仿真来讨论锁相环路的各部分工作原理。

1）鉴相器

鉴相器系一相位比较装置，用来检测输出信号 $u_o(t)$ 与输入信号 $u_i(t)$ 之间的相位差，并把它转化为误差电压 $u_d(t)$。

就一般情况而言，$u_o(t)$ 与 $u_i(t)$ 均有初相角，因此可设输出电压和输入电压分别为

$$u_o(t)=U_{om}\cos[\omega_o t+\theta_o(t)]$$
$$u_i(t)=U_{om}\sin[\omega_i t+\theta'_i(t)]$$

式中，$\theta'_i(t)$ 为以 $\omega_i t$ 为参考相位的瞬时初相位。

一般可用模拟乘法器来实现鉴相器的功能。此类鉴相器也称为相乘型鉴相器。

［仿真 9.1.1］　相乘型鉴相器的测量

仿真线路：图 9.1.2 所示电路。图中，A1 为模拟乘法器。

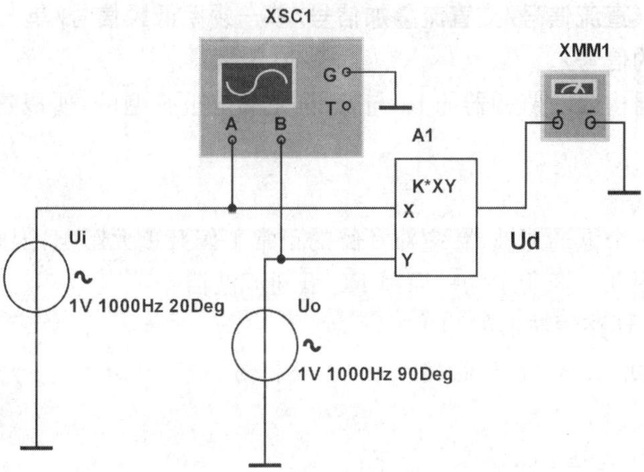

图 9.1.2　相乘型鉴相器(仿真电路)

① 乘法器 X 输入端接入正弦电压 u_i，其参数为

$$f_i=1\,000\text{Hz},\theta_i=30°,U_{im}=1\text{V}。$$

② 乘法器 Y 输入端接入正弦电压 u_o，其参数为

$$f_o=1\,000\text{Hz},\theta'_o=90°(相当于余弦信号的\ \theta_o=0°),U_{im}=1\text{V}$$

此时两信号间的相位差 θ_e 为

$$\theta_e=\theta_i-\theta_o=30°。$$

③ 保持步骤②，用示波器(DC 输入)测量 u_d 波形，并记录。

结果表明，当鉴相器两输入信号频率相等、相位差固定时，其输出电压 u_d 为________（纯直流/纯交流/直流和低频交流叠加的/直流和高频交流叠加的）信号。

④ 保持步骤③，用万用表(DC 电压档)测量 u_d 值，并记录：

u_d=________mV。

⑤ 保持步骤④，按表 9-1-1 的要求改变 θ_i 值(注意，在仿真电路中，$-30°$ 相当于 $+330°$，以此类推)，用万用表(DC 电压档)测量 u_d 值，并记录。

表 9-1-1　鉴相器电路的测量结果

θ_i	−180°	−120°	−90°	−60°	−30°	−20°	−10°	0°	10°	20°	30°	60°	90°	120°	180°
θ_e															
u_d/mV															

结果表明，鉴相器输出电压 $\boldsymbol{u_d}$ 与两输入信号之间的相位差 $\boldsymbol{\theta_e}$ ________（有关/无关），且当 $\boldsymbol{\theta_e}$ 约在________到________范围内 $\boldsymbol{u_d}$ 和它的关系才近似为线性的，即从总体上看，$\boldsymbol{u_d}$ 和 $\boldsymbol{\theta_e}$ 的关系是________（线性的/非线性的）。

⑥ 由表 9-1-1 作出 u_d 随 θ_e 变化的关系曲线。

⑦ 保持步骤⑤，改变 f_i，使 $f_i=1\,100\text{Hz}$，用示波器（DC 输入）测量 u_d 波形，并记录。

结果表明，当鉴相器两输入信号频率不相等时，其输出电压 $\boldsymbol{u_d}$ 为________（直流/交流）信号，且为一________（直流信号/交直流叠加信号/单一频率低频信号/单一频率高频信号/低频与高频信号相叠加的信号）。

由于模拟乘法器构成的鉴相器的 u_d 与 θ_e 的关系是正弦型的，所以这种鉴相器又称为正弦型鉴相器。

2）环路滤波器

环路滤波器是一个低通滤波器，它对环路的正常工作有重大影响，因此它也是锁相环路中的一个基本环节。图 9.1.3 所示为一简单 RC 低通滤波器。

［**仿真 9.1.2**］　环路滤波器的测量

仿真线路：图 9.1.3 所示电路。图中，R_1 为 $100\text{k}\Omega$，$C_1=100\text{nF}$。

① 接入正弦输入电压 u_{d1}，其参数如下：

$$f_1=100\text{Hz},\quad U_{im1}=1\text{V}。$$

② 保持步骤(1)，接入正弦输入电压 u_{d2}，其参数如下：

$$f_1=1\,000\text{Hz}, U_{im2}=1\text{V}。$$

③ 保持步骤②，用示波器观察 $u_{d1}+u_{d2}$ 和 u_c 波形，并记录。

结果表明，该滤波器对________（低频/高频）信号有滤波作用，即该滤波器是________（低通/高通）滤波器。

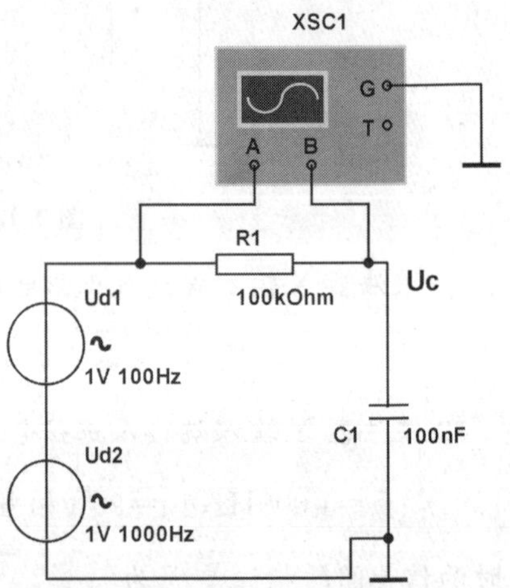

图 9.1.3　环路滤波器（仿真电路）

环路滤波器的作用是把鉴相器输出电压中的高频分量及干扰杂波抑制掉，而让鉴相器输出电压中的低频分量或直流分量通过。

图 9.1.4 所示电路为较常用的滤波器，一般 $R_2 \ll R_1$，其作用是减少高频信号的衰减，从而提高锁相环路的捕捉和跟踪（频率）范围，但抗高频干扰的性能下降。此类滤波器也称为比例积分滤波器。

3）压控振荡器

压控振荡器是瞬时角频率受控制电压控制的一种振荡器，实际上是一种电压-频率变换器。压控振荡器的电路形式很多，图 9.1.4 所示电路为用变容二极管 D_1 的电容 C_j 来调节振荡器频率的电路，这是一种简单的压控振荡器。

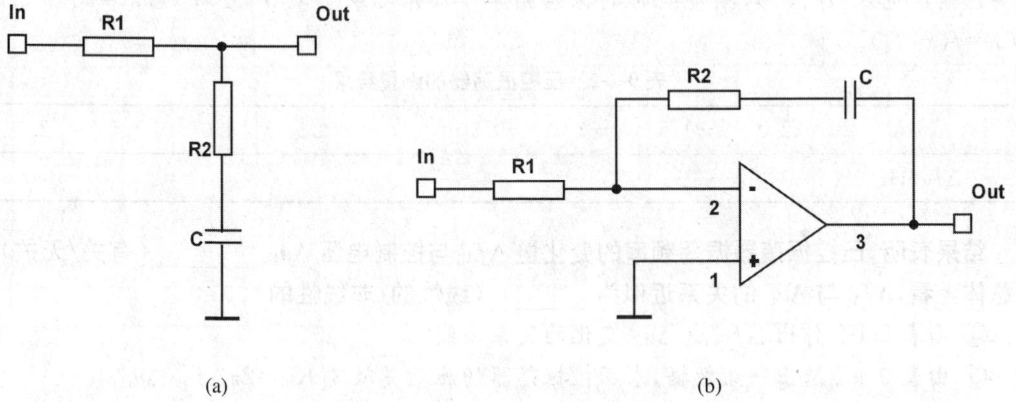

图 9.1.4　比例积分滤波器(仿真电路)

(a)无源比例积分滤波器；(b)有源比例积分滤波器

［**仿真 9.1.3**］　压控振荡器的测量

仿真线路：图 9.1.5 所示电路，各元器件参数如图中所示。

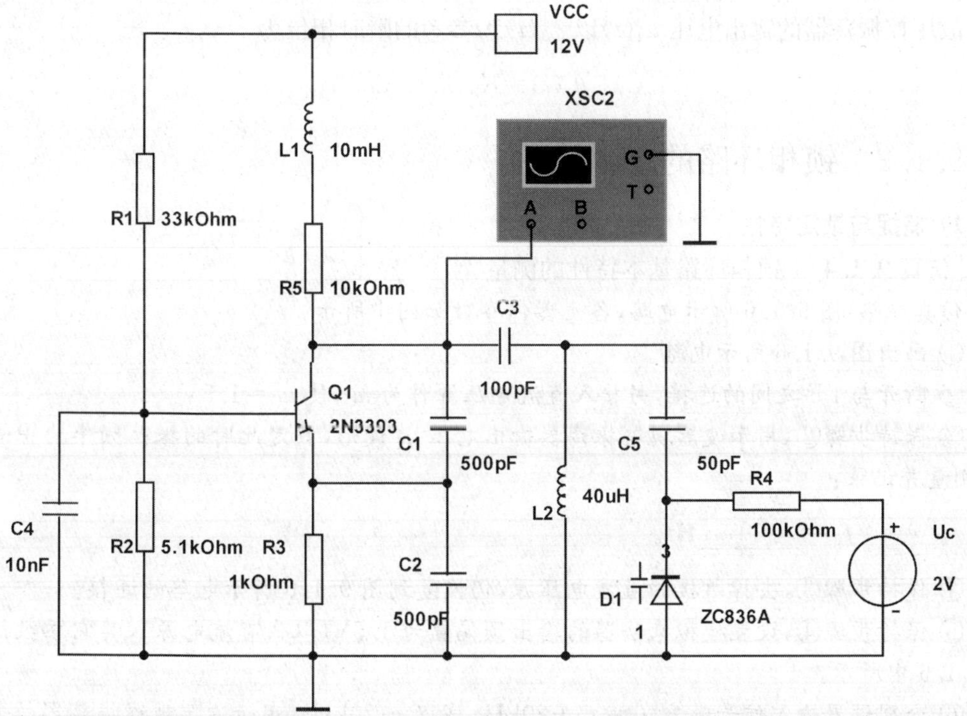

图 9.1.5　压控振荡器(仿真电路)

① 接入控制电压 u_C，使 $u_C=2.5V$。

② 保持步骤①，用示波器观察振荡器输出电压 u_v 波形，假定此时的振荡频率为中心频率 f_0，测量并记录：

$f_0=$ ________ Hz。

③ 保持步骤②，以 $u_C=2.5V$ 和 f_0 为参考值，按表 9-1-2 的要求改变 u_C 值，用示波器观察振荡器输出电压 u_v 波形，测量此时的振荡频率 f_V，并记录于表 9-1-2 中（$\Delta u_C=u_C-2.5V$，$\Delta f_V=f_V-f_0$）。

表 9-1-2 压控振荡器的测量结果

$\Delta u_C/V$	$-2.0.$	-1.5	-1	-0.5	0	0.5	1.0	1.5	2.0
$\Delta f_V/Hz$									

结果表明，压控振荡器振荡频率的变化量 Δf_V 与控制电压 Δu_C ________（有关/无关），且从总体上看，Δf_V 与 Δu_C 的关系近似为________（线性的/非线性的）。

④ 由表 9-1-2 作出 Δf_V 随 Δu_C 变化的关系曲线。

⑤ 由表 9-1-2 选出一组数据，求压控振荡器的压控灵敏度 $K_0=2\pi\Delta f_V/\Delta u_C$。

以上说明的是环路滤波器的输出电压是怎样改变压控振荡器角频率（$\omega_V=2\pi f_V$）的。在锁相环路中，改变的振荡角频率还要送回到鉴相器中去比较。对鉴相器来说，直接起作用的是瞬时相位，而不是电压或频率。但是，瞬时角频率的变化必然引起瞬时相位的变化，它们之间的关系是

$$\theta(t)=\int\omega_V(t)dt=\omega_0(t)+K_0\int u_C(t)dt$$

故压控振荡器的输出电压 $u_v(t)$ 以 $\omega_0(t)$ 为参考的瞬时相位为

$$\theta_v(t)=K_0\int u_C(t)dt$$

9.1.2 锁相环路的基本特性

1）捕捉与锁定特性

［**仿真 9.1.4**］ 锁相环路基本特性的测量

仿真线路：图 9.1.6 所示电路，各元器件参数如图中所示。

① 画出图 9.1.6 所示电路。

② 断开与 LF 之间的连接，另接入直流电压源作为 u_C，使 $u_C=1.5V$。

③ 保持步骤②，用示波器观察振荡器输出电压 u_v 波形，假定此时的振荡频率为中心频率 f_0，测量并记录：

$f_0=$ ________ Hz。

④ 保持步骤③，去掉所接的直流电压源，仍恢复到图 9.1.6 所示电路的连接。

⑤ 保持步骤④，设置模拟乘法器的输出预偏置为 1.5V（取代直流电源），其它参数设置如图 9.1.6 中所示。

⑥ 分别设置输入信号频率 $f_i=f_0+20kHz$ 或 $f_0-20kHz$，用示波器观察振荡器控制电压 u_C 以及输入电压 u_i 和输出电压 u_v 波形，并比较 u_i 和 u_v 波形，判断锁相环路是否能进入锁定状态。

结果表明，锁相环路________（可以/不可以）实现对输入信号频率的捕捉和锁定。锁定后，输入与输出信号之间的频差________（为零/不为零），相位差________（为零/不为零）。

这里介绍一下锁相环路的几个频差的概念：

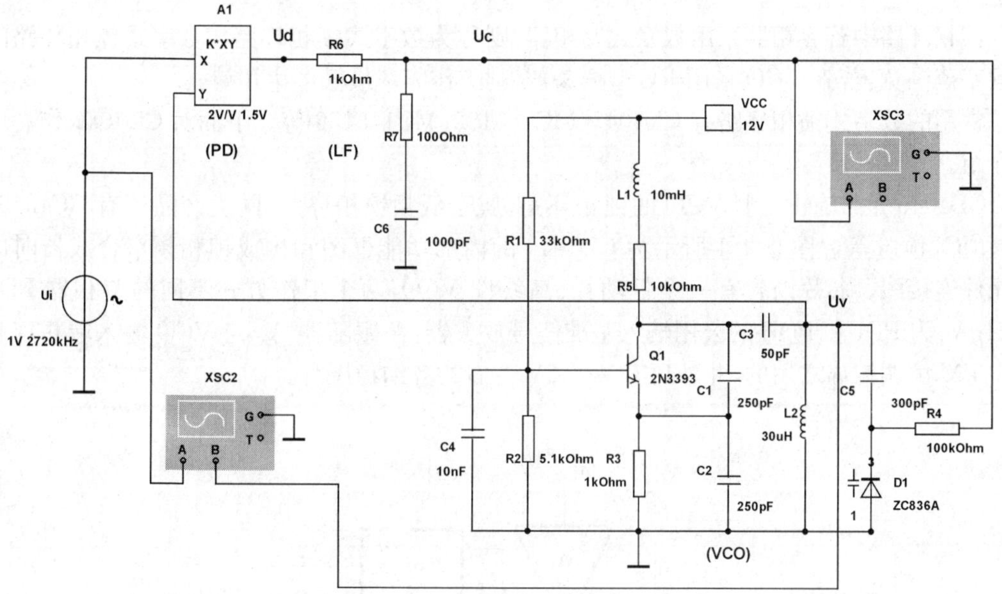

图 9.1.6 锁相环路(仿真电路)

① 固有频差(Δf_0)=输入频率(f_I)-输出固有振荡频率(f_0);

② 瞬时频差(Δf)=输入频率(f_I)-输出瞬时振荡频率(f_V);

③ 控制频差(Δf_V)=输出瞬时振荡频率(f_V)-输出固有振荡频率(f_0)。

显然,$\Delta f=\Delta f_0-\Delta f_V$。

在环路捕捉过程中,随着控制电压的逐步建立和逐渐增强,控制电压加到压控振荡器上所产生的控制频差也逐渐增大。当控制频差足以抵消固有频差时,则瞬时频差等于零,即环路进入锁定状态。环路锁定时,瞬时频差为零,但存在一个稳态相位误差 θ_e。

2) 自动跟踪特性

当锁相环路处于锁定状态时,$\omega_V=\omega_I$。此时,若 ω_I 在一定的范围内变化,ω_V 便跟随变化,并始终基本保持 $\omega_V=\omega_I$,这一过程称为跟踪。

由于锁相环路具有自动跟踪特性,所以它相当于一高频窄带滤波器,不但能滤除噪声和干扰,而且能跟踪输入信号的载频变化,可以从有噪声背景的输入已调波信号中提取出纯净的载波。

3) 捕捉带与同步带

环路能够由失锁进入锁定所允许的最大固有频差,称为环路的捕捉带,用 Δf_P 表示。

环路能维持自动跟踪特性的最大固有频差称为同步带,用 Δf_H 表示。

当 $\Delta f_0>\Delta f_P$ 时,环路将不能锁定;当 $\Delta f_0>\Delta f_H$ 时,环路将不能跟踪;一般 $\Delta f_H>\Delta f_P$。

9.2 数字式锁相环路 CD4046 简介

模拟锁相环路适合于工作频率较高、频率变化范围较小的情况,因为若工作频率太低,则滤波器不能有效分离差频、和频信号以及高次谐波信号;同时由于正弦型鉴相器的线性动态范围较小,若频率变化范围较大,则鉴相器不能产生有效的跟踪信号,从而无法实现锁相环路的锁定。

锁相环路中若鉴相器采用数字式鉴相器，则称为数字式锁相环路。数字式锁相环路的工作频率范围宽，若其 VCO 采用 RC 型振荡器，则工作频率最低可达几赫兹。

常用的数字式锁相环路有 CD4046、MC145152、MC145156 等。下面对 CD4046 作一个简单介绍。

CD4046 是带有 RC 型 VCO 的锁相环路，属于低频锁相环路，同类产品还有 CC4046（国产）、MC14046 等。图 9.2.1 所示为 CD4046 的内部功能框图和构成锁相频率合成器时的外围元件连接图。芯片内含有一个低功耗、高线性 VCO，两个工作方式不同的鉴相器 PDI 和 PDII；A_1 为 PDI 和 PDII 的公用输入基准信号放大器，源跟随器 A_2 与 VCO 输入端相连是专门作 FM 解调输出之用的，此外还有一个 6V 左右的齐纳稳压管。

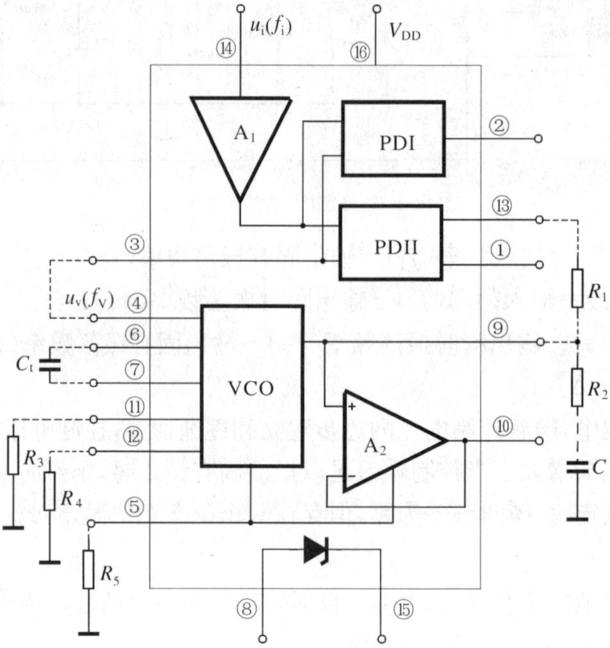

图 9.2.1　CD4046 的内部组成框图

CD4046 的①脚为锁定指示，高电平表示环路锁定；⑤脚为 VCO 禁止端，高电平时 VCO 停振。

1）鉴相器 PDI 和 PDII

CD4046 芯片内的鉴相器 PDI 是一个数字逻辑异或门。由于 CMOS 门输出电平在 0～V_{DD}之间变化，所以只要用简单的积分电路就可以取出平均电平，因而使锁相环路的捕捉范围加大。该鉴相器主要应用在调频波的解调电路中。PDII 是一个由边沿控制的数字比相器和互补 CMOS 输出结构组成的三态输出式鉴相器。由于数字比相器仅在 u_i 和 u_v 的上跳边沿起作用，因而该鉴相器能接收任意占空比的输入脉冲，即非常窄的脉冲。PDII 的工作过程可用图 9.2.2 所示波形图来表示。⑭脚 u_i 信号出现上跳变时，⑬脚也上跳输出高电平，③脚 u_v 信号出现上跳变时，⑬脚下跳输出低电平；u_i、u_v 同时触发时，⑬脚呈现高阻状态。因此，PDII 可以使 u_v 和 u_i 严格同步，它常被应用在锁相频率合成器中。采用 PDII 的锁相环其锁定范围等于捕捉范围，与环路滤波器关系不大。

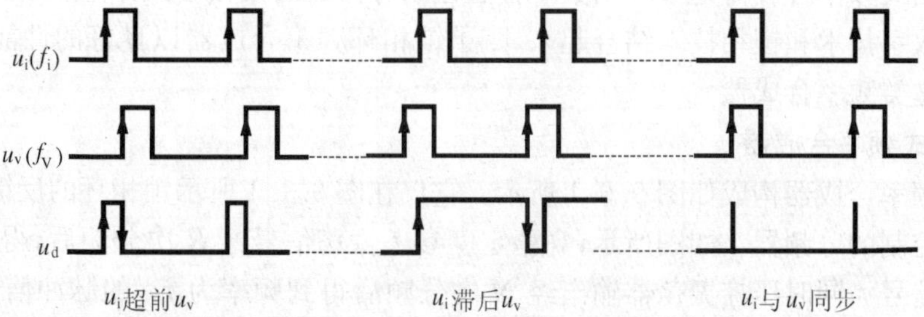

图 9.2.2　CD4046 鉴相器 PDII 的输入与输出波形

PDII 的直流输出电压 U_d 应为⑬脚波形在一周期内的平均值。

2）压控振荡器

CD4046 内部的 VCO 是一个电流控制型振荡器，其振荡频率与控制电压 U_d 之间的关系可以用下式表示：

$$f_o = \frac{U_d - U_{GS}}{8R_3C_t} + \frac{V_{DD} - 2U_{DS}}{8R_4C_t} \tag{9.2.1}$$

式中 U_{GS}为耗尽型 NMOS 三极管的源栅间导通压降，约 0.5V 左右；U_{DS}为耗尽型 PMOS 管的漏源饱和压降，约为 1V 左右。式(9.2.1)中的第二项为常数项，也就是 VCO 的最低振荡频率 f_{omin}。当 R_4 的增大到⑫脚开路时，f_{omin}减小至零。式中第一项为 U_d 的函数，当 $R_3>10\text{k}\Omega$ 时，f_o 与 U_d 基本呈直线性关系。

VCO 的 f_{omin}与 C_t 及 R_4 的关系可用图 9.2.3 所示曲线表示。由图中可知，若已知 f_{omin}、V_{DD}，且确定 R_4 以后，就可以从图中曲线查得所需 C_t 值。

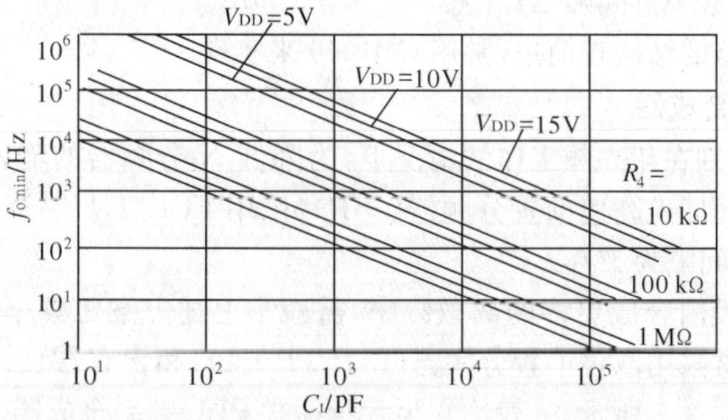

图 9.2.3　f_{omin}与 C_t 及 R_4 的关系

当 $U_d=V_{DD}$时，VCO 维持在最高振荡频率 f_{omax}，

$$f_{omax} = \frac{V_{DD} - U_{GS}}{8R_3C_t} + f_{omin} \tag{9.2.2}$$

已知 f_{omin}、f_{omax}和 C_t 以后，就可以由式(9.2.2)求得 R_3 值。实践中，为微调 f_o 的范围，R_3 往往采用一只固定电阻和一只可调电阻相串联。

9.3　锁相环频率合成器的组成及工作原理

频率合成器可以根据实现方法的不同分为三类：混频滤波式、脉控锁相式和数字锁相式。

其中数字锁相式频率合成器是一种用数字方法控制分频比的锁相环路，产生相应的离散频率。它将先进的数字技术和锁相技术结合起来，赋予锁相环频率合成器以良好的性能，因此，这里将重点介绍这类频率合成器。

1）直接式频率合成器

直接式频率合成器构成如图 9.3.1 所示。它仅在图 9.1.1 所示锁相环的反馈支路中插入一个可编程控制的分频器。如图所示，高稳定度参考振荡信号经 R 次分频后，得到频率为 f_R 的参考脉冲信号。同时压控振荡器输出经 N 次分频后得到频率为 f_N 的脉冲信号，它们通过鉴相器进行比相。当环路处于锁定状态时，$f_R=f_N=f_o/N$，则

$$f_o = Nf_N = Nf_R$$

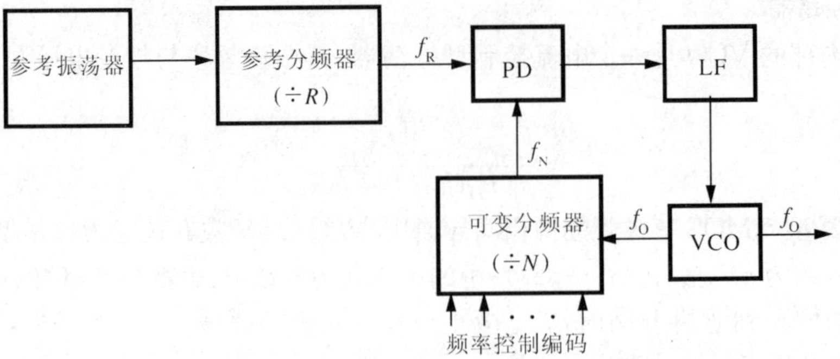

图 9.3.1　直接式频率合成器组成框图

显然，只要改变分频比 N，即可达到改变输出频率 f_o 的目的，从而实现由 f_R 合成 f_o 的任务。在该电路中，输出频率点间隔 $\Delta f=f_R$。

直接式频率合成器的结构较简单，常用 CD4046 来实现。

2）吞脉冲式频率合成器

在实际应用中，特别在超高频工作的情况下，为降低 N 分频器的输入频率，通常在 N 分频器与压控振荡器之间插入高速前置分频器（$\div P$）（采用 ECL 工艺制造）。显然此时频率关系为 $f_o=NPf_R$，频点间隔为 Pf_R。

为了在给定的频段内合成更多的离散频率，需减小上述方案之频率点间隔 Pf_R。为此，在实际通信设备中通常采用双模前置分频器（$\div P/(P+1)$）和含有吞食计数器的可编程分频器。其构成框图如图 9.3.2 所示，一般称它为吞脉冲式 PLL 频率合成器。

在该方案中，通常 N 计数（分频）器的级数大于 A 计数器的级数，即 $N>A$。在计数循环开始时，模式控制信号 MC=0，前置分频比为 $P+1$，这样 A 计数器每次比另一前置分频模式（P）多吞食一个脉冲。由于 N 计数器与 A 计数器同时开始计数，A 计数器先计满，输出使模式控制逻辑状态变为 MC=1，前置分频比变为 P，直到 N 计数器计满，输出将模式控制逻辑重置成 MC=0 状态。这样，计数链路的总分频比是

$$N_\Sigma = A(P+1)+P(N-A) = PN+A$$

$$f_o = (PN+A)f_N = PNf_R + Af_R$$

可见，合成频率点间隔变为 f_R。

吞脉冲式频率合成器的主要产品有 MC145152、MC145156 等。除了 VCO、LF 以及双模前置分频器需外接外，此类集成锁相环路包含其它所有的组成部分，因此实际应用时并不复杂。

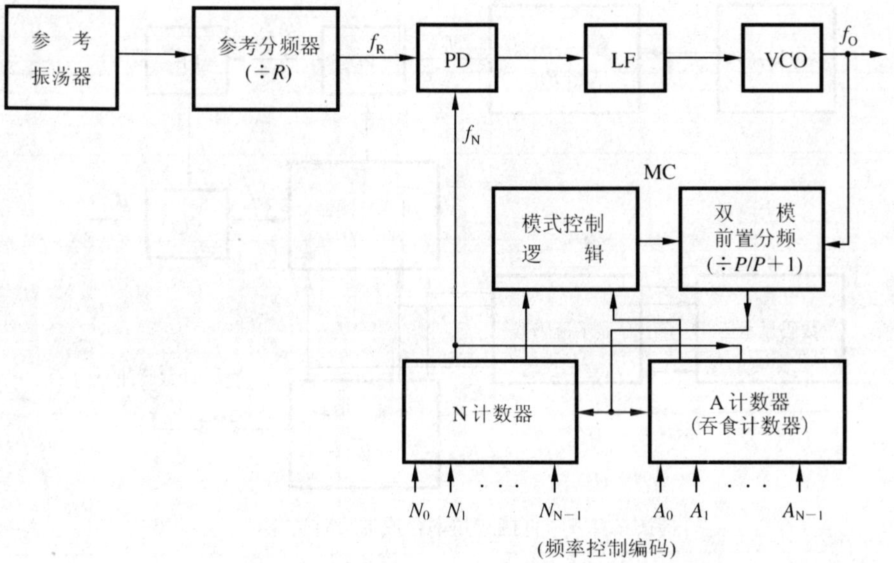

图 9.3.2　吞脉冲式频率合成器组成框图

9.4　频率合成器的设计与制作

［**例 9.4.1**］　试用 CD4046 和中小规模集成电路设计并制作一频率合成器，指标要求如下：

(1) 输出频率范围：$f_o=1\sim99\text{kHz}$；

(2) 频率间隔：$\Delta f=1\text{kHz}$；

(3) 基准频率采用晶体振荡频率，频率稳定度应优于 10^{-4}；

(4) 数字显示频率；

(5) 频率调节采用计数方式。

设计与制作步骤如下：

(1) 由于工作频率较低，可选择直接式频率合成方案。

根据要求，选择频率合成器电路设计方案如图 9.4.1 所示。

(2) 电路设计及元器件选择

① 集成锁相环路 PLL 及振荡器外接元件：根据要求，集成锁相环路选为 CD4046，它包含 PD 和 VCO，最高工作频率为 1.4MHz，满足设计要求。

CD4046 的内部组成框图及外接元件电路如图 9.2.1 所示。作为频率合成器时，③、④端之间应插入可变分频器 N。

根据设计要求，有 $f_{omax}=99\text{kHz}$，$f_{omin}=1\text{kHz}$，查图 9.2.3 所示曲线，可取 $R_4=20\text{M}\Omega$，$C_t=100\text{pF}$。

由式(9.2.2)可得

$$R_3=\frac{V_{DD}-U_{GS}}{8C_t(f_{Omax}-f_{Omin})}=\frac{5-0.5}{8\times100\times10^{-12}\times(99-1)\times10^3}\approx5.7(\text{k}\Omega)$$

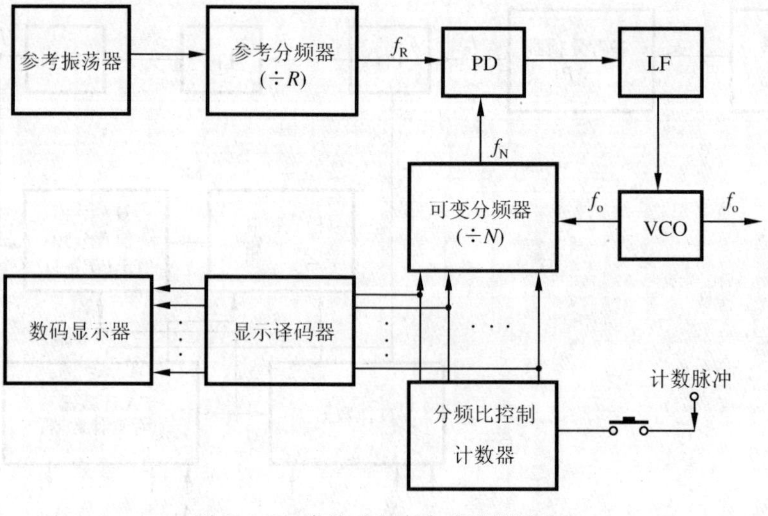

图 9.4.1　直接式频率合成器设计方案

考虑到 VCO 的压控灵敏度应尽可能高一些，即 f_{omax}应大一些，则 R_3 应小一些，可取 $R_3=510\Omega$。

② 参考频率 f_R：由设计要求 $\Delta f=1\text{kHz}$ 应选 $f_R=\Delta f=1\text{kHz}$。

③ 环路滤波器 LF：设环路滤波器的上限截止频率为 f_H，从滤波的角度考虑，应有 $f_R=(5\sim10)f_H$。

若选简单 RC 低通滤波器，则有

$$f_H=\frac{1}{2\pi RC}$$

取 $f_R=10f_H=10/(2\pi RC)=1\times10^3(\text{Hz})$，则 $RC=1/(200\pi)\approx1.6(\text{ms})$。

取 $C=0.047\mu\text{F}$，则 $R\approx34\text{k}\Omega$。

这里选 RC 比例积分滤波器作环路滤波器，取 $C=0.047\mu\text{F}$，$R_1=36\text{k}\Omega$，$R_2=3.6\text{k}\Omega$。

④ 参考振荡器与参考分频器 R：选用 COMS 与非门构成参考振荡器，如图 8.1.2 所示。

选晶体 XTAL 的频率为 4.096MHz(该频率点附近的频率稳定度较高)，根据晶体外接电容的要求，可选$C_1=24\text{pF}$，$C_2=24\text{pF}$。

选 $R_1=10\text{M}\Omega$。

现在要将 4.096MHz 的参考振荡频率分频为 1kHz，因此分频比 $R=4\,096(=2^{12})$，即需用 12 级 2 进制计数器来实现。

选 CD4060 为参考分频器。

CD4060 为 14 级 2 进制计数器，其内部框图如图 8.2.1 所示。从图中可以看出 CD4060 的时钟输入端有两个串接的非门，因此可以直接实现振荡和分频的功能。

参照图 8.2.1，在 $\overline{CP_0}$ 和 CP_0 之间接入振荡器外接元件可实现振荡，并由 Q_{12} 端提供输出，即可得 1kHz 参考信号。

⑤ 可变分频器 N：由于最大可变分频比 $N=99$，且输出方式为 10 进制方式，因此，可变分频器 N 应选初值可预置的十进制计数器。需要两级这样的计数器，其初始值输入端即为频率控制编码输入端。

由于初始值输入端数据同时也作为 VCO 输出结果译码显示的输入数据，考虑到二者的一致性，计数器应选减法计数器。

综上所述，可选 2 片 74HC190 或 CD4510 作为可变分频器，应注意它的进位和预置方式。

⑥ 显示电路：用来显示输出频率数值，由于 $\Delta f=1\mathrm{kHz}$，因此分频比 N 即为此数值（单位：kHz），故可将可变分频器初始值数据作为译码器输入数据。

显示器件选用 LED 数码管，译码器选用 CD4511。

⑦ 分频比控制（频率调节）电路：用来产生可变分频器所需的分频比 N。

选用 1 片 74HC390（含两级十进制计数器）构成频率调节电路，另用一开关电路来控制计数脉冲的通断，应有开关消抖动电路。

考虑到人的反应速度，计数脉冲频率不能太高，可选为 1Hz，可将 $f_R=1\mathrm{kHz}$ 通过 1 000 分频（由 2 片 74HC390 构成）而得到。

(3) 根据上述设计思路，可画出实用电路图（自行画出）。

(4) 电路仿真调试　在完成电路的初步设计后，再对电路进行仿真调试，目的是为了观察和测量电路的性能指标并调整部分元器件参数，从而达到各项指标的要求。

(5) PCB 图设计与生成

① 由仿真电路直接生成网络表；

② 调用 Protel - PCB，并进行元器件合理布局；

③ 调用网络表，并自动布线；

④ PCB 图的人工调整；

⑤ 打印输出。

PCB 板一般由生产厂商根据图纸进行生产，电路设计者无须介入。

(6) 电路焊接与装配

① 元器件老化与抽样检测；

② 元器件预处理；

③ 基于 PCB 板的元器件焊接与电路装配。

(7) 实际电路测试与改进　选择测量仪表与仪器，对电路进行实际测量与调试，调整参数，并解决电路中存在的问题。

9.5 频率合成器的设计与制作任务书

课题 1　试用 CD4046 和中小规模集成电路设计并制作一频率合成器

要求如下：

(1) 设计指标

① 输出频率范围：$f_o=1\sim99\mathrm{kHz}$；

② 频率间隔：$\Delta f=1\mathrm{kHz}$；

③ 基准频率采用晶体振荡频率，频率稳定度应优于 10^{-4}；

④ 数字显示频率；

⑤ 频率调节采用计数方式。

(2) 设计要求

① 画出电路原理图（或仿真电路图）；

② 元器件及参数选择；
③ 电路仿真与调试；
④ PCB 文件生成与打印输出。
(3) 制作要求　自行装配和调试，并能发现问题和解决问题。
(4) 编写设计报告　写出设计与制作的全过程，附上有关资料和图纸，有心得体会。
(5) 答辩　在规定的时间内，完成叙述并回答提问。

课题 2　试用 CD4046 和 CPLD 器件设计并制作一频率合成器

要求如下：
(1) 设计指标
① 输出频率范围：f_o=1～99kHz；
② 频率间隔：Δf=10kHz；
③ 基准频率采用晶体振荡频率，频率稳定度应优于 10^{-4}；
④ 数字显示频率；
⑤ 频率调节采用计数方式。
(2) 设计要求
① 画出电路原理图（或仿真电路图）；
② 元器件及参数选择；
③ CPLD 器件逻辑设计与编程；
④ 电路仿真与调试；
⑤ PCB 文件生成与打印输出。
(3) 制作要求　自行装配和调试，并能发现问题和解决问题。
(4) 编写设计报告　写出设计与制作的全过程，附上有关资料和图纸，有心得体会。
(5) 答辩　在规定的时间内，完成叙述并回答提问。

10 频率合成器式小功率调幅发射机的设计与制作

在无线电通信系统中，由于待发送的基带信号(原始信息)具有丰富的低频成分，不宜直接进行无线传输，因此，不管是从缩短天线尺寸还是从多路复用的角度考虑，都需要将基带信号进行调制(modulation)，即用基带信号去控制一高频正弦波的某一参数，使该参数随基带信号变化而变化，从而使低频信息随高频正弦波顺利发射出去。通常将基带信号称为调制信号，而高频正弦波称为载波。

由于高频正弦波有三个基本参数，即振幅、频率和相位，因此，相对应的调制方式也有三种，即振幅调制或调幅(AM)、频率调制或调频(FM)以及相位调制或调相(PM)。这里主要讨论调幅方式。

10.1 AM 调制器的组成及工作原理

10.1.1 AM 信号的波形和数学表达式

图 10.1.1 所示为乘法器产生 AM 信号的一个例子。该电路输出的高频载波的振幅受低频调制信号的控制，即载波振幅随调制信号变化而变化。通常把 AM 信号振幅变化的轨迹称为包络。实际上，为观察方便起见，这里所选择的载波频率很低，以便能同时观察到载波和包络波形。实际应用中，载波频率一般均较高，当观察包络时，已无法分辨载波变化的细节。

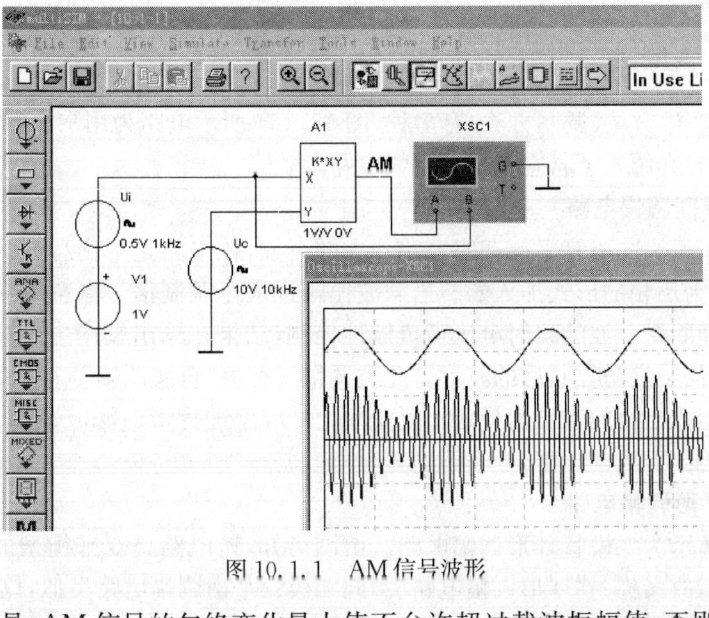

图 10.1.1 AM 信号波形

应当注意的是，AM 信号的包络变化最大值不允许超过载波振幅值，否则会出现正、负包络相互越界的现象，即所谓的“过调幅”，如图 10.1.2 所示。因此，调制信号中应附加大于调制信号峰值的直流分量。

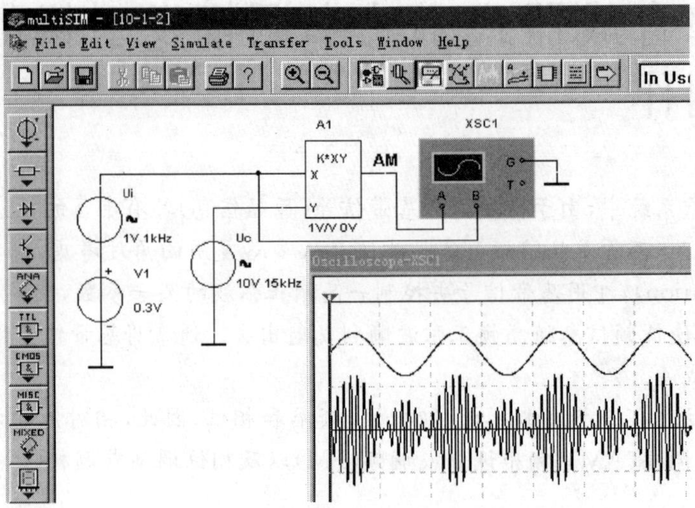

图 10.1.2　过调幅现象

为方便起见,假定调制信号为单频正弦波信号,即

$$u_{\Omega}(t) = U_{\Omega m}\cos\Omega t = U_{\Omega m}\cos 2\pi F t$$

再设高频载波的表达式(设初相为 0)为

$$u_{c}(t) = U_{cm}\cos\omega_{c}t = U_{cm}\cos 2\pi f_{c}t$$

根据调幅的定义,AM 信号的表达式为

$$\begin{aligned} u_{AM}(t) &= [U_{cm} + k_{a}u_{\Omega}(t)]\cos\omega_{c}t \\ &= U_{cm}[1 + m_{a}\cos\Omega t]\cos\omega_{c}t \end{aligned}$$

式中,k_a 是由调幅电路决定的系数;$m_a = k_a U_{\Omega m}/U_{cm}$ 称为调幅系数或调幅度,表示载波振幅受调制信号控制的强弱程度。通常要求 $m_a < 1$,一般广播信号调幅度 m_a 的平均值约为 0.3 左右。

10.1.2　AM 信号的产生

AM 信号的产生方法(调制方法)有多种,图 10.1.1 所示电路为用乘法器实现调幅的一个典型电路。下面再介绍一下其它常用的调幅电路。

1）二极管平衡调幅电路

图 10.1.3 所示为二极管平衡调幅电路。由图可知,该电路是平衡型的,但两二极管上的调制信号是以互为反相的形式加入的。当载波振幅远大于调制信号振幅时,二极管实际工作在开关状态,其通断受载波的瞬时电压正负极性控制,结果在输出端产生了“斩波”,即输出信号波形如同调制信号被“斩削”后的波形。此类调幅又称为“斩波调幅”。

应当注意到,该电路的输出信号还不是 AM 信号,需进行带通滤波并插入较大振幅的载波才能得到 AM 信号。

2）二极管环形调幅电路

图 10.1.4 所示为二极管环形调幅电路。由图可知,该电路是双平衡型的,由于 4 个二极管首尾一一相连,故又称为“环形调幅电路”。同二极管平衡调幅电路类似,D_1 和 D_2、D_3 和 D_4 两组二极管上的调制信号是以互为反相的形式加入的,另外,D_3 和 D_4 是反接于电路中的。当载波振幅远大于调制信号振幅时,二极管实际工作在开关状态,其通断受载波的瞬时电压正负

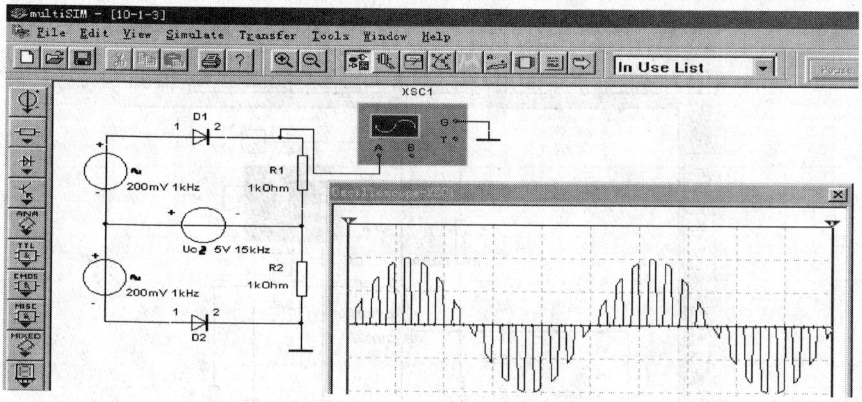

图 10.1.3 二极管平衡调幅电路

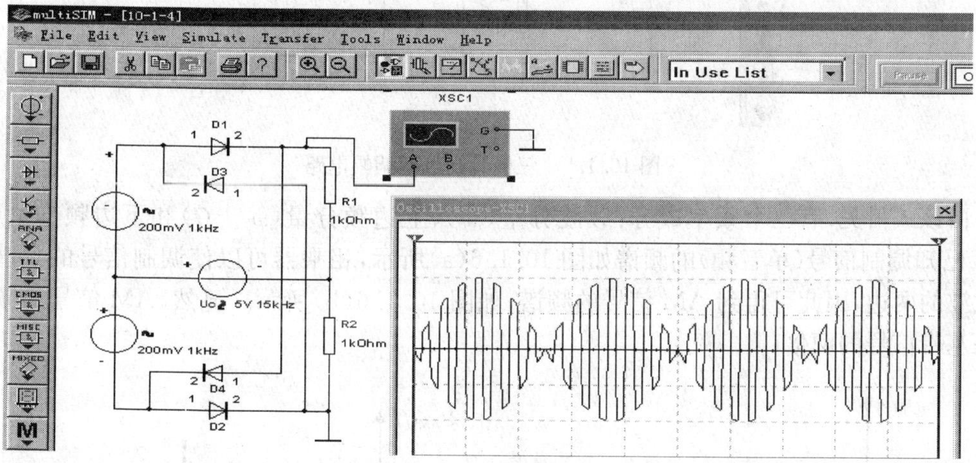

图 10.1.4 二极管环形调幅电路

极性控制，结果在输出端同样产生了“斩波”，不过输出信号中的有效成分增大了一倍。

显然，该电路的输出信号也不是 AM 信号，也需进行带通滤波并插入较大振幅的载波才能得到 AM 信号。

3）三极管高电平调幅电路

前面所讨论的调幅电路均为低电平调幅，输出功率较小。为获得较大的输出功率，可将已调 AM 信号进行功率放大，但放大效率较低，因此可采用高电平调幅以直接获得较大的输出功率。图 10.1.5 所示为三极管高电平调幅（基极调幅）电路，图中三极管工作在丙类或乙类状态，L_3、C_4 和 C_5 为滤波和匹配电路，L_1 和 L_2 为高频扼流圈。

10.1.3 AM 信号的频谱

分析图 10.1.1 所示的 AM 信号波形与调制信号之间的关系可以发现，AM 信号实际上是含直流的调制信号波形与高频载波的相乘。

对于式 $u_{AM}(t)=U_{cm}[1+m_a\cos\Omega t]\cos\omega_c t$，可利用三角函数公式，将其展开为

$$u_{AM}(t)=U_{cm}\cos\omega_c t+\frac{1}{2}m_aU_{cm}\cos(\omega_c+\Omega)t+\frac{1}{2}m_aU_{cm}\cos(\omega_c-\Omega)t$$

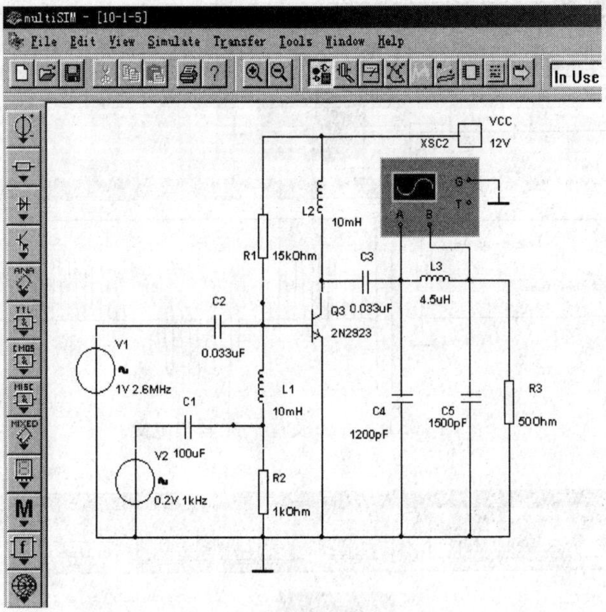

图 10.1.5　三极管高电平调幅电路

由该式可见，有三个频率成分：载波分量(ω_c)、上边频分量($\omega_c+\Omega$)和下边频分量($\omega_c-\Omega$)。已知调制信号(单音频)的频谱如图 10.1.6(a)所示，相乘器可以使调制信号的频谱搬移到载波的两边，因此可得到 AM 信号的频谱，如图 10.1.6(b)所示。显然，AM 信号的频带宽度是基带信号的两倍。

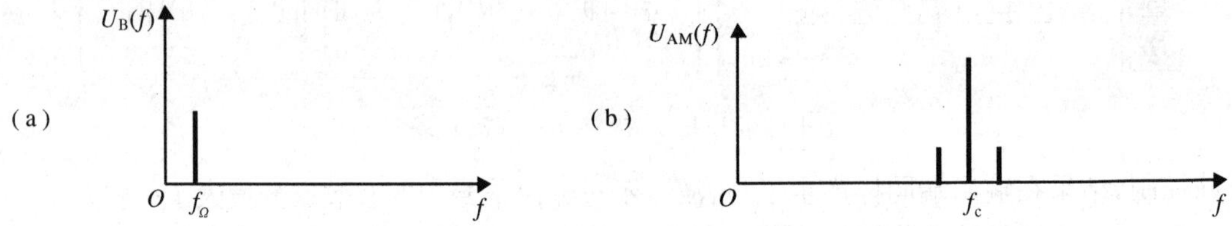

图 10.1.6　基带信号频谱与 AM 信号频谱
(a)基带信号频谱；(b)AM 信号频谱

10.1.4　AM 信号的功率

从前面的分析已知，单音频调制的 AM 信号由载波分量和上下边频分量三部分组成，所以 AM 信号的功率亦由三个频率分量的功率组成。

这三个频率分量在单位电阻上所消耗的功率分别为

载波功率

$$P_c = \frac{1}{2}U_{cm}^2$$

边频功率

$$P_{上} = P_{下} = \frac{1}{2}\left(\frac{1}{2}m_a U_{cm}\right)^2 = \frac{1}{4}m_a^2 P_c$$

AM 信号在调制信号的一个周期内输出的总平均功率为

$$P_{av}=P_c+P_{上}+P_{下}=(1+\frac{1}{2}m_a^2)P_c$$

AM 信号的峰包功率(包络最大时的瞬时平均功率)为

$$P_{mmax}=\frac{1}{2}[(1+m_a)U_{cm}]^2=(1+m_a)^2P_c$$

10.1.5 AM 调制器中载波信号的产生

AM 调制器中的载波信号一般为高频正弦信号,因此可用 LC 振荡器或晶体振荡器来产生。当要求频率稳定度较高时,须采用晶体振荡器;当要求频率可调时,须采用 LC 振荡器。这里介绍可调式 LC 振荡器。

考虑到载波频率可调和频率稳定度尽可能相对较高的要求,一般采用并联改进型 LC 振荡器(Siler 电路)。图 10.1.7 所示为一典型的并联改进型 LC 正弦波振荡器电路。其振荡频率 $f_o\approx\frac{1}{2\pi\sqrt{L(C'_\Sigma+C_4)}}$,式中,$C'_\Sigma$ 为 C_1、C_2 和 C_3 串联后的总电容值。

若需调节振荡频率,则可通过调节 C_4 来实现。

[**仿真 10.1.3**] LC 正弦波振荡器的测量

仿真线路:图 10.1.7 所示 LC 正弦波振荡器。

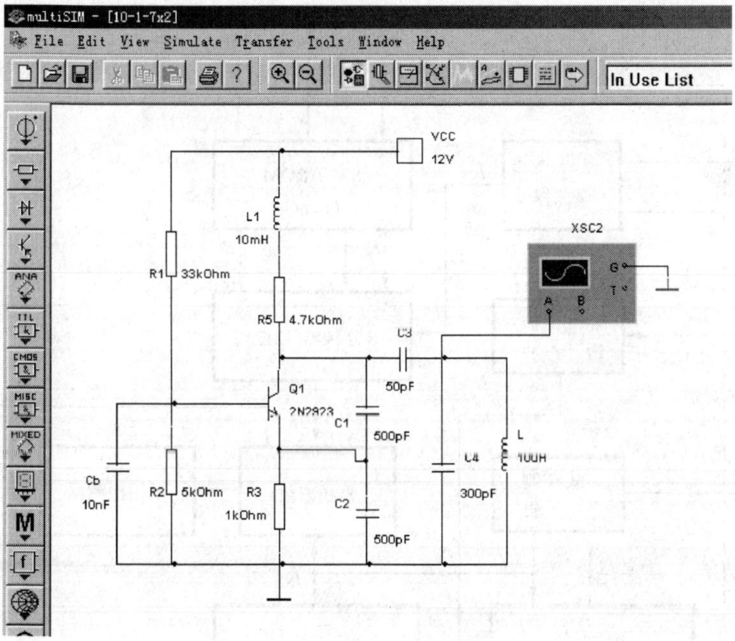

图 10.1.7 *LC* 正弦波振荡器

① 按图 10.1.7 画出该电路。

② 保持步骤①,用示波器观察输出电压波形并记录。

结果表明,该电路________(可以/不可以)实现正弦波振荡。

③ 保持步骤②,用示波器观察输出信号频率并记录,

$$f_o=\_\_\_\_\_\_\_\_\ \mathbf{kHz}$$

④ 保持步骤③，增大或减小电感和电容，用示波器观察输出信号频率的变化并记录：

增大电感时，振荡频率会________（增大/减小）；增大电容时，振荡频率会________（增大/减小）。

⑤ 保持步骤④，增大或减小直流工作点电流，用示波器观察输出信号频率和波形的变化并记录：

增大工作点时，振荡频率会________（增大/减小/基本不变），振荡波形失真会________（增大/减小/基本不变）。

结果表明，振荡器的直流工作点宜________（较高/较低）一些好。

目前，通信电路中载波信号的产生多用集成锁相环频率合成器来实现。

10.2　集成锁相环频率合成器 MC145152 简介

锁相环频率合成器的基本组成及工作原理在 9.3 中已有详细介绍，这里不再赘述。

集成锁相环频率合成器 MC145152 是属于吞脉冲式频率合成器，下面对其作简单介绍。

1）MC145152 内部组成框图与外部引脚排列图　MC145152 内部组成框图及外部引脚排列图如图 10.2.1 及图 10.2.2 所示，它属于并行码输入锁相环频率合成器，而串行码输入锁相环频率合成器有 MC145156 等。这里主要介绍 MC145152。

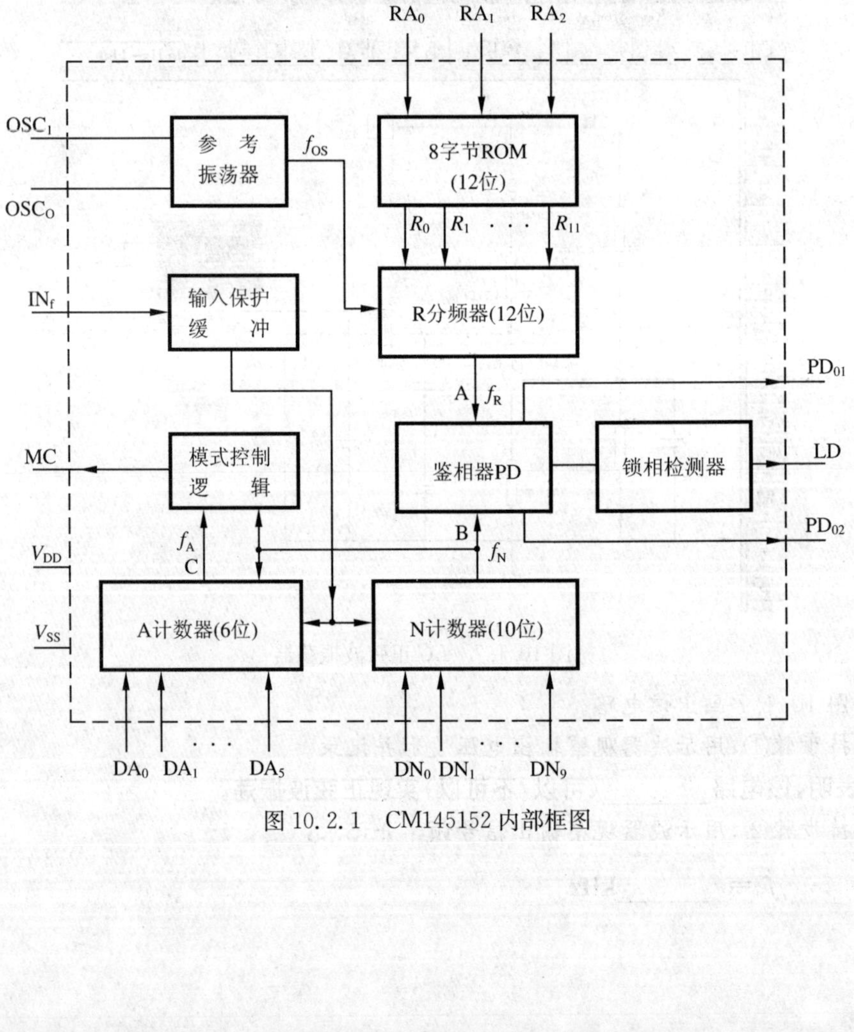

图 10.2.1　CM145152 内部框图

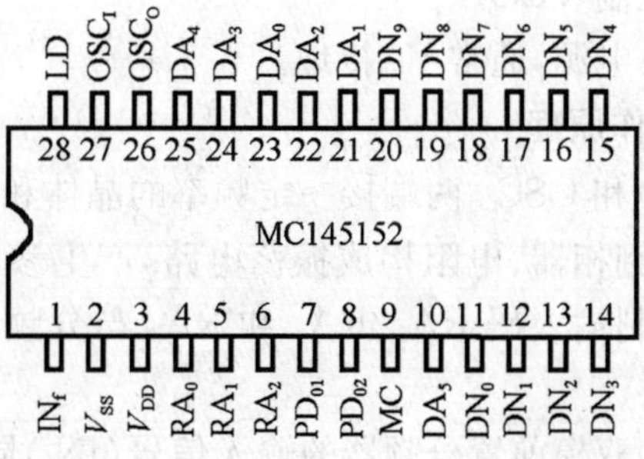

图 10.2.2 MC145152 外部引脚排列图

MC145152 的基本特性为：

(1) R 分频器分频比变化范围为 8、64、128、256、512、1024、1160 和 2048；

(2) N 计数器分频比变化范围为 3～1023；

(3) A 计数器分频比变化范围为 0～63；

(4) 编程控制方式：并行码输入；

(5) 最高输入信号频率与最高振荡频率：大于等于 15MHz；

(6) 参考信号为片内振荡或外接输入，鉴相特性为线性；

(7) 电源：+5V；

(8) 工艺：CMOS 工艺；

(9) 封装：28 引线双列直插。

显然，MC145152 在实际应用时需外接环路滤波器 LF、压控振荡器 VCO 和双模前置分频器。

MC145152 各引出端功能如下：

IN_f——信号输入。在应用时，一般来自前置分频器输出或压控振荡器输出。

RA_0、RA_1 和 RA_2——参考分频器分频比选择地址输入。用以控制 R 计数器的分频比和 f_R。具体关系详见表 10-2-1。

表 10-2-1 RA_0、RA_1 和 RA_2 与分频比 R 之间的关系

输入码 $RA_0RA_1RA_2$	分频比 $R=f_{OS}/f_R$	输入码 $RA_0RA_1RA_2$	分频比 $R=f_{OS}/f_R$
000	8	100	512
001	64	101	1 024
010	128	110	1 160
011	256	111	2 048

DA_0～DA_5——控制 A 计数器分频比的输入并行码。

DN_0～DN_9——控制 N 计数器分频比的输入并行码。

MC——双模控制信号输出。它由 A、N 计数器输出作用于控制逻辑而产生的，在构成 PLL 频率合成器时，一般接入到双模前置分频器的控制输入端。

OSC_I、OSC_O——振荡或时钟信号输入、输出端，通常作为外接晶体端。

PD_{01}、PD_{02} 和 LD——R、N 计数器输出相位比较信号与锁相状态检测信号，它们反映锁相情况，通常经低通滤波器去控制 VCO。

V_{DD}、V_{SS}——正电源与负电源，通常 V_{SS} 接地。

2）MC145152 的基本工作原理

参见图 10.2.1，在 OSC_I 和 OSC_O 两端接一定频率的晶体和适当的电容（或由 OSC_I 加入参考信号），它们由芯片内的倒相器、电阻构成振荡电路，产生参考信号 f_{OS}，输出到参考分频器。参考分频器的分频比控制输入码 RA_0、RA_1 和 RA_2 与分频比 R 之间的关系如表 10-2-1 所示。

此外，来自压控振荡器和双模前置分频器的输入信号（IN_f）同时加到 A 和 N 计数器进行计数分频。输入并行码（DA_0～DA_5）、（DN_0～DN_9）通过缓冲电路分别控制该两计数器的分频比，由于分频比 $N>A$，因而 A 计数器先计满，输出脉冲（C）使双模控制逻辑从 MC=0 变为 MC=1。N 计数器继续计数直到计满，输出脉冲（B）将 MC 重置为 MC=0 状态，并将两计数器同时复零，以等待下一循环。

R、N 计数器的输出（A、B）同时送到鉴相器进行比相和锁相状态检测。其中输出 PD_{01} 和 PD_{02} 分别反映信号 A 和 B 之间超前与滞后情况，该两电压经低通滤波去控制 VCO 的振荡频率以改善锁相状态，直到环路处于锁定状态，即 $f_R=f_N$，$\varphi_R=\varphi_N$，电压 PD_{01}、PD_{02} 维持在高电平，锁相状态检测输出 $LD=PD_{01}$。

3）MC145152 的典型应用电路

图 10.2.3 所示为调频（FM）广播发射系统用频率合成器电路。

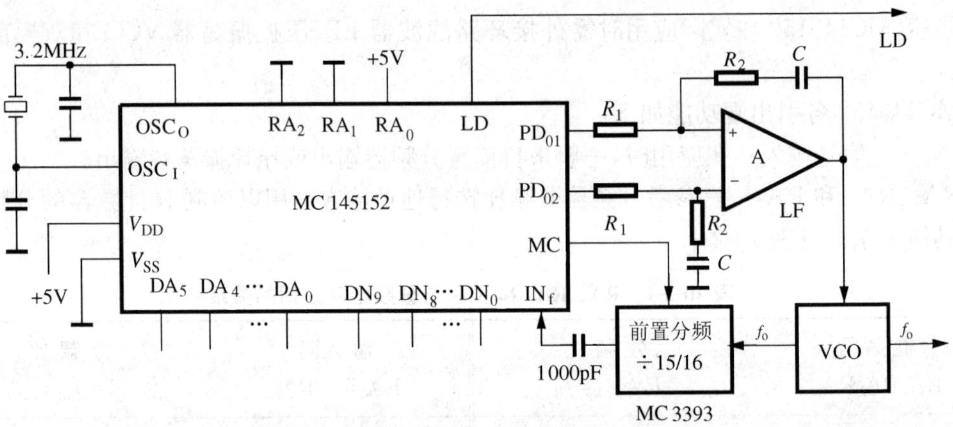

图 10.2.3　调频广播发射系统用频率合成器

电路中，参考振荡器外接 3.2MHz 晶体，因此 $f_{OS}=3.2\text{MHz}$。

参考分频器分频比选择输入 $RA_2RA_1RA_0=001$，由表 10-2-1 可知，此时的参考分频器的分频比 $R=64$，则参考频率

$$f_R=f_{OS}/R=3.2/64=0.05(\text{MHz})=50\text{kHz}$$

相应的输出频率最小间隔为

$$\Delta f=f_R=50\text{kHz}$$

双模前置分频器、A 计数器和 N 计数器分频比取值分别为

$$P=15;A=0\sim15;N=112\sim127$$

则计数链路的总分频比为

$$N_{\Sigma}=PN+A=1\,680\sim1\,920$$

因此可得频率合成器输出频率为

$$f_{o}=N_{\Sigma}f_{R}=84\sim96\text{MHz}(\Delta f=50\text{kHz})$$

如图 10.2.4 所示为手持式无线对讲机中所采用的频率合成器电路。

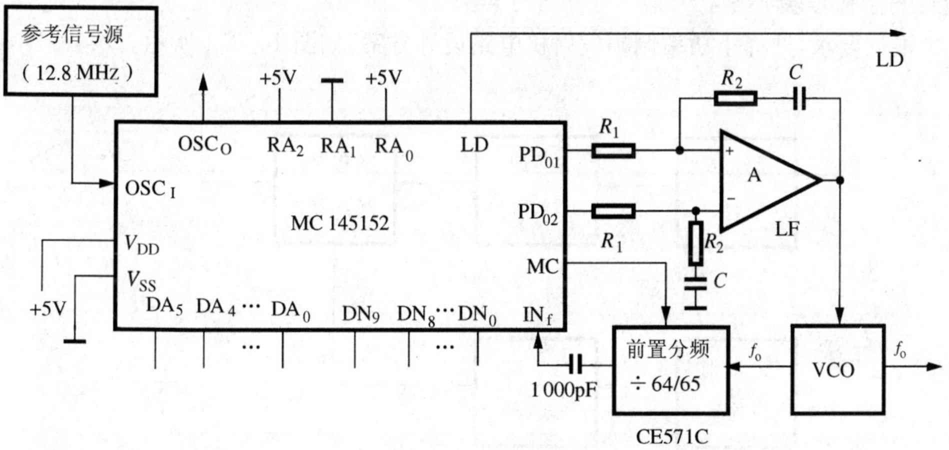

图 10.2.4　手持式无线对讲机中的频率合成器

电路中,参考振荡器为外接参考信号源,其频率为 12.8MHz,因此 $f_{OS}=12.8\text{MHz}$。

参考分频器分频比选择输入 $RA_2RA_1RA_0=101$,由表 10-2-1 可知,此时的参考分频器的分频比 $R=1\,024$,则参考频率

$$f_{R}=f_{OS}/R=12.8/1\,024=0.012\,5(\text{MHz})=12.5\text{kHz}$$

相应的输出频率最小间隔为

$$\Delta f=f_{R}=12.5\text{kHz}$$

双模前置分频器、A 计数器和 N 计数器分频比取值分别为

$$P=64, A=0\sim63, N=507\sim587$$

则计数链路的总分频比为

$$N_{\Sigma}=PN+A=32\,480\sim37\,600$$

因此可得频率合成器输出频率为

$$f_{o}=N_{\Sigma}f_{R}=406\sim470\text{MHz}(\Delta f=12.5\text{kHz})$$

10.3　频率合成式小功率调幅发射机的设计与制作

[**例 10.3.1**]　试设计并制作一短波频率合成式小功率调幅发射机,指标要求如下:

(1) 载波频率范围:$f_c=2\,500\sim2\,700\text{kHz}$(中心频率为 2 600 kHz);

(2) 载波频率间隔:$\Delta f=10\text{kHz}$;

(3) 基准频率采用晶体振荡频率,频率稳定度应优于 10^{-4};

(4) 输出 AM 波峰包功率 $P_{mmax} \geqslant 250mW$；
(5) 调制系数 $m_a \geqslant 50\%$；
(6) 包络失真系数 $\gamma \leqslant 5\%$；
(测试条件：调制信号的 $F = 1kHz$、$U_\Omega = 2.5mV$)
(7) 天线阻抗 $R_A = 50\Omega$。

设计与制作步骤如下：
(1) 根据要求，选择小功率调幅发射机电路设计方案，如图 10.3.1 所示。

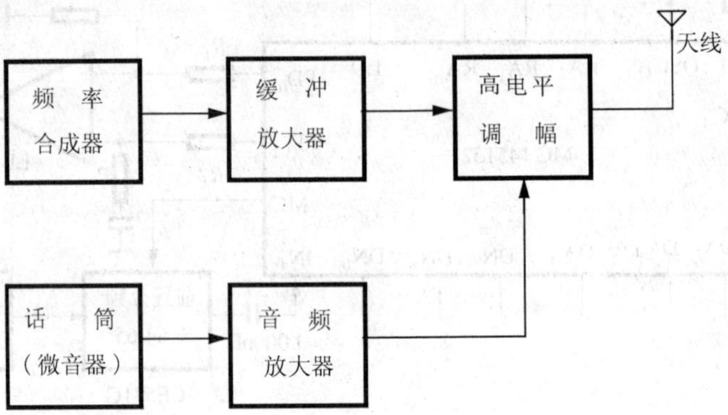

图 10.3.1 小功率调幅发射机设计方案

(2) 电路设计及元器件选择
① 高电平调幅电路的设计
• 电源电压 V_{CC}：从电路综合要求来考虑，可暂选 $V_{CC} = 12V$，如不合适，最后再作调整。
• 电路类型的选择：高电平调幅电路有三类：基极调幅、集电极调幅和集电极－发射极双重调幅。

由于基极调幅电路的调制线性好，所需调制信号功率小，尽管效率较低，但在小功率场合下还是比较适合的，所以选用基极调幅电路。

基极调幅电路的调制特性如图 10.3.2 所示，图中，U_{cm} 为谐振功率放大器输出载波电压振幅，U_B 为基极直流电压。在调幅场合下，U_B 实际为调制信号 u_Ω(低频信号)与直流 U_{B0} 相叠加的电压量。

显然，基极调幅电路应工作在欠压区。

• 集电极谐振电阻 R_e：考虑到调制线性，选择谐振功率放大器临界状态时的最大输出功率为

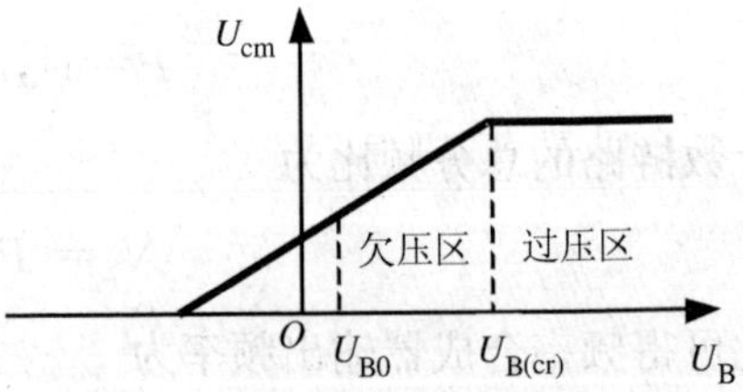

图 10.3.2 基极调幅电路的调制特性

$$P_{omm} = 0.5W > 1.5P_{mmax}$$

同时，再考虑匹配电路的传输效率，实际可选

$$P_{omm} = 0.6W$$

取三极管临界饱和电压降 $U_{CE(sat)} = 1V$，则临界状态时的的载波电压振幅为

$$U_{cmm} = V_{CC} - U_{CE(sat)} = 11(V)$$

则集电极谐振电阻应为

$$R_e = \frac{U_{cmm}^2}{2P_{omm}} = \frac{11^2}{2 \times 0.6} \approx 100(\Omega)$$

● 匹配电路：由于实际负载电阻即天线阻抗 $R_A = 50\Omega$，而要求 $R_e = 100\Omega$，所以需要采用匹配电路将 R_A 转换为放大器所需的集电极负载 R_e。显然，匹配电路同时还应具有选频滤波作用。

选用 Ⅱ 型匹配电路，如图 10.3.3 所示，显然该电路同时也为低通型滤波电路。图中右半部分所示为 AC 分析（即频率特性分析）的结果，调整 L 可使谐振频率为 2.6MHz。设从该电

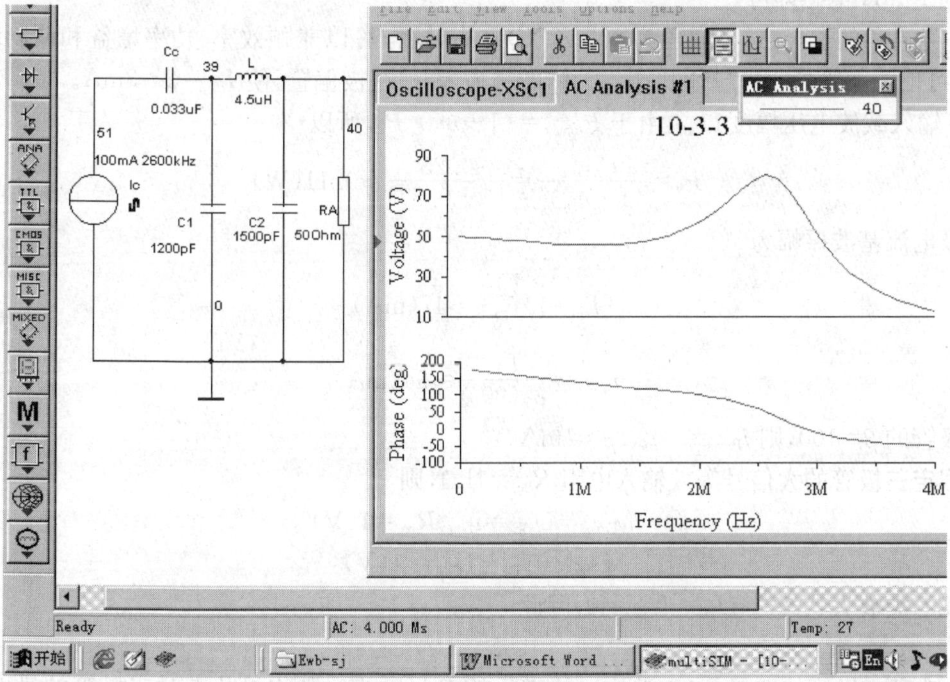

图 10.3.3 Ⅱ 型匹配电路

路输入端看进去的等效谐振电阻为 R_e，并设品质因数 $Q_{e1} = \omega_c R_e C_1$、$Q_{e2} = \omega_c R_A C_2$，则电路中各元件参数之间的关系为

$$R_e = \frac{1 + Q_{e1}^2}{1 + Q_{e2}^2} R_A \tag{10.3.1a}$$

$$C_1 = \frac{Q_{e1}}{\omega_c R_e} \tag{10.3.1b}$$

$$C_2 = \frac{Q_{e2}}{\omega_c R_A} \tag{10.3.1c}$$

$$L = \frac{Q_{e1} + Q_{e2}}{\omega_c (1 + Q_{e1}^2)} R_e \tag{10.3.1d}$$

式中，$\omega_c = 2\pi f_c (f_c = 2.6\text{MHz})$，$R_e = 100\Omega$，$R_A = 50\Omega$。

对于谐振功率放大器的匹配电路来说，Q_{e1} 和 Q_{e2} 不宜取值太大，否则谐振曲线太尖锐，不易调整。由于载波的二次谐波频率较高，较低的 Q 值也可取得较好的滤波效果。

取 $Q_{e1} - 2$，则由式(10.3.1a)可得

$$Q_{e2} = \sqrt{(1 + Q_{e1}^2)\frac{R_A}{R_e} - 1} \approx 1.22$$

由式(10.3.1b)经计算可得

$$C_1 \approx 1\,224\text{pF}(实际取值为\ 1\,200\text{pF})$$

由式(10.3.1c)经计算可得

$$C_2 \approx 1\,494\text{pF}(实际取值为\ 1\,500\text{pF})$$

由式(10.3.1d)经计算可得

$$L \approx 3.9\mu\text{H}(实际调整为\ 4.5\mu\text{H})$$

• 馈电电路:在工作频率不太高时,集电极与基极馈电电路均可采用并联型馈电电路,扼流圈选 10mH 电感即可。

• 导通角的选择:选导通角为 90°(乙类)左右,这样可以兼顾效率、功率增益和调制线性,因此,可使放大管处于微导通状态。具体做法为,调整基极偏置,使 $I_{C0}=2\sim3\text{mA}$。

• 输入载波电压幅度 U_{bm}:由于 $P_{mmax}=(1+m_a)^2P_c$,所以

$$P_c=\frac{P_{mmax}}{(1+m_a)^2}=\frac{0.25}{(1+0.5)^2}\approx 0.11(\text{W})$$

集电极电流基波振幅为

$$I_{c1m}=\sqrt{\frac{2P_c}{R_e}}\approx 47(\text{mA})$$

$$i_{Cmax}=\frac{I_{c1m}}{\alpha_1(90^\circ)}\approx 94(\text{mA})$$

选三极管的 $\beta=100$,则 $i_{Bmax}=i_{Cmax}/\beta\approx 1\text{mA}$。

假定三极管的大信号等效输入电阻 $R_{be}=1\text{k}\Omega$,则

$$u_{BEmax}-U_{BE}=i_{Bmax}R_{be}=1(\text{V})$$

$$U_{bm}-U_{B0}-U_{BE}=1(\text{V})$$

在乙类放大状态时,$U_{B0}-U_{BE}=0$,因此

$$U_{bm}=1\text{V}$$

• 功率三极管的选择:取乙类放大的实际效率 $\eta_c=0.6$,则临界状态时三极管的最大集电极功耗为

$$P_{Cmm}=\frac{1-\eta_C}{\eta_C}P_{omm}=\frac{1-0.6}{0.6}\times 0.6=0.4(\text{W})=400\text{mW}$$

临界状态时三极管的最大集电极电流为

$$i_{Cmm}=\frac{I_{c1mm}}{\alpha_1(90^\circ)}=\frac{U_{cmm}}{R_e\alpha_1(90^\circ)}=\frac{11}{100\times 0.5}\approx 0.22(\text{A})=220\text{mA}$$

临界状态时三极管的最大集电极电压为

$$u_{CEmm}\approx 2V_{CC}=24\text{V}$$

选择符合上述要求的三极管,可选 S9013,其极限参数为

$$f_T\geqslant 300\text{MHz};P_{CM}\geqslant 700\text{mW};I_{CM}\geqslant 300\text{mA};U_{(BR)CEO}\geqslant 30\text{V}$$

• 高电平调幅总体电路:根据上述设计,可画出高电平调幅总体电路,如图 10.3.4 所示。

② 缓冲放大电路的设计:采用射极跟随器作为缓冲放大电路,三极管选用 S9013,静态工作点电流可选为 5mA。该电路输出动态范围 U_{OP-P} 应大于 2V。

具体电路设计请读者自行考虑。

③ 音频放大电路的设计:音频放大电路应有 35～40dB 的增益,可用运算放大器 LM358 来实现,具体电路设计请读者自行考虑。

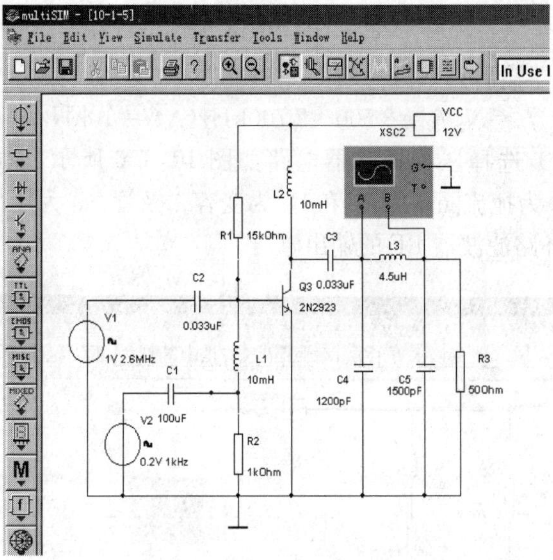

图 10.3.4　高电平调幅总体电路

④ 频率合成器的设计

● 频率合成器设计方案：采用 MC145152 为主体构成的频率合成器电路如图 10.3.5 所示。由于所要求的最大输出频率 $f_{omax}=f_{cmax}=2\ 700\text{kHz}$，其值较低，而频率间隔 $\Delta f=10\text{kHz}$，最大分频比为 270，仅用 N 计数器(其最大分频比可达 1 023)就可以满足要求，因此可省去双模前置分频器并弃 A 计数器不用。

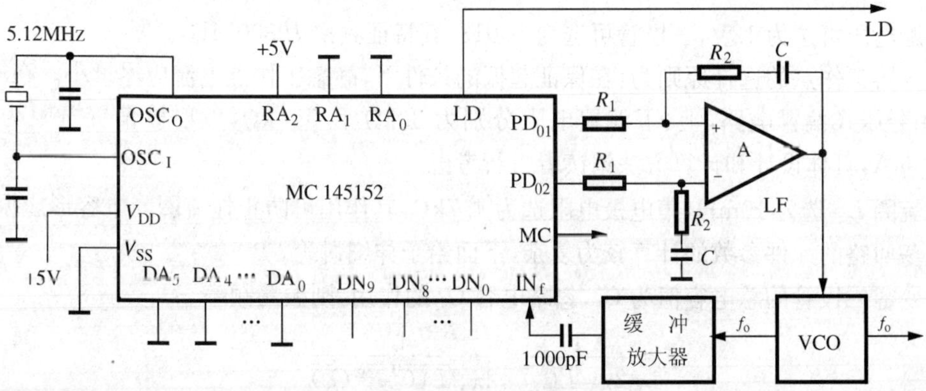

图 10.3.5　频率合成器设计方案

电路中，参考振荡器外接 5.12MHz 晶体，因此 $f_{OS}=5.12\text{MHz}$。

参考分频器分频比选择输入 $RA_2RA_1RA_0=100$，由表 10-2-1 可知，此时的参考分频器的分频比 $R=512$，则参考频率

$$f_R=f_{OS}/R=5.12/512=0.01(\text{MHz})=10\text{kHz}$$

相应的输出频率最小间隔为

$$\Delta f=f_R=10\text{kHz}$$

N 计数器分频比取值(用拨码开关对 $DN_9\sim DN_0$ 置 1 或置 0 来实现)分别为

$$N=250\sim270$$

则计数链路的总分频比为

$$N_\Sigma = N = 250 \sim 270$$

因此可得频率合成器输出频率为

$$f_o = N_\Sigma f_R = 2\,500 \sim 2\,700\text{kHz}(\Delta f = 10\text{kHz})$$

● 压控振荡器 VCO：选择压控振荡器电路如图 10.3.6 所示，该电路实际为直接调频(FM)振荡器。图中，L_1 为扼流圈；D_1、D_2 和 D_3 为变容二极管；u_C 为压控振荡器 VCO 的输入控制电压，实际取自于环路滤波器 LF 的输出电压。

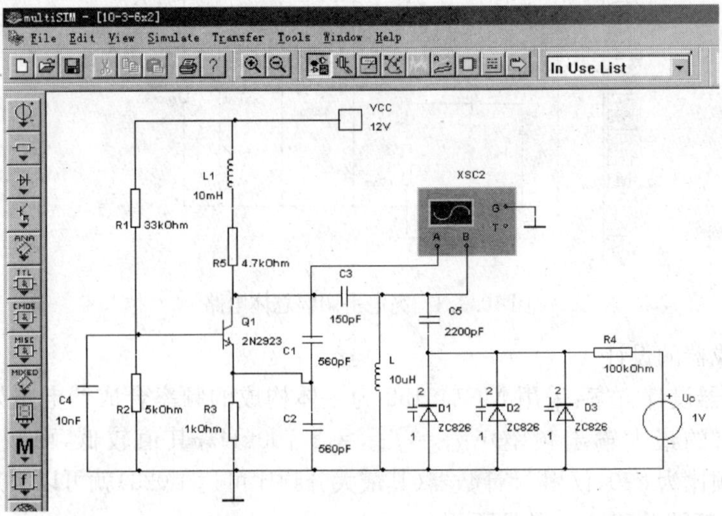

图 10.3.6 压控振荡器电路

电源电压可选为 12V，三极管可选为 S9013，其特征频率为 300MHz。

振荡器工作点的选择原则为：在保证起振的条件下，静态工作点电流应尽量小。在本电路中，采用分压式偏置电路，上、下偏置电阻分别为 33kΩ 和 5.1kΩ，发射极偏置电阻为 1kΩ，$I_E \approx 0.9\text{mA}$，具体设计和计算方法请读者自行考虑。

扼流圈 L_C 选为 10mH，集电极电阻选为 4.7kΩ，其作用可防止扼流圈与电容形成振荡。

振荡回路的元件参数的计算较为复杂，下面给予详细讨论。

设变容二极管的总电容值为 C_4，忽略电容 C_5 的作用，则振荡频率

$$f_o \approx \frac{1}{2\pi\sqrt{LC_\Sigma}} = \frac{1}{2\pi\sqrt{L(C'_\Sigma + C_4)}} \tag{10.3.2}$$

式中，$C_\Sigma = C'_\Sigma + C_4$ 为振荡回路的总电容值，而 C'_Σ 为 C_1、C_2 和 C_3 串联后的总电容值。

在本例中，$f_o = f_c = 2\,500 \sim 2\,700\text{kHz}$，计算时可取中心频率 2 600kHz。

而振荡回路特性阻抗

$$\rho \approx \sqrt{\frac{L}{C_\Sigma}} = 2\pi f_o L = \frac{1}{2\pi f_o C} \tag{10.3.3}$$

考虑到电感的自损耗电阻约为零点几欧至几欧，而回路空载品质因数不宜过低，可选 $\rho = 150\Omega$。当然，ρ 的取值也不能太大，否则，回路的有载品质因数太小，不利于振荡和提高频率稳定度。

由上述分析，可得下列二式：

$$f_o \approx \frac{1}{2\pi\sqrt{LC_\Sigma}} = 2.6\times10^6(\text{Hz})$$

$$\rho = \sqrt{\frac{L}{C_\Sigma}} = 2\pi f_o L = \frac{1}{2\pi f_o C_\Sigma} = 150(\Omega)$$

联解上述二方程式，可得

$$L \approx \frac{\rho}{2\pi f_o} = \frac{150}{2\pi\times2.6\times10^6} \approx 9.2(\mu\text{H})(\text{实际取值为 } L=10\mu\text{H})$$

$$C_\Sigma = \frac{L}{\rho^2} = \frac{10}{150^2} \approx 444(\text{pF})$$

由于 $C_\Sigma = C'_\Sigma + C_4$，为使 VCO 有较大的频率变化范围和较高的压控灵敏度，C'_Σ 应小一些，C_4 应大一些。

取 $C'_\Sigma = 100\text{pF}$，则 $C_4 = 344\text{pF}$。

由于要求 C_4 可变，由计算可知其电容值实际应为 200～500pF 左右，因此需用三个变容二极管 ZC826 相并联。

而 C'_Σ 满足式

$$\frac{1}{C'_\Sigma} = \frac{1}{C_1} + \frac{1}{C_2} + \frac{1}{C_3} \text{ 或 } C'_\Sigma = \frac{C_1C_2C_3}{C_1C_2+C_2C_3+C_1C_3} \tag{10.3.4}$$

从减小三极管和负载对振荡回路的影响的角度考虑，可选：

接入系数 $p = C'_\Sigma/C_1 = 0.2$，可得 $C_1 = 500\text{pF}$，实际取值为 $C_1 = 560\text{pF}$。

反馈系数 $F_u = C'_\Sigma/C_2 = 0.2$，可得 $C_2 = 500\text{pF}$，实际取值为 $C_2 = 560\text{pF}$。

则 $C'_\Sigma/C_3 = 1 - C'_\Sigma/C_1 - C'_\Sigma/C_2 = 1 - 0.2 - 0.2 = 0.6$，可得 $C_3 \approx 166\text{pF}$，实际取值为 $C_3 = 150\text{pF}$。

● 环路滤波器 LF：设环路滤波器的上限截止频率为 f_H，从滤波的角度考虑，应有 $f_R = (5\sim10)\,f_H$。

若选简单 RC 低通滤波器，则有

$$f_H = \frac{1}{2\pi RC}$$

取 $f_R = 10\times10^3 = 10\,f_H = 10/(2\pi RC)$，则 $RC = 1/(2\,000\pi) \approx 0.16(\text{ms})$。

取 $C = 4\,700\text{pF}$，则 $R \approx 34\text{k}\Omega$。

这里选 RC 比例积分滤波器作环路滤波器，取 $C = 4\,700\text{pF}$，$R_1 = 36\text{k}\Omega$，$R_2 = 3.6\text{k}\Omega$。

运算放大器可选单电源运放 LM358。

● 频率合成器总体电路：根据上述设计，可画出频率合成器总体电路（自行画出）。

（3）根据上述设计，可画出整个电路总设计图（自行画出）。

（4）电路仿真调试　在完成电路的初步设计后，再对电路进行仿真调试，目的是为了观察和测量电路的性能指标并调整部分元器件参数，从而达到各项指标的要求。

（5）PCB 图设计与生成

① 由仿真电路直接生成网络表；

② 调用 Protel - PCB，并进行元器件合理布局；

③ 调用网络表，并自动布线；

④ PCB 图的人工调整；

⑤ 打印输出。

PCB板一般由生产厂商根据图纸进行生产，电路设计者无须介入。

(6) 电路焊接与装配

① 元器件老化与抽样检测；

② 元器件预处理；

③ 基于PCB板的元器件焊接与电路装配。

(7) 实际电路测试与改进　选择测量仪表与仪器，对电路进行实际测量与调试，调整参数，并解决电路中存在的问题。

10.4　小功率调幅发射机的设计与制作任务书

课题　试设计并制作一短波频率合成式小功率调幅发射机

要求如下：

(1) 设计指标

① 载波频率范围：f_c=2 500～2 700kHz(中心频率为2 600 kHz)；

② 载波频率间隔：Δf =2kHz；

③ 基准频率采用晶体振荡频率，频率稳定度应优于10^{-4}；

④ 输出AM波峰包功率$P_{mmax}\geqslant$250mW；

⑤ 调制系数$m_a\geqslant$50%；

⑥ 包络失真系数$\gamma\leqslant$5%；

⑦ 天线阻抗R_A=50Ω。

(测试条件：调制信号的F=1kHz、U_Ω=2.5mV)

(2) 设计要求

① 画出电路原理图(或仿真电路图)；

② 元器件及参数选择；

③ 电路仿真与调试；

④ PCB文件生成与打印输出。

(3) 制作要求　自行装配和调试，并能发现问题和解决问题。

(4) 编写设计报告　写出设计与制作的全过程，附上有关资料和图纸，有心得体会。

(5) 答辩　在规定的时间内，完成叙述并回答提问。

参 考 文 献

1 华中理工大学电子学教研室编,康华光主编.电子技术基础.第4版.北京:高等教育出版社,1999
2 郑应光.模拟电子线路.南京:东南大学出版社,2000
3 陈松.数字逻辑电路.南京:东南大学出版社,2002
4 陈松.电子设计自动化技术.北京:电子工业出版社,2002
5 杨崇志主编.新编晶体管使用手册.沈阳:辽宁科学技术出版社,2000
6 电子工程手册编委会编.标准集成电路数据手册.北京:电子工业出版社,1994